21世纪高等院校电气信息类系列教材

计算机仿真技术

——MATLAB在电气、自动化专业中的应用

第2版

隋　涛　刘秀芝　编著

机械工业出版社

本书主要介绍MATLAB与Simulink及其在电气、自动化专业的仿真应用。全书分为三大部分：第一部分概述了计算机仿真的基本原理和概念，简单介绍了计算机仿真技术的算法和软件；第二部分介绍了MATLAB与Simulink的基本用法；第三部分内容包括自动控制原理、过程控制、电力电子技术、交直流调速、电力系统和系统建模等课程中MATLAB的基本应用。

本书涉及面较广，可以作为电气工程及其自动化、自动化、工业自动化、过程自动化等相关专业高校师生及技术研究人员、工程师的教材和实际应用参考书。

本书配有可扫码观看的微课视频及授课电子课件等教学资源，需要的教师可登录www.cmpedu.com免费注册、审核通过后下载，或联系编辑索取（微信：15910938545，电话：010-88379739）。

图书在版编目（CIP）数据

计算机仿真技术：MATLAB在电气、自动化专业中的应用/隋涛，刘秀芝编著．—2版．—北京：机械工业出版社，2022.6（2024.8重印）
21世纪高等院校电气信息类系列教材
ISBN 978-7-111-70691-5

Ⅰ.①计…　Ⅱ.①隋…　②刘…　Ⅲ.①计算机仿真-Matlab软件-高等学校-教材　Ⅳ.①TP391.9

中国版本图书馆CIP数据核字（2022）第076181号

机械工业出版社（北京市百万庄大街22号　邮政编码100037）
策划编辑：李馨馨　　责任编辑：李馨馨　汤　枫
责任校对：张艳霞　　责任印制：李　昂
北京捷迅佳彩印刷有限公司印刷

2024年8月第2版·第6次印刷
184mm×260mm·15.25印张·378千字
标准书号：ISBN 978-7-111-70691-5
定价：59.00元

电话服务
客服电话：010-88361066
010-88379833
010-68326294

网络服务
机　工　官　网：www.cmpbook.com
机　工　官　博：weibo.com/cmp1952
金　　书　　网：www.golden-book.com
机工教育服务网：www.cmpedu.com

出版说明

党的二十大报告提出，推进新型工业化，加快建设制造强国。加强工业自动化能力是我国从制造大国向制造强国转变的关键环节。随着科学技术的不断进步，整个国家自动化水平和信息化水平的长足发展，社会对电气信息类人才的需求日益迫切、要求也更加严格。电气信息类（Electrical and Information Science and Technology）包括电气工程及其自动化、自动化、电子信息工程、通信工程、计算机科学与技术、电子科学与技术、生物医学工程等专业。这些专业的人才培养对社会需求和经济发展都有着非常重要的意义。

在电气信息类专业及学科迅速发展的同时，也给高等教育工作带来了许多新课题和新任务。在此情况下，只有将新知识、新技术、新领域逐渐融合到教学和实践环节中去，才能培养出优秀的科技人才。为了配合高等院校教学的需要，机械工业出版社组织了这套“21世纪高等院校电气信息类系列教材”。

本套教材是在对电气信息类专业教学情况和教材情况调研与分析的基础上组织编写的，其间，与高等院校相关课程的主讲教师进行了广泛的交流和探讨，旨在构建体系完善、内容全面新颖、适合教学的专业教材。

本套教材涵盖多层面专业课程，定位准确，注重理论与实践、教学与教辅的结合，在语言描述上力求准确、清晰，适合各高等院校电气信息类专业学生使用。

机械工业出版社

前　言

随着科学技术的飞速发展，系统的研究已经向着规模化、复杂化和智能化的方向发展，作为系统研究重要手段的计算机仿真技术也已经深入科学研究的各个领域。在电气、自动化专业学习和研究中，各种软硬件的仿真手段层出不穷，本书结合目前的教学和工程实际，对计算机仿真技术进行基本介绍，着重介绍常用的计算机仿真计算软件——MATLAB 及 Simulink，并对其在电气、自动化专业课程中的相关应用分别进行介绍。考虑到计算机仿真技术通常是在专业课程开始以前进行授课，故在本书中对于专业课程的仿真计算仅仅介绍基本模块和一些实例及其操作，而对于专业知识的介绍未有涉及。

本书主要包含以下三个部分的内容：

1）计算机仿真技术的基本知识。介绍系统及模型的概念、计算机仿真算法的基础知识及常见的计算机仿真软件。

2）MATLAB 及 Simulink 的组成及操作。介绍 MATLAB 及 Simulink 的基本知识、常见的操作，以及一些特殊功能，如符号运算、S-函数等。

3）MATLAB 在各个专业课程中的基本操作及应用。主要介绍自动控制理论、过程控制、电力电子技术、交直流调速、电力系统和系统建模等专业课程的基于 MATLAB 的计算机仿真技术的基本应用。

本书结合作者多年计算机仿真及其他专业课程教学的讲义，适合进行课堂的教学。书中的教学视频已经在智慧树、超星、大学 MOOC 等教学平台中共享，可根据需要选择使用。为保证与第 1 版内容安排基本一致，本版将新增的系统建模内容编排到第 11 章中，教师可根据专业需求灵活安排教学内容。全书由隋涛和刘秀芝编写完成，其中隋涛编写第 1~5、9~11 章，刘秀芝编写第 6~8 章。本书的出版得到了山东科技大学名校工程建设的大力支持，孔维维、宫涛、卢武、刘灿、袁娜、郭红静、孔苓青、王竞沣等同学在本书的编辑工作中也提供了很大帮助，在此表示感谢。本书写作过程中，参考了许多文献，除书中所列的参考文献以外，还有许多来自于网络，无法一一注明出处，在此向原作者表示感谢！

由于作者水平有限，书中不妥之处在所难免，敬请各位读者给予指正。

编　者

目　录

第1章 计算机仿真技术

1.1 系统与系统模型

1.1.1

1.1.1 系统的概念

在生活、工作等各个方面，我们都离不开系统这样一个话题，它是人们认识世界、改造世界的过程中对某个事物、某个事件进行分析研究及改造的一个载体。作为计算机仿真技术的载体和研究对象，系统是计算机仿真技术中不可或缺的部分，只有确定好系统的内涵和外延才能够对科学研究及工程设计的各个方面进行归纳综合、协同、集成等方面的工作，而对于研究对象的本身，由于各个专业、各个层次的研究目标不同，对于系统的定义往往千差万别，作为一般的系统可以定义如下：相互关联又相互作用着的对象的有机组合，该有机组合能够完成某项任务或实现某个预定的目标。

从以上定义可以看出，作为科学研究及工程设计的系统主要由以下三个要素组成。

（1）对象

系统是由一些相互联系的对象组合而成的，这些对象又称为实体。它可以是一个物理实体，也可以是一个经济运行的某个模式。例如，一个水温控制系统就是由比较器、调节器、水罐及水、温度传感器等装置组合而成的。

（2）属性

组成系统的每个对象具有特定的属性，例如，水温控制系统中的温度、偏差值、干扰量、燃料量等就是实体的属性。

（3）活动

对象之间的相互关联、相互作用以及为完成某个目标而进行系统内部和外部之间的互动，都是系统的活动。在温度控制系统中，以调节电压或燃料的输入量作为主要的活动。

以上这些构成了系统的三个要素，系统就可以完成某项任务或实现某个预定的目标，达到研究和设计的目的。例如，控制某个加热的锅炉水温达到100℃，其系统框图如图1-1所示。

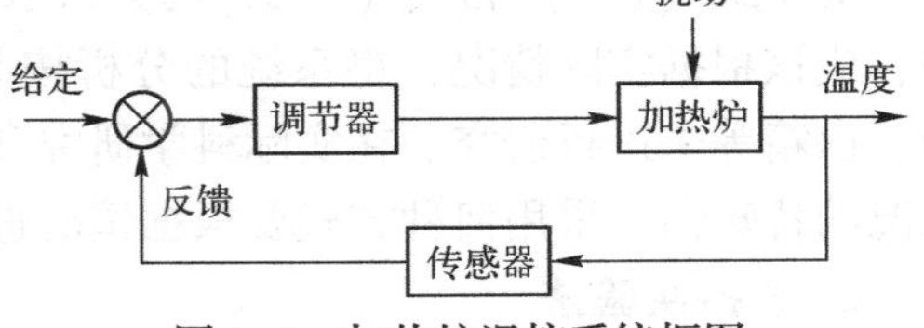

图1-1 加热炉温控系统框图

系统的定义及分类千差万别，从工程应用的角度出发，可以将系统分为工程系统和非工程系统。

1. 工程系统（电气、机电、化工等）

工程系统一般是指可以利用一些物理、化学等客观规律来进行系统的概括和研究的系统。这也是本章主要介绍的部分。例如，一个复杂的电路可以从节点方程入手对其进行研究分析，也可以从网孔方程出发进行研究分析，两者都可以揭示电路的一些基本定律。

2. 非工程系统（经济、交通、管理等）

非工程系统是指由经济、管理等具有一定统计功能的系统，例如，一个工厂管理系统，它可由生产管理部门、原材料仓库、生产加工车间、销售服务部门等组成，各部门是相互联系和相互作用的。

3. 综合系统

综合系统往往是工程系统和非工程系统的综合，例如，对于机电系统，当仅仅考虑机电系统本身的特点时，可以将其看成工程系统；而如果在此基础上考虑人员操作效率、生产调配等则是一个综合系统。

1.1.2 系统研究的方法

1.1.2

随着科学研究和社会发展，人们认识自然和改造自然的能力和手段也在不断增强，类似于阿基米德的金冠故事的科学发现已经不是科学研究和工程设计的主流方式。人们在进行科学研究和工程设计时已经形成了一些行之有效的方法，通过这些方法可以对所要研究或设计的系统进行分析、综合与设计。这些方法归纳起来主要有理论解析法、直接实验法与仿真实验法三种。

1. 理论解析法

所谓理论解析法，就是运用已掌握的理论知识对系统进行理论上的分析、计算。它是进行理论学习的一种必然应用的方法，其通过理论的学习掌握有关系统的客观规律，通过理论分析推导来对系统进行研究。

图1-2所示的单容水箱液位控制系统，通过体积和液位的平衡关系，可以得到其数学模型为

$$q_2-q_1=C\frac{\mathrm{d}h}{\mathrm{d}t} \tag{1-1}$$

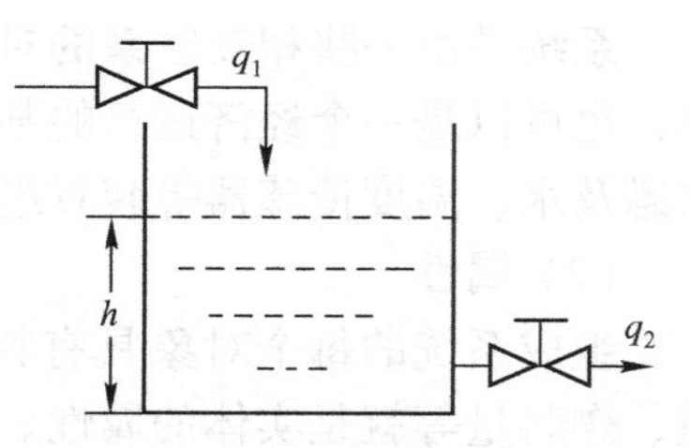

图1-2 单容水箱液位控制系统

然后可以通过局部线性化得到如下单容水箱液位的传递函数模型：

$$\frac{k}{s+a}\mathrm{e}^{-\tau s} \tag{1-2}$$

对于式（1-1）和式（1-2）的分析求解显然是一个纯数学解析问题。在具体应用过程中，应该根据实际情况，将系统的分析按照对系统内部状态的分析程度将其分成黑箱、灰箱、白箱等来进行研究。在实际科学研究和工程应用中，由于理论的不完善或对具体系统的工况的特殊性，采用何种方式要根据情况进行灵活选择。

2. 直接实验法

这种方法是古人常常采用的方法，譬如伽利略的自由落体实验。直接实验法往往是在系统本身上进行实验，实验者利用各种仪器仪表与装置，对系统施加一定类型的激励信号，利用系统的特性输出来进行系统动静态特性的研究。例如，通过给电机突然施加供电电压来测量电机的阶跃特性，这种方法具有简明、直观与真实、针对性强的特点，在一些小型系统的分析与测试中经常采用。

但是，这种方法采用实际系统进行实验，其费用较高、系统构成复杂、不确定因素太多，并且有些系统由于实现性、安全性等不允许进行直接的实验研究，应用的空间、时间受

限较多。

3. 仿真实验法

仿真实验法就是在模型上（物理的或数学的）所进行的系统性能分析与研究的实验方法，它所遵循的基本原则是相似原理。系统模型按照模型的形式可以分为物理模型和数学模型，也可以是两者的结合。

例如，可以用欧姆定律、比例环节和惯性环节等得到相关的控制规律，即系统的数学模型来进行研究；也可以对要设计的系统进行一定比例的缩放，得到缩小或放大的物理模型或者具有一定特性替代的模型来进行间接地替代。

在物理模型上所进行的仿真实验研究具有效果逼真、精度高等优点，但是存在相对费用较高，且一致性有时难以保证等问题。随着计算机技术和数学理论的飞速发展，人们越来越重视利用数学模型或非实物软件模型来对系统进行研究和设计。这一类模型的研究实际上是利用性能相似的原则来进行的，在一定程度上可以替代实际系统来进行“仿真”，是可信的。当然，采用何种手段与方法建立高精度的数学模型并能够在计算机上可靠地计算、运行是决定这种方法成功与否的关键。

模型的实验应该说是进行系统研究的主要手段，选择在模型上进行实验主要有以下几种原因。

（1）系统尚未设计出来

对于控制系统的设计问题，由于实际系统还没有真正建立起来，所以不可能在实际的系统上进行实验研究。例如，设计一个电气控制系统，可以先进行系统的仿真计算，来选择相应的传感器、电气设备等。

（2）某些实验会对系统造成伤害

实际系统上不允许进行实验研究。例如，在化工控制系统中，随意改变系统运行的参数，往往会导致最终产品的报废，造成巨额损失，类似的问题还有很多。

（3）难以保证实验条件的一致性

如果存在人为的因素，则更难保证条件的一致性。对一些设备的操作，每个人的反应能力不同，很难保证设备标准的一致性。可以采用标准的信号或动作来激励系统工作。

（4）费用高

有些实验的费用过高，例如，大型加热炉、飞行器及原子能利用等问题的实验研究。

（5）无法复原

有些实验是破坏性实验，无法复原，例如，电气设备的耐压实验、设备结构的耐压实验、电视机跌落实验等。

1.1.3　系统模型

1.1.3

人类在科学和工程技术上所做的研究就是努力理解真实系统并能掌握与真实系统相互作用的形式。在科学研究及工程技术设计应用中，绝大部分工作是利用数学手段或其他方法对事物或真实世界进行描述，这就是构建系统模型。计算机技术的出现及发展，使得系统模型由物理科学基础上的数理模型，发展出多态的、实时的、复杂系统模型。

系统模型是利用系统有关信息来描述系统行为特征及相互关系，可以用数学公式、图、表等形式来表示。模型是对相应的真实系统对象抽象，是对系统某些本质方面的描述，它以各种可用的形式提供被研究系统的描述信息，具有与系统相似的数学描述或物理描述。从某种意义上说，模型是系统的代表，同时也是对系统的简化。另一方面，模型应足够详细，以便从模型的实验中取得关于实际系统的有效结论。

系统的仿真离不开相关的模型，而模型的好坏对系统的仿真是否真正能够和系统“相似”具有决定性的作用。对于不同的专业和研究特点，模型应用的侧重点是不一样的，并且在系统仿真研究的不同阶段，模型的应用也是不一样的。例如，在系统的理论学习阶段模型侧重于数学模型，而在系统的应用实验阶段，物理模型是不可或缺的。另外，随着现代科学技术的发展，一些模型并不能用传统的数学模型来表示，而是需要采用描述性的语言来建立所谓的系统数学模型，如模糊控制的模型。在科学研究的过程中，也需要有理论模型分析、半实物模型实验分析和实物运行验证等阶段。一个好的模型是工程设计或科学研究的基础，建立一个好的数学模型，需要对所要研究系统的内涵及外延有一个比较清晰的认识，从而使模型能够代表所研究的系统。模型可以是物理模型、数学模型、混合模型甚至是语言描述模型，本书主要讲述或应用的是数学模型，系统模型的构建将在后续章节中介绍。

根据模型对系统的“相似”水平，系统模型水平可以分为三类。

（1）行为水平

在进行系统建模时，系统视为一个“黑盒”，在输入信号的作用下，只对系统的输出进行测量，表征出系统的外特性，因此又称为输入/输出水平，例如传递函数系统模型。

（2）分解结构水平

系统可以看成由若干个黑盒连接起来，其定义了每个黑盒的输入与输出，以及它们相互之间的连接关系，模型既有整个系统的外特性，又有内部小系统的特性（内特性），因此可以视为一个“灰盒”。例如多个传递函数组成的复杂系统模型。

（3）状态结构水平

系统由多个特征参数组成，其不仅定义了系统的输入与输出，而且还定义了系统内部的特征参数的状态集及状态转移函数，因此可以视为一个“白盒”，系统模型是“透明”的，可以进行复杂建模。例如状态空间系统模型。

建立系统模型就是（以一定的理论依据）把系统的行为概括为数学的函数关系。下面以一种直线倒立摆建模的过程来说明建模的基本步骤。

1）确定模型的结构，建立系统的约束条件，确定系统的实体、属性与活动。

在忽略空气阻力和各种摩擦后，可将直线一级倒立摆系统抽象成小车和均匀质杆组成的系统，如图 1-3 和图 1-4 所示。

2）检测得到有关的模型数据。

根据力学及运动等物理定律可知，系统主要包含以下参数：M 为小车质量；m 为摆杆质量；b 为小车摩擦系数；l 为摆杆转动轴心到杆质心的长度；F 为小车受力；x 为小车位置；ϕ 为摆杆与垂直向上方向的夹角；θ 为摆杆与垂直向下方向的夹角（考虑到摆杆的初始位置为竖直向下）。

上面的部分参数如小车质量、摆杆质量等是静态得到的，部分参数是在系统运行时动态得到的，如小车位置、夹角等，可通过相应的传感器得到。

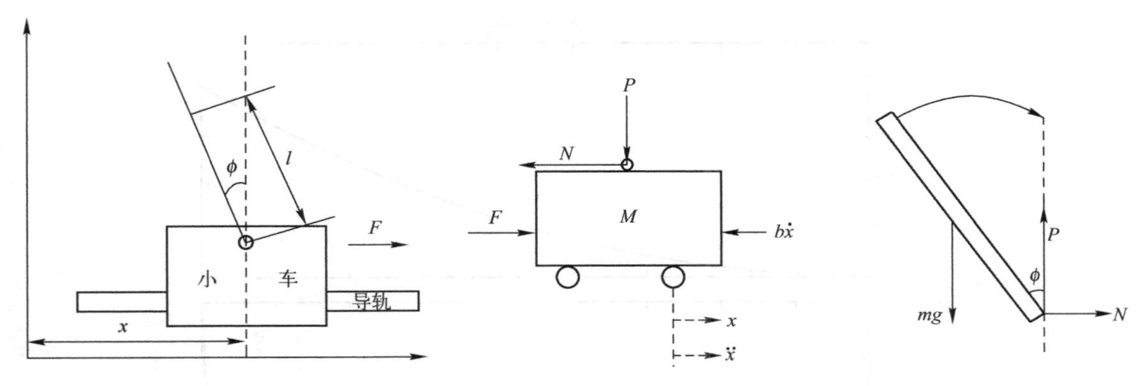

图 1-3　直线一级倒立摆模型　　　　图 1-4　小车及摆杆受力分析

3）运用适当理论建立系统的数学描述，即数学模型。

这个系统可以通过拉格朗日、牛顿-欧拉等方法对系统进行建模，如采用牛顿-欧拉方法建模时可以得到如下系统运行方程：

$$\begin{cases}(I+ml^2)\ddot{\phi}-mgl\varphi=ml\ddot{x}\\(M+m)\ddot{x}+b\dot{x}-ml\ddot{\phi}=u\end{cases} \tag{1-3}$$

设 $\boldsymbol{X}=\{x,\dot{x},\phi,\dot{\phi}\}$，$u'=\ddot{x}$，则经过一定的化简，可以得到以小车加速度为输入的系统状态方程如下：

$$\begin{bmatrix}\dot{x}\\\ddot{x}\\\dot{\phi}\\\ddot{\phi}\end{bmatrix}=\begin{bmatrix}0&1&0&0\\0&0&0&0\\0&0&0&1\\0&0&\dfrac{3g}{4l}&0\end{bmatrix}\begin{bmatrix}x\\\dot{x}\\\phi\\\dot{\phi}\end{bmatrix}+\begin{bmatrix}0\\1\\0\\\dfrac{3}{4l}\end{bmatrix}u'$$

$$\boldsymbol{y}=\begin{bmatrix}x\\\phi\end{bmatrix}=\begin{bmatrix}1&0&0&0\\0&0&1&0\end{bmatrix}\begin{bmatrix}x\\\dot{x}\\\phi\\\dot{\phi}\end{bmatrix}+\begin{bmatrix}0\\0\end{bmatrix}u' \tag{1-4}$$

4）检验所建立数学模型的准确性。

在 MATLAB 中对该模型进行单位阶跃仿真实验来验证所建模型的准确性：

```
A=[0 1 0 0;0 0 0 0;0 0 0 1;0 0 48.3 0]
B=[0;1;0;4.9]
C=[1 0 0 0;0 0 1 0]
D=[0;0]
IPS=ss(A,B,C,D)
step(IPS)
```

由图 1-5 可以看出该倒立摆系统模型符合倒立摆的特性。

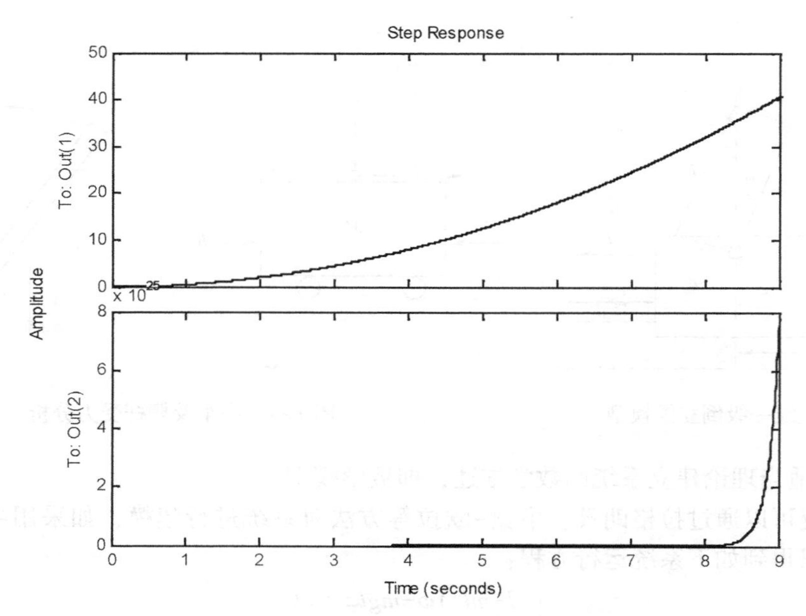

图 1-5　直线一级倒立摆模型的阶跃响应

1.2　仿真及计算机仿真三要素

1.2.1

1.2.1　仿真的定义

广义的仿真技术始终贯穿在人类科技发展的历史长河中，例如，阿基米德的“杠杆原理”、伽利略“自由落体定律”都可以称为仿真的实验。1961 年，G. W. Morgenthater 首次将仿真技术定义为“在实际系统尚不存在的情况下对于系统或活动本质的实现”；1978 年，Körn 定义“连续系统仿真”为“用能代表所研究的系统的模型做实验”；1982 年，Spriet 进一步将仿真的内涵加以扩充：所有支持模型建立与模型分析的活动即为仿真活动；1984 年，Oren 给出了仿真的基本概念框架“建模-实验-分析”，并定义“仿真是一种基于模型的活动”。在现代的科学技术中，不同的领域或范畴对仿真有着不同的描述，可以一般性地概括为“仿真是指用模型（物理模型或数学模型）代替实际系统进行实验和研究。”

仿真实质上是对一个系统由其他系统（模型）代替或模拟该系统来进行研究和设计，这就要求系统和替代系统（模型）之间要有可替代的条件，也就是说，实际系统和仿真系统之间应该满足相似性原理。相似性原理贯穿仿真技术的始终，是仿真技术的基础，也是所遵循的基本原则。在实际的科学研究和工程实践中，由于目的和方法不同，相似性的方式可以包含以下几个方面。

（1）性能相似

性能相似可以分为数学性能相似和物理性能相似。

数学性能相似一般是通过原理抽象，利用各个学科内的各类定律和规律，通过数学模型来表征系统，并进行仿真计算研究。图 1-6 所示的弹簧二阶阻尼系统和二阶电路系统，都可以通过各自的工作特点，进行理论分析，形成一个相似的二阶微分方程模型：

$$a\frac{\mathrm{d}^2x}{\mathrm{d}t^2}+b\frac{\mathrm{d}x}{\mathrm{d}t}+cx=y(t) \tag{1-5}$$

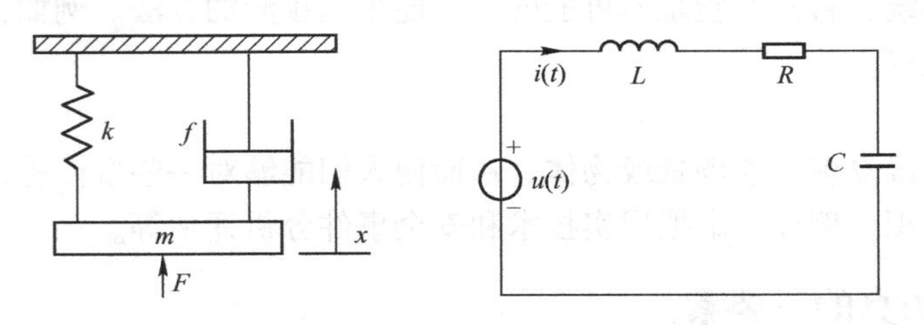

图 1-6　弹簧二阶阻尼系统和二阶电路系统

物理性能相似是指构成模型的元素和原系统的不同，但性能相似。例如，可用一个电气系统来模拟热传导系统。在这个电气系统中，电容代表热容量，电阻代表热阻，电压代表温差，电流代表热流。即图 1-6 所示的用二阶电路代替弹簧二阶阻尼系统对由弹簧及液压装置组成的机械悬挂系统进行仿真研究。

（2）几何相似

根据相似原理把原来的实际系统放大或缩小。例如，12000 t 水压机可用 1200 t 或120 t 水压机作为其模型，进行形变等仿真实验。万吨轮船或大型飞机也可用缩小的模型来进行流体力学方面的仿真研究。

（3）环境相似

环境相似可分为两类：一类是指通过模拟系统的运行环境，使人或设备能够及时感知当前环境的适应度，如驾驶员培训模拟器，它可以从视觉、听觉和触觉等方面使学员有一种身临其境的感觉；另一类其研究对象就是模拟环境本身，因此研究的是环境的运行情况，如天气模拟系统。

1. 2. 2　计算机仿真的目的和作用

1. 2. 2

（1）优化设计

作为工程设计和科学实验，往往希望系统能够以一种最优的形式运行，尤其是电气与自动化系统的设计。在设计或运行调试过程中，可以通过计算机仿真技术、仿真实验得到系统的性能和参数，以便进行参数的调整和优化。例如，在控制系统中，通过多次的参数计算仿真，可以保证系统有一个比较理想的动、静态特性。

（2）经济性

通过计算机仿真可以避免实际系统运行时所消耗的材料或能源，节省设计或研究的费用，另外，采用物理模型或实物实验花费巨大，采用数学模型即计算机数学仿真可大幅度降低成本并可重复使用。例如，在进行飞机制造的过程中，进行风洞实验时，常常采用缩小的飞机模型替代实际飞机，或者采用专用软件进行造型分析。

（3）安全性

利用计算机仿真技术可以提高系统实验运行安全系数，减少由于系统试制阶段的状态不确定性而造成的人员或财物的损失。例如，由于安全载人飞行器和核电站的危险性，不允许人员在不成熟的情况下贸然进入现场操作运行，必须先进行仿真研究。

（4）预测性

对于非工程系统，直接实验是不可能的，只能采用预测的方法。例如，市场中的股票价格分析和天气预报等。

（5）复原性

通过仿真的手段复现一些场景或物体，从而使人们能够对一些事件进行模拟分析，实现事件评估或情景模拟。例如，虚拟现实技术和安全事件分析评估等。

1.2.3 计算机仿真的三要素

1.2.3

由以上所述可知，计算机仿真主要由系统、模型和计算机三个部分组成，常常称为计算机仿真的三要素，三者之间形成图 1-7 所示的关系。

通过专业理论知识的学习可以完成系统建模，形成的数学模型和实际系统相似，但是由于计算机数据的离散性要求和计算机仿真的实时性、可信性等要求，在进行计算机仿真时，需要考虑已经建立的数学模型是否满足仿真的要求，是否需要将系统模型转换为计算机系统认可的，具有一定相似性的计算机仿真模型。这需要进行专门的计算机仿真算法的研究，本书主要侧重于用 MATLAB 的语言来完成计算机仿真的应用，对于计算机仿真算法不做太深入的探讨，在后面的学习中会进行简单介绍。计算机仿真三要素中，系统是根本，通过对系统的分析，建立系统相应的数学模型，然后通过计算机仿真的建模，在计算机中进行仿真实验，研究分析系统，如果效果满意则仿真结束；否则分析原因，重新进行上述步骤。

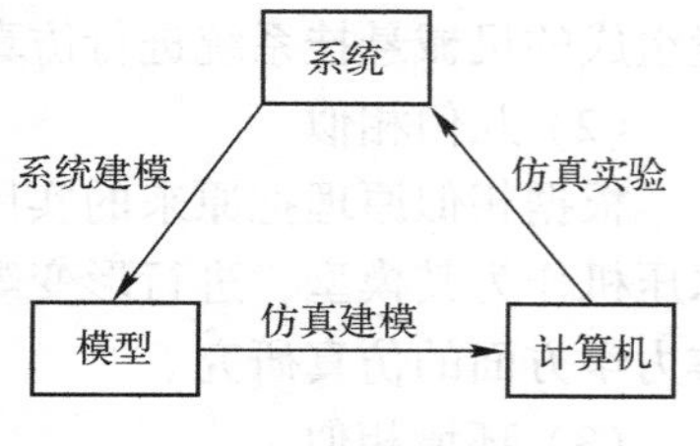

图 1-7 计算机仿真三要素及三个基本活动

1.2.4 仿真的分类

根据学习和研究的侧重点不同，计算机仿真技术的分类不尽相同。

1. 根据模型性质分类

可以根据系统研究模型的性质分为以下几种。

（1）物理仿真

物理仿真是指按照物理性质构造系统的物理模型，并在模型上进行实验。这种方法的优点是直观、形象。

（2）数学仿真

数学仿真一般是指在计算机上对系统的数学模型进行实验，本书中基本上是以这一类模型为主。这种方法的优点是经济方便。

（3）混合仿真

混合仿真即物理仿真与数学仿真两者相结合。

2. 根据仿真时钟与实际时钟的比例关系分类

在实际的仿真过程中，实际系统的运行和仿真运行的比例并不是 1∶1 的形式出现，而应根据系统的实时性要求来进行选择，其推进的时钟是不同的。

1）实时仿真，仿真时钟和实际时钟完全一致。

2）欠实时仿真，仿真时钟比实际时钟慢。

3）超实时仿真，仿真时钟比实际时钟快。

3. 根据信号类型分类

（1）模拟仿真

模拟仿真由一些基本的模拟器件组成，其输入、输出是连续变化的电压信号。模拟仿真采用并行运算，运算速度快，但精度不高。

（2）数字仿真

数字仿真是指系统全部由数字器件构成，其处理也是按照离散数据来进行的，主要工具是数字计算机和相应的数字仿真软件。其仿真精度高，灵活方便，但是需要将模拟系统离散化，算法和步长的选择很重要。

（3）混合仿真

当以上两者都不满足要求时，可以考虑采用混合仿真的方式进行仿真，即模拟-数字计算机仿真。例如，采用数字控制器控制一个加热锅炉的水温，系统中既有数字控制信号，也有模拟的温度信号的采集。

1.3　连续系统仿真概论

在计算机仿真技术中也可以根据系统的数学模型特征将仿真分为连续系统仿真、离散系统仿真和混合系统仿真。

1. 连续系统仿真

系统的输入、输出信号均为时间的连续函数，可用微分方程、状态方程等数学表达式来描述，按照数值求解的方法来进行仿真计算。这也是本书主要介绍的内容。

2. 离散系统仿真

如果系统的状态变化只是在离散时刻发生，且由某种随机事件驱动，则称该系统为离散事件系统。其多采用流程图或网络图表达。在分析上则采用概率及数理统计理论、随机过程理论来处理，本书没有涉及这部分内容，有兴趣的读者可参阅有关文献。

3. 混合系统仿真

混合系统仿真是前两类仿真的综合，一般在复杂的大型系统仿真中实现。例如，航天工程中的设备和人员的控制、运行操作等。

1.3.1　连续系统仿真模型

1.3.1

在实际的连续系统中，常见的系统是线性时不变（LTI）系统，其模型有两类，一类是连续系统的模型，另一类是离散化的连续系统的模型。

1. 连续时间模型

微分方程

$$\frac{d^n y}{dt^n}+a_1\frac{d^{n-1}y}{dt^{n-1}}+\cdots+a_{n-1}\frac{dy}{dt}+a_n y=c_0\frac{d^{n-1}u}{dt^{n-1}}+c_1\frac{d^{n-2}u}{dt^{n-2}}+\cdots+c_{n-1}u \tag{1-6}$$

传递函数

$$G(s)=\frac{Y(s)}{U(s)}=\frac{\sum_{j=0}^{n-1}c_{n-j-1}s^j}{\sum_{j=0}^{n-1}a_{n-j}s^j} \tag{1-7}$$

卷积函数模型

$$y(t)=\int_0^{\tau}u(\tau)g(t-\tau)\mathrm{d}t \tag{1-8}$$

状态空间描述

$$\begin{cases}\dot{\boldsymbol{X}}=\boldsymbol{AX}+\boldsymbol{Bu}\\ \boldsymbol{y}=\boldsymbol{CX}\end{cases} \tag{1-9}$$

2. 离散时间模型

差分方程

$$a_0y(n+k)+a_1y(n+k-1)+\cdots+a_ny(k)=b_1u(n+k-1)+\cdots+b_nu(k) \tag{1-10}$$

z 传递函数

$$H(z)=\frac{Y(z)}{U(z)}=\frac{b_1z^{-1}+\cdots+b_nz^{-n}}{a_0+a_1z^{-1}+\cdots+a_nz^{-n}} \tag{1-11}$$

卷积序列

$$y(k)=\sum_{i=0}^{k}u(i)h(k-i) \tag{1-12}$$

离散状态空间模型

$$\begin{cases}x(k+1)=\boldsymbol{F}x(k)+\boldsymbol{G}u(k)\\ y(k)=\boldsymbol{\Gamma}x(k)\end{cases} \tag{1-13}$$

3. 连续-离散混合模型

由于有些系统的控制对象是一个连续变化的模拟系统，其控制及驱动需要由计算机来完成，因此建立系统相应的模型时应该包含连续部分和离散部分。在这样的系统模型中，有的环节为连续变量，而有的环节为离散变量。其组成如图 1-8 所示。

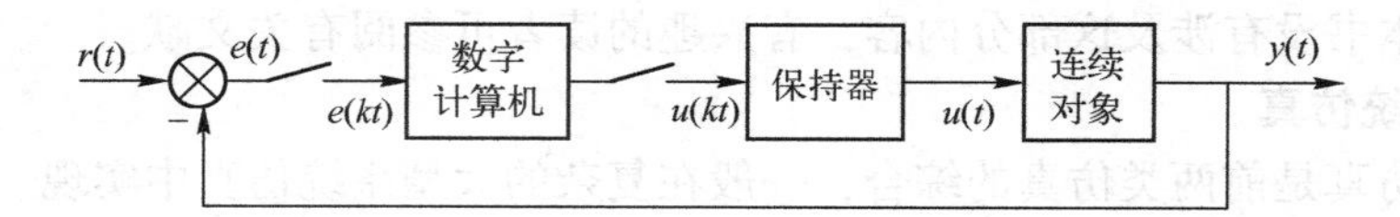

图 1-8　连续-离散混合模型系统框图

1.3.2　连续系统的数字仿真算法初步

1.3.2

在连续系统中，对系统运动的描述往往是采用微分方程来进行描述，其基本形式如式（1-14）所示，其他模型形式是在此基础上的变换或推论。

$$\begin{cases}\dfrac{\mathrm{d}y}{\mathrm{d}t}=f(t,y)\\ y(0)=y_0\end{cases} \tag{1-14}$$

在物理世界中，系统的动态变化最后还是要归结到系统在时域的运行变化，也就是说，系统的研究还是需要求解时域的变化及特性，这往往需要进行积分运算，而积分运算是一种连续累积运算。在计算机中由于计算机字长、存储空间、仿真时间等因素，计算机不能进行这样的累积运算，需要采用数字积分算法来近似仿真运算。数字积分算法是求解控制系统运动的微分方程模型的主要手段，它能够得到受控物理量的运动规律，当然这种方式也会受到一些假设条件、非必要因素忽略的影响，但是如果满足一定的精度条件，这种近似的仿真计算还是满足仿真需要的。在本节中将简单介绍一些常见的仿真算法，以便让读者对计算机仿真算法有一个初步的了解，而对于具体的仿真算法请参阅相关资料，这里不再介绍。

一阶微分方程是微分方程式基本组成单元，高阶微分方程是由一阶微分方程组成的，所谓数字积分算法，就是求解一阶微分方程式（1-14），求出 y 在一系列离散点 $t_0,t_1,t_2,\cdots,t_n$ 的近似解 $y(1),y(2),\cdots,y(n)$。相邻两个点之间 $h=t_n-t_{n-1}$，称为计算步长或步距。根据已知的初始条件 $y(0),y(-1),\cdots$，采用不同的递推算法（即不同的数值积分算法）可逐步递推计算出各时刻的 y 值，常用的方法有欧拉法、梯形法、4阶龙格-库塔法、亚当斯法等。

1.3.3 几种常用的积分法

1.3.3

1. 欧拉法

欧拉法是一种最简单的数值积分法。虽然它的计算精度较低，实际中很少采用，但其推导简单，能说明构造数值解法一般计算公式的基本思想。对于式（1-14），从微积分的知识中可以得到 t_0-t_1的积分算式：

$$y(t_1)=y(0)+\int_{t_0}^{t_1}f(y,t)\,\mathrm{d}t \tag{1-15}$$

该积分算式的几何意义如图1-9所示。

式（1-15）的积分项是曲线 f 及 t_0、t_1所包围的面积，当步长 $h=t_n-t_{n-1}$足够小时，可以用矩形面积加上初始值 $y(0)$来近似，即

$$y_1=y_0+hf(y_0,t_0) \tag{1-16}$$

其中，$y(t_1)$的近似值为 y_1，$y(t_0)$的近似值为 y_0，然后依次类推就可以得到以下欧拉递推公式：

$$y_{n+1}=y_n+hf(y_n,t_n) \tag{1-17}$$

该公式又称为矩形法。任何一个新的数值解 y_{n+1}都是基于前一个数值解 y_n以及它的一阶微分值 $f(y_n,t_n)$（即此处的曲线切线）求得的。若已知初值 y_0，则可以进行迭代计算，求得式（1-15）在 $t=t_1,t_2,\cdots,t_n$处的近似解 $y(t_1),y(t_2),\cdots,y(t_n)$。

2. 梯形法

在上面的推导中，若用图1-10中的梯形面积来近似式（1-15）中的积分项，则可直接得到如下梯形数值积分算法公式：

$$y_{n+1}=y_n+\frac{h}{2}\left[f(y_n,t_n)+f(y_{n+1},t_{n+1})\right] \tag{1-18}$$

很显然，该公式的 y_{n+1}项包含在公式的右边，不能直接计算得到，需要采用其他算法

（如欧拉法）得到等式右端的 y_{n+1} 才能够使计算进行下去。为了提高计算精度，可用梯形公式反复迭代。通常在工程问题中，为简化计算，只迭代一次，这样可得改进的欧拉公式如下：

$$\begin{cases} y_{n+1}^{p}=y_n+hf(y_n,t_n) \\ y_{n+1}=y_n+\dfrac{h}{2}[f(y_n,t_n)+f^{p}(y_{n+1}^{p},t_{n+1})] \end{cases} \tag{1-19}$$

其中，第一式称为预估公式，第二式称为校正公式。通常称这类方法为预估-校正方法，也称为改进的欧拉法。这种有预估值提前运算的算法，又称为隐式公式算法。

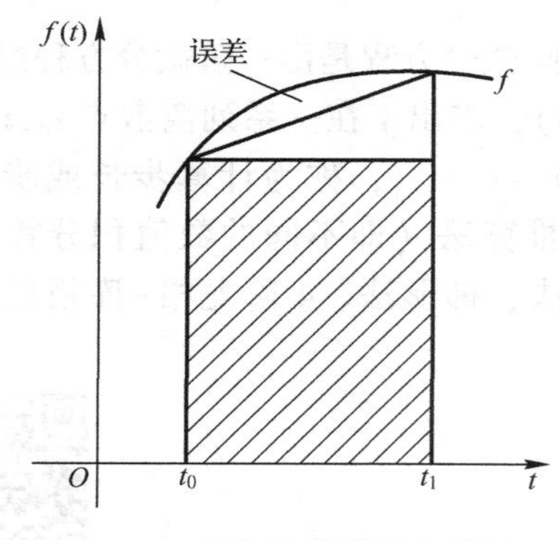

图 1-9　欧拉法数值积分运算

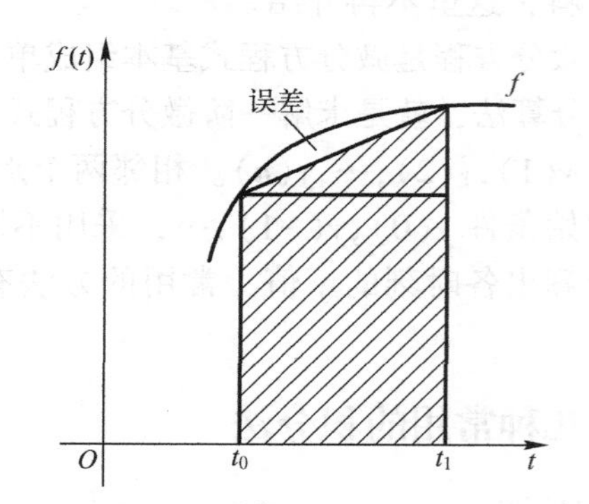

图 1-10　梯形法数值积分运算

3. 龙格-库塔法

将式（1-15）在 t_n 点展开成泰勒级数：

$$y(t_n+h)=y(t_n)+h\dot{y}(t_n)+\frac{h^2}{2!}\ddot{y}(t_n)+\frac{h^3}{3!}\dddot{y}(t_n)+\cdots \tag{1-20}$$

如果略去泰勒级数的前两项，则公式变成欧拉公式，即

$$y(t_n+h)=y(t_n)+h\dot{y}(t_n)+O(h^2) \tag{1-21}$$

其去掉的部分就是级数的截断误差 $O(h^2)$，误差较大。如果要得到精度更高的近似解，必须取泰勒级数计算式中的高阶导数，但是计算难度及计算量会大大增加。在实际的应用中，可以采取精度和计算难度折中的方法，4 阶龙格-库塔法就是其中一种最为常见的数值积分算法，它取泰勒级数的前 5 项，导数最高阶次是 4 阶，截断误差为 $O(h^5)$。龙格-库塔法是利用曲线 f 上的几个点值确定计算系数，因此其选择可以有多种组合方式，得到的龙格-库塔法也是不一样的。下面就是其中一种算法：

$$\begin{aligned} &y(t_{k+1})\approx y_{k+1}=y_k+\frac{h}{6}(k_1+2k_2+2k_3+k_4) \\ &k_1=f(t_k,y_k) \\ &k_2=f\left(t_k+\frac{h}{2},y_k+k_1\frac{h}{2}\right) \\ &k_3=f\left(t_k+\frac{h}{2},y_k+k_2\frac{h}{2}\right) \\ &k_4=f(t_k+h,y_k+k_3h) \end{aligned} \tag{1-22}$$

龙格-库塔法和欧拉法一样都属于单步法，只要给定方程的初值 y_0，就可以一步步求出近似解 $y(t_1)$,$y(t_2)$,…,$y(t_n)$。$y(t_1)$的近似值为 y_1，y_2,…，y_n。单步法有下列优点：

1）需要存储的数据量少，占用的存储空间少。

2）只需要知道初值，即可启动递推公式进行运算，可自启动。

3）容易实现变步长运算。

4. 亚当斯法

亚当斯法是线性多步法。在利用多步法计算 $y(t_{n+1})$时，必须已知除 $y(t_n)$外前几步的值，如 $y(t_{n-1})$、$y(t_{n-2})$等。线性多步法不能自启动，需先用其他方法求出前几步的值才能进行数值积分的求解。线性多步法的递推计算公式可写为

$$y_{n+1} = \sum_{i=0}^{k-1} \alpha_i y_{n-1} + h \sum_{i=-1}^{k-1} \beta_i f_{n-i} \tag{1-23}$$

可以采用插值多项式来近似计算$f(y,t)$,在 $t_{n-k-1} \sim t_n$区间内等间距取 k 个点，进行插值运算，求出式（1-23）中的待定系数$f_i=f(y_i,t_i)$、α_i、β_i等，进而得到数值积分的值。根据牛顿后插公式进行插值，得到一个 $k-1$ 次多项式逼近$f(y,t)$，即

$$f(y,t) \approx f_n P_n(t) + f_{n-1} P_{n-1}(t) + \cdots + f_{n-k+1} P_{n-k+1}(t) \tag{1-24}$$

其计算的几何意义如图 1-11 所示。

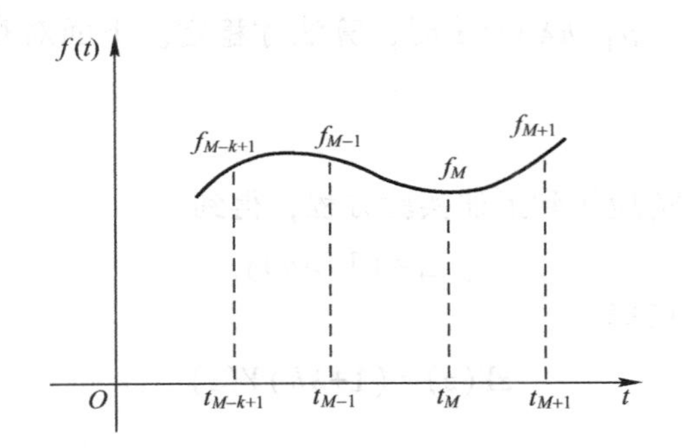

图 1-11　亚当斯法数值积分运算

常用的 4 阶亚当斯法显式公式为

$$y_{n+1} = y_n + \frac{h}{24}(55f_n - 59f_{n-1} + 37f_{n-2} - 9f_{n-3}) \tag{1-25}$$

1.3.4　算法误差和稳定性问题

算法误差主要包括两种误差：截断误差和舍入误差。

1. 截断误差

截断误差是指利用泰勒展开公式进行数值积分运算时，由于只取前几项而造成的计算误差。截断误差的阶次越高，其求解的精度越高。前面介绍的积分方法的截断误差如下。

欧拉法：$O(h^2)$

梯形法：$O(h^3)$

4 阶龙格-库塔法：$O(h^5)$

亚当斯法：$O(h^6)$

2. 舍入误差

由于积分算法是由有限精度（字长）的计算机算术运算来实现的，所以必定要引入舍入误差。舍入误差会积累，它随着积分时间的增加和积分法阶次的增高而增加，并且还随着积分步长的减小而变得愈加严重。这是因为对于给定的积分时间，使用更小的步长就意味着更多的积分步数。

3. 稳定性问题

稳定性是数值积分法中非常重要的概念。所谓稳定性问题是指误差的积累是否受到控制的问题。如果在迭代递推运算时，前面积累的舍入误差是收敛的，即对实际误差的影响是减弱的，则计算方法是稳定的；反之，影响是增长的、积累是发散的，则计算方法会变得不稳定，使得仿真计算结果不可信，仿真计算结果失去意义。

通常，把数值积分法用于实验方程

$$\begin{cases}\dfrac{\mathrm{d}y}{\mathrm{d}t}=\lambda y \\ \lambda=\alpha+\mathrm{j}\beta,\quad \mathrm{Re}\lambda=\alpha<0\end{cases} \tag{1-26}$$

来判断积分算法的稳定性。若数值积分公式为

$$y_{n+1}=p(h\lambda)y_n \tag{1-27}$$

则当差分方程满足稳定条件 $p|(h\lambda)|<1$ 时，算法才稳定。下面对几种数值积分法进行稳定性分析。

（1）欧拉法

把欧拉公式 $y_{n+1}=y_n+hf_n$ 应用到上述实验方程，得到

$$y_{n+1}=(1+\lambda h)y_n \tag{1-28}$$

对式（1-28）进行 z 变换后得

$$zY(z)=(1+\lambda h)Y(z) \tag{1-29}$$

此差分方程的特征方程为

$$z-(1+\lambda h)=0 \tag{1-30}$$

根据差分方程稳定条件得

$$|z|=|1+\lambda h|\leqslant 1 \tag{1-31}$$

式（1-31）称为欧拉公式的稳定性条件，它对 λh 的限制构成了复平面上以（-1，0）为圆心的单位圆（见图1-12），也称为欧拉公式的稳定区域。如果积分步长取得足够小使 λh 落在稳定域内，则欧拉公式是稳定的。

（2）梯形法

梯形积分公式为

$$y_{n+1}=y_n+\frac{h}{2}[f(y_n,t_n)+f(y_{n+1},t_{n+1})] \tag{1-32}$$

代入测试方程，取 z 变换后得

$$zY(z)\left(1-\frac{\lambda h}{2}\right)=\left(1+\frac{\lambda h}{2}\right)Y(z) \tag{1-33}$$

其特征根为

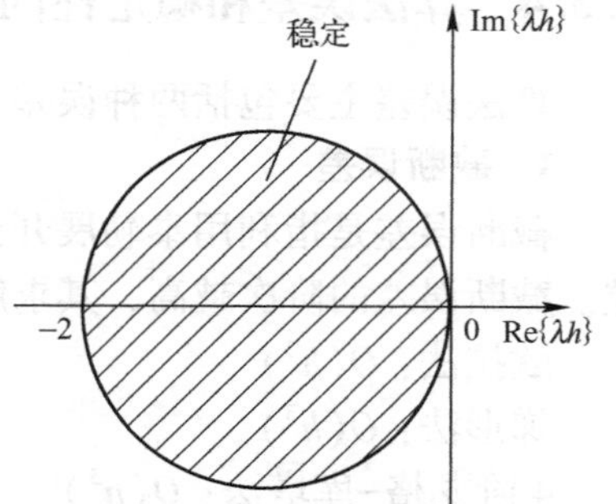

图1-12　欧拉公式的稳定区域

$$z=\frac{1+\frac{1+\lambda h}{2}}{1-\frac{\lambda h}{2}} \tag{1-34}$$

即

$$|z|=\frac{\left(1+\frac{\alpha h}{2}\right)^2+\left(\frac{\beta h}{2}\right)^2}{\left(1-\frac{\alpha h}{2}\right)^2+\left(\frac{\beta h}{2}\right)^2} \tag{1-35}$$

可见，若 $\alpha<0$，则 $|z|<1$，故梯形积分公式也为恒稳公式。

以同样的方法对其他积分方法的稳定性进行分析，图 1-13 和图 1-14 描述了龙格-库塔法和亚当斯法的稳定域。

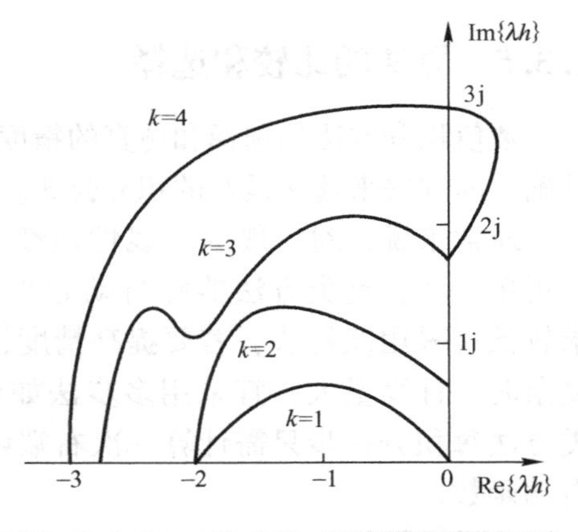

图 1-13　1~4 阶龙格-库塔法的稳定区域（区域内部）

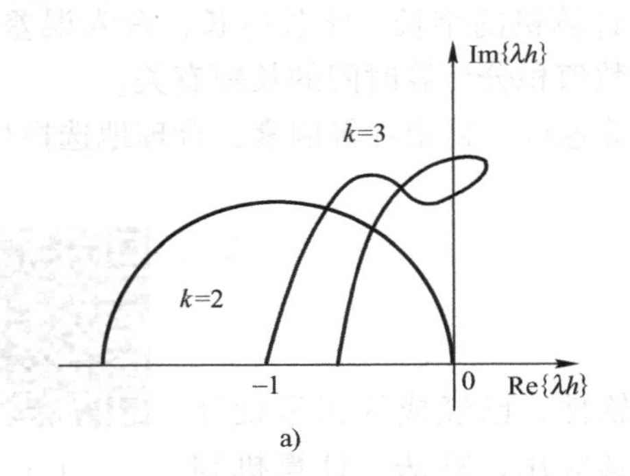

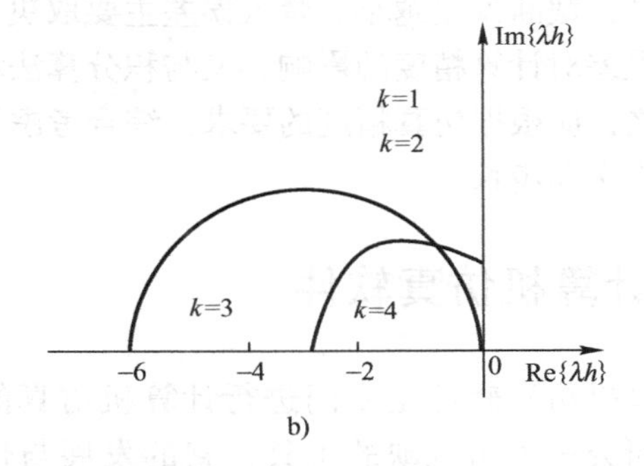

图 1-14　常用的 1~4 阶亚当斯法的稳定区域

对于龙格-库塔法，阶次 k 增大则稳定域略微增大。

对于亚当斯法，阶次 k 增大稳定域反而缩小。

4. 步长的选择

从数值计算观点看，步长越小，截断误差越小；但是由于步长减小将导致步数的增多，舍入误差积累就会增加，如图 1-15 所示。因此要兼顾截断误差和舍入误差两个方面选取合理的步长。从控制理论观点来看，步长的选择与控制系统的频带及构成仿真系统环节数的多少等因素有关，要根据仿真精度给出一个计算步长的解析公式是困难的。在实际工作中，通常根据被仿真系统的响应速度由经验确定，一般要求步长小于系统时间常数的 1/10。若系统变量的变化频率为 f_0，则与步长 h 相对应的间隔频率 f_1 应在 f_0 的20~100 倍之间选择。

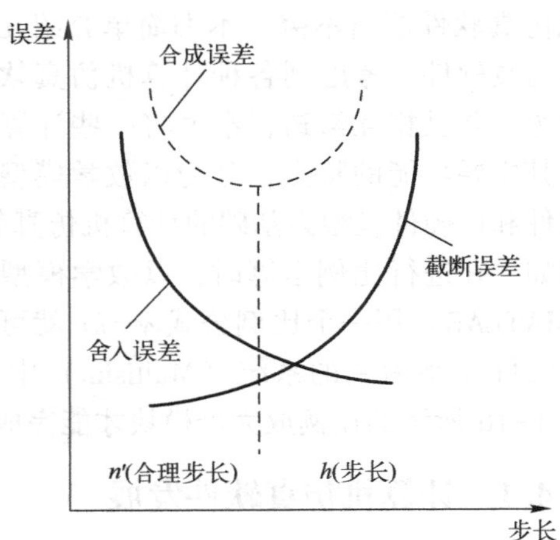

图 1-15　误差与步长的关系

1.3.5 算法的比较和选择

数值积分方法的选择和仿真的精度、速度、计算稳定性以及自启动能力等有关，没有一种确定的方法来选择最好的积分公式。

通常来说，对一般的非线性连续系统仿真，如果方程的右端函数比较简单，则适合采用单步法，这类方法能够自动起步，且容易实现，因而使用起来比较方便，若精度要求较低可采用欧拉法，若要提高精度，可采用阶次适当的龙格-库塔法。当右端函数比较复杂时，计算量大，宜采用多步法如亚当斯法，这样可以节省大量的计算时间，因为这类方法每积分一步只需计算一次右端函数，对于预估-校正方法，每步最多只需计算两次右端函数。

选择好积分方法后，还要确定方法的阶次和步长，这也十分重要。数值积分的精度主要受三个因素的影响：截断误差、舍入误差和积累误差。其中，截断误差取决于积分方法的阶次和步长。在同一种算法下（阶次相同），步长越小，截断误差越小；同样的步长下，算法阶次越高，截断误差越小。舍入误差主要取决于计算机的字长，字长越长，舍入误差越小。而积累误差对计算精度的影响，又与积分算法和数值积分计算时间的长短有关。

总之，应根据仿真精度的要求，综合考虑计算速度、稳定性等因素，合理地选择积分方法及其阶次和步长。

1.4 计算机仿真软件

1.4

计算机仿真软件是专门进行计算机仿真的软件，已经成为工程设计和科学研究中不可或缺的工具，它的发展与仿真应用、算法、计算机和建模等技术的发展是紧密结合在一起的。目前已经形成多个行业、多个专业的，具有鲜明应用特点的庞大计算机仿真软件市场，随着各个研究及应用领域向着专业化、复杂化方向的发展，各种具有更强、更灵活的功能，能面向更广泛用户的计算机仿真软件层出不穷，本书简单介绍几种常见的计算机仿真软件。考虑到各种计算机仿真软件都有自己的特色，并且相互渗透，本书将一些计算机仿真软件按照其主要功能的特点，分为以数学模型为基础的仿真软件和以硬件模型为基础的计算机仿真软件进行介绍。例如，在进行比例运算时，以数学模型为基础的软件（MATLAB）用一个比例公式 $y=kx$ 就可以完成，而在以硬件模型为主的系统（Multisim）中可能需要一个图 1-16 所示的比例放大器模块才能完成这项功能。

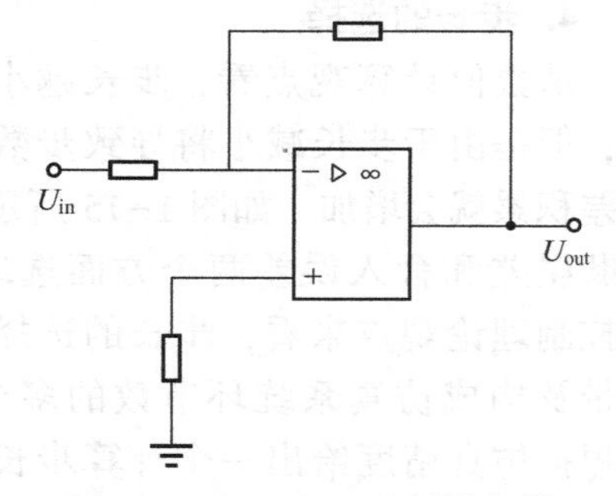

图 1-16 Multisim 比例放大器

1.4.1 计算机仿真软件发展

从计算机软件的应用、智能化、网络化的角度出发，计算机仿真软件的历史可以分为 5 个阶段。

1. 通用程序设计语言

在这个阶段，计算机仿真软件处于初步发展阶段，计算机仿真人员利用通用的计算机语言（如 C、Fortran），对将要仿真的系统针对建模、计算机仿真算法等过程进行专业研究、编程。

2. 仿真程序包及初级仿真语言

这个阶段中，经过多年的发展，已经形成了一些成熟的计算机仿真算法，推出了一些专用的程序包，一般的专业人士可以通过调用这些专用程序包来完成一些系统的仿真计算，而不用关心计算机仿真算法的具体编程实现。

3. 完善的商品化的高级仿真语言

在该阶段，计算机仿真的理论成熟、软件的易用性增强，计算机仿真软件已经具有庞大的从业群体，日益专业化、商品化，出现了许多具有鲜明特色的计算机仿真语言，如 MATLAB、MathCAD、PSpice 等具有通用和专业相结合的计算机仿真软件，使得计算机仿真软件不再是计算机专业人员的工具，而成为工程技术人员和科研工作者的基本应用工具。

4. 一体化、智能化建模与仿真环境

在该阶段，计算机仿真活动涉及多个功能软件，如建模软件、实验设计软件、仿真执行软件、结果分析软件等，各功能软件之间存在信息联系。为了提高仿真效率，必须将它们集成起来形成一体化的仿真环境，如虚拟现实技术。

5. 支持分布交互仿真（DIS）的综合仿真环境

在该阶段，计算机仿真技术已经形成了协调一致的结构、标准、协议和数据库，通过局域网、广域网将分布在各地的仿真设备互联并互操作，同时可以有人参与交互作用的一种综合环境。近几年，DIS 仿真技术正在向建模与仿真高层体系结构（HLA）的方向发展。该系统往往应用在大型系统（如军事、航天）的仿真研究中。

本书主要介绍应用广泛的、通用性强的计算机仿真语言 MATLAB。

1.4.2 以数学模型为基础的仿真软件

1. MATLAB

该软件是本书主要内容，在此就不再介绍。

2. Mathmatica

该软件是一款科学计算软件，数学计算功能强，可以完成复杂的符号计算，主要在理论界应用。该软件很好地结合了数值和符号计算引擎、图形系统、编程语言、文本系统，其中很多功能在相应领域内处于世界领先地位。

3. MathCAD

该软件又称为数学文字软件，是一种常用的工程计算软件，该软件允许工程师利用详尽的应用数学函数和动态、可感知单位的计算来同时设计和记录工程计算，具有独特的可视化格式和便笺式界面，将直观、标准的数学符号、文本和图形集成到一个工作表中。计算过程近似透明，使用户专注于对问题的思考而不是烦琐的求解步骤。

4. Maple

该软件也是通用的数学和工程计算软件之一，Maple 系统内置高级技术用于解决建模和仿真中的数学问题，包括世界上最强大的符号计算、无限精度数值计算、创新的互联网连接、强大的4GL语言等，内置超过5000个计算命令，数学和分析功能覆盖几乎所有的数学分支，如微积分、微分方程、特殊函数、线性代数、图像声音处理、统计和动力系统等。MATLAB 的符号运算内部也是采用 Maple 符号函数的内核，两个软件可以通过连接，实现互相调用。

5. SciLab

该软件又称为免费的 MATLAB 克隆体，该软件的语法和基本功能完全可以和 MATLAB 相媲美，可以完成多种科学计算（如加、减、乘、除、微积分、逻辑推理等），适用于各种工程技术、金融、经济等方面的应用。在各个领域，SciLab 以其开放源码、免费的形式在广大学者、教师和学生中得到广泛应用。

6. Ansys

该软件是融结构、热、流体、电磁和声学于一体的大型通用有限元分析软件，对于求解热结构耦合、磁结构耦合以及电、磁、流体、热耦合等多物理场耦合问题具有其他软件不可比拟的优势。该软件可用于固体力学、流体力学、传热分析以及工程力学和精密机械设计等多学科的计算。

1.4.3 以硬件模型为基础的仿真软件

1. Multisim

该软件是一个专门用于电子线路仿真与设计的 EDA 工具软件，适用于板级的模拟/数字电路板的设计工作。它包含电路原理图的图形输入、电路硬件描述语言输入方式，具有丰富的仿真分析能力，可以实现整个设计及验证过程的自动化。

2. PSpice

该软件主要用于大规模集成电路的计算机辅助设计，具有强大的电路图绘制功能、电路模拟仿真功能、图形后处理功能和元器件符号制作功能，可以完成交直流分析、暂态分析和灵敏度分析等。它的用途非常广泛，可以用于电路分析和优化设计，也可以实现电子设计自动化。

3. ADAMS

该软件是机械系统动力学自动分析软件，可以非常方便地对虚拟机械系统进行静力学、运动学和动力学分析。它也是虚拟样机分析开发工具，其开放性的程序结构和多种接口，使其成为特殊行业用户进行特殊类型虚拟样机分析的二次开发工具平台。

4. Proteus

该软件除了具有其他 EDA 工具软件的仿真功能外，还能仿真单片机及外围器件，是目前比较好的仿真单片机及外围器件的工具。Proteus 仿真软件，从原理图布图、代码调试到单片机与外围电路协同仿真，一键切换到 PCB 设计，真正实现了从概念到产品的完整设计。它是目前唯一将电路仿真软件、PCB 设计软件和虚拟模型仿真软件三合一的设计平台，其处理器模型支持多种常见单片机类型，并支持对部分 Cortex 和 DSP 系列处理器的仿真。在编译方面，它也支持 IAR、Keil 和 MATLAB 等多种编译器。

第2章　MATLAB基础知识

2.1　MATLAB简介

2.1.1　MATLAB概述

2.1.1

当前科学研究及工程技术应用越来越复杂，其在具体的实现过程中需要应用大量的数学计算来对研究项目或工程设计进行相应的计算仿真。而在仿真计算过程中，多维数据的处理是目前科学和工程计算仿真的常见形式，其涉及矩阵计算，程序编写复杂、调试困难。而作为矩阵计算软件的MATLAB语言恰逢其时，日益成为科研人员或工程设计人员的好帮手。该语言是由Clever Moler博士利用Fortran语言开发，然后由John Little利用C语言进行了改写重新编译，取名为MATLAB（即Matrix Laboratory矩阵实验室），并由MathWorks公司于1986年推出具有商业价值的基于DOS的版本3.X，后逐渐推出支持目前主流操作系统的各个版本，本书中主要采用比较成熟的2020b版本。随着MATLAB软件的发展和版本的升级，该软件在吸收了大量科技人员、工程技术人员在各行各业知识的基础上，应用范围越来越广，目前已经成为世界上最为流行的科学计算及仿真语言。

用MATLAB编程运算与进行科学计算的思路和表达方式完全一致，所以使用MATLAB进行数学运算就像在草稿纸上演算数学题一样方便。因此，MATLAB语言本身具备的简单直接、逻辑衔接性强的特点，使科研或工程专业人员不再拘泥于语言编程本身，而省出更多的时间专注于科研和工程的专业技术工作。MATLAB“语言”“演算”化的数值计算、强大的矩阵处理及绘图功能，以及灵活的可扩充性和产业化的开发思路，使得MATLAB在科学计算、自动控制、嵌入式系统、数字信号处理、通信系统和机电系统等领域得到了深入广泛的应用。

2.1.2　MATLAB的构成

2.1.2

MATLAB是一个功能强大的软件，可以分成基本部分、Simulink和工具箱三部分。其中，基本部分包含MATLAB语言、编程环境、句柄图形、数学函数库和应用程序接口等部分；Simulink是MATLAB的一个应用扩展，它允许用户在屏幕上通过图形化模块的方式来模拟一个系统，提供了Simulink扩展和Simulink模块集；工具箱是MATLAB应用扩展的主要部分，为用户提供了丰富而实用的资源，涉及数学、控制、通信、信号处理、图像处理、经济和地理等多个学科。

常见的MATLAB工具箱如下：

1）Communications Toolbox（通信工具箱）。

2）Control Systems Toolbox（控制系统工具箱）。

3）Data Acquisition Toolbox（数据获取工具箱）。

4）Database Toolbox（数据库工具箱）。
5）Filter Design Toolbox（滤波器设计工具箱）。
6）Fuzzy Logic Toolbox（模糊逻辑工具箱）。
7）Image Processing Toolbox（图像处理工具箱）。
8）Neural Network Toolbox（神经网络控制工具箱）。
9）Model Predictive Control Toolbox（模型预测控制工具箱）。
10）Optimization Toolbox（优化工具箱）。
11）Robust Control Toolbox（鲁棒控制工具箱）。
12）Signal Processing Toolbox（信号处理工具箱）。
13）Statistics Toolbox（统计学工具箱）。
14）System Identification Toolbox（系统识别工具箱）。
15）Wavelet Toolbox（小波分析工具箱）。
16）Partial Differential Equation Toolbox（偏微分方程工具箱）。
17）High-order Spectral Analysis Toolbox（高阶谱分析工具箱）。
18）Spline Toolbox（样条工具箱）。
19）Fixed-point Blockset（定点运算模块集）。
……

2.1.3 MATLAB 的特点及优势

2.1.3

MATLAB 作为科学计算语言，是一种直译式的高级语言，与 Fortran 和 C 等通用性的语言相比，MATLAB 的语法规则更简单，更重要的是其贴近人们思维方式的编程特点，使得用 MATLAB 编写程序就像在纸上列公式和求解，而遇到矩阵或数据分析坐标画图时，则更能显示出其优势。因此，MATLAB 已经成为大学工科学生必修的计算机语言之一，在国内外的许多科研院所也得到了广泛的应用。其主要有以下特点和优势。

（1）起点高
- 每个变量代表一个矩阵，适合科学运算。
- 每个元素都看作复数。
- 所有运算对矩阵和复数都有效。
- 强大的计算功能（数值运算和符号运算）。

（2）人机界面适合科技人员
- 演算式的操作。

（3）强大简易的绘图功能
- 根据输入数据自动确定坐标绘图。
- 有各种坐标系，包括三维坐标的曲线和曲面。
- 可设置不同的颜色、线型和视角。

（4）智能化程度高
- 自动选择最佳坐标。
- 数值积分可自动按精度选择步长。

- 自动检测和显示程序错误的能力强，易调试。

(5) 功能丰富，可扩展性强

- 包含基本运算部分和专业工具箱扩展部分。
- Simulink 仿真环境。
- 方便且简单的程序环境。

2.1.4　部分 MATLAB 常见窗口界面

在安装完成后双击 MATLAB 图标，即启动 MATLAB 应用程序，图 2-1 所示为软件默认的主界面显示窗口，主要包括命令窗口及其菜单与工具栏、当前工作路径窗口、工作空间窗口以及历史命令窗口等。

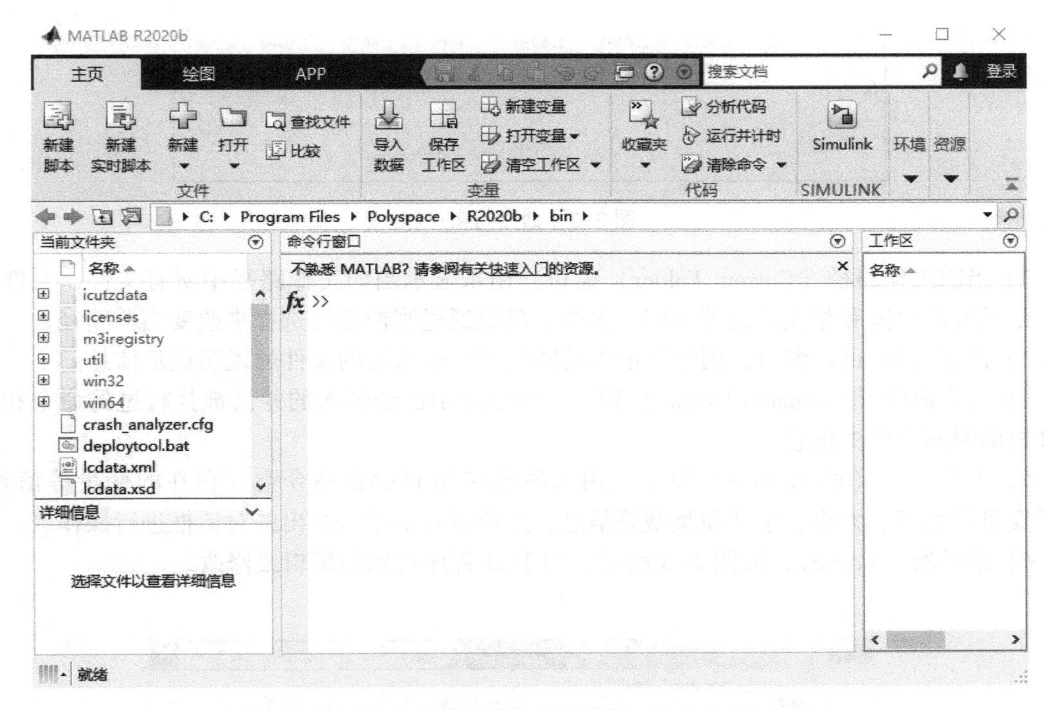

图 2-1　MATLAB 软件默认的主界面（Default Display）

窗口中的菜单、按钮与工具栏和 Windows 操作基本相同，在此不做介绍，下面分别简单介绍各分窗口的功能。

1) 命令行窗口（Command Windows 见图 2-2）及其菜单与工具栏，主要完成 MATLAB 文件管理、工作环境的设置、MATLAB 退出操作以及 MATLAB 命令的执行。其中，命令窗口完成命令和函数的输入及其计算，并可以显示相应结果。在 MATLAB 命令窗口中的“>>”为 MATLAB 的命令提示符，闪烁的“|”为输入字符提示符，第一行是有关 MATLAB 的信息介绍和帮助等命令的显示，可以在 MATLAB 的命令行中输入这些命令而得到相应的结果。如果是第一次使用 MATLAB，建议在命令行中输入 demo 命令，它将启动 MATLAB 的演示程序，用户可以在这些演示程序中领略到 MATLAB 所提供的强大的专业仿真运算和数据处理等功能。

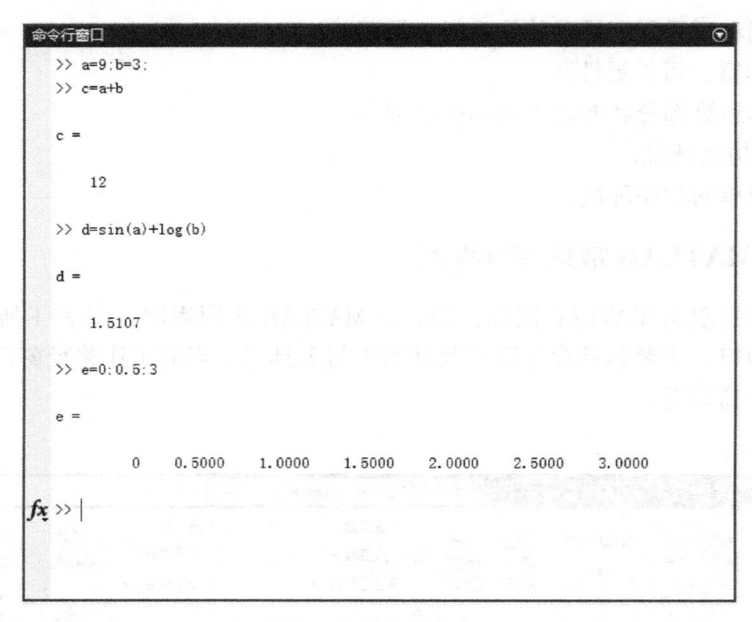

图2-2 命令行窗口

2）当前工作路径（Current Folder）窗口，用来显示当前工作路径中所有文件、文件类型、最近修改时间和相关描述等内容。另外，可以通过当前路径选择来改变当前路径。

3）详细（Detail）窗口，用来显示当前路径窗口中选定的文件的说明提示信息。

4）历史命令（Command History）窗口，用来显示已经输入的并已被执行过的命令和每次开机的时间等历史信息。

5）工作空间（Workspace）窗口，用来显示在MATLAB命令空间存在的变量等信息，包括变量的名字、大小、字节和类型等信息，并通过右键单击弹出的对话框进行操作。

6）编辑器（Editor），如图2-3所示，用于M程序代码的编辑或修改。

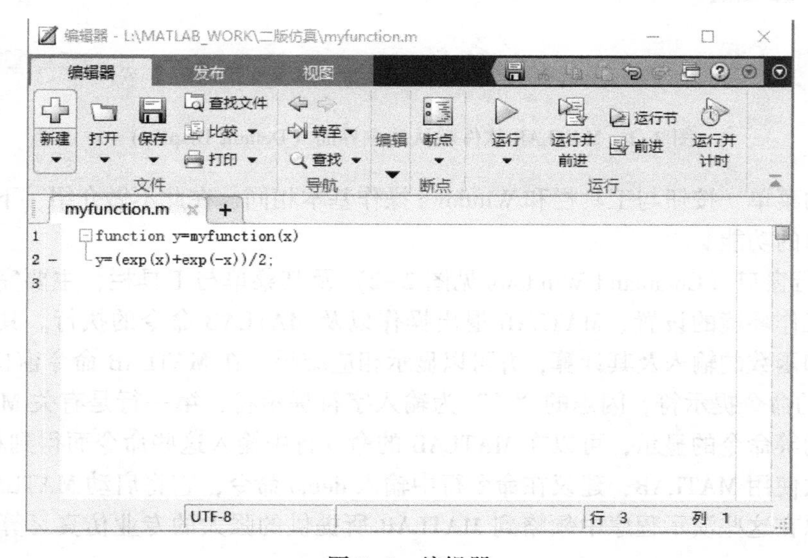

图2-3 编辑器

7）图形显示（Figure）窗口，如图 2-4 所示，用于显示各种数据图形，可以是二维图形也可以是三维图形。

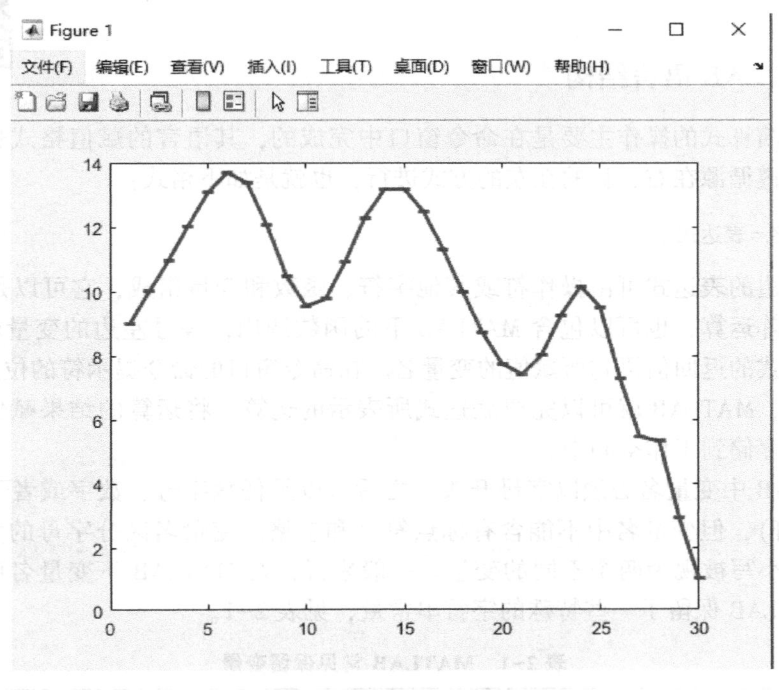

图 2-4　图形显示窗口

8）帮助（Help）窗口，如图 2-5 所示，用来显示和查找有关帮助信息和例程。

图 2-5　帮助窗口

2.2 MATLAB 的基本操作

2.2.1

2.2.1 MATLAB 语言结构

MATLAB 演算式的操作主要是在命令窗口中完成的，其语言的赋值格式也是和其他常见语言一样，遵循源在右、目的在左的方式进行，也就是如下格式：

变量名=表达式;

其中，等号右边的表达式可由操作符或其他字符、函数和变量组成，它可以是 MATLAB 允许的数学或矩阵运算，也可以包含 MATLAB 下的函数调用；等号左边的变量名为 MATLAB 语句右边表达式的返回值语句所赋值的变量名。在命令窗口的命令提示符的位置输入该格式的命令或函数，MATLAB 就可以完成表达式所表示的运算，将运算的结果赋值到变量名指定的变量，并存储到工作空间中。

在 MATLAB 中变量名必须以字母开头，之后可以是任意字母、数字或者下划线（不能超过 63 个字符），但变量名中不能含有标点符号和空格。变量名区分字母的大小写，同一名字的大写与小写被视为两个不同的变量。一般来说，在 MATLAB 下变量名可以为任意字符串，但 MATLAB 保留了一些特殊的字符串常量，见表 2-1。

表 2-1 MATLAB 常见保留变量

变 量 名	意 义
ans	如果用户没有定义变量名，系统用于存储计算结果的默认变量名
pi	圆周率 π（=3.1415926…）
Inf	无穷大∞，如 1/0
eps	浮点数的精度，即系统运算时所确定的极小值（2.2204e-16）
realmin	最小浮点数，2.2251e-308
realmax	最大浮点数，1.7977e+308
NaN	不定量，如 0/0 或 inf/inf
i 或 j	虚数 i=j=sqrt(-1)
nargin	函数的输入变量数目
nargout	函数的输出变量数目

MATLAB 是一种类似 BASIC 语言的解释性语言，命令语句逐条解释逐条执行，它不是输入全部 MATLAB 命令语句，并经过编译、连接形成可执行文件后才开始执行的，而是每输入完一条命令，在输入〈Enter〉键后 MATLAB 就立即对其处理，并得出中间结果，完成了 MATLAB 所有命令语句的输入，也就完成了它的执行，直接得到最终结果。从这一点来说，MATLAB 清晰地体现了类似“演算纸”的功能，如图 2-2 所示。

MATLAB 语句既可由分号结束，也可由逗号或换行结束，但其含义是不同的。如果命令用分号“;”结束，则执行这条命令后，命令窗口中不会显示命令运行的结果，而是显示提示符，等待下一条命令的输入；如果命令以逗号“,”或回车结束，则会将命令运行的结果显示在命令窗口。当然在任何时候都可输入相应的变量名来查看其内容，如图 2-2 所示。在MATLAB 中，几条语句也可以出现在同一行中，只要用分号或逗号将它们分割即可。例如：

```
>>a=2;b=3;c=a*b,d=c+2
c=
    6
d=
    8
```

2.2.2　MATLAB 常用命令

2.2.2

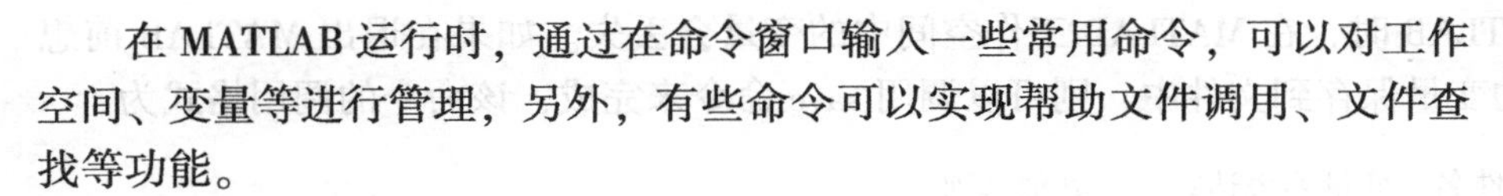

在 MATLAB 运行时，通过在命令窗口输入一些常用命令，可以对工作空间、变量等进行管理，另外，有些命令可以实现帮助文件调用、文件查找等功能。

1. 变量操作命令

(1) who、whos 命令

这两个命令是为了查看当前工作空间中存在哪些变量，who 只显示变量的名称，而 whos 则可以在显示名称的基础上，进一步得到变量的详细信息。

在图 2-6 所示的工作空间中，使用 who 命令操作如下：

```
>>who
Your variables are:
V    d    c    b    ans    a
```

名称	值	字节
V	'MATLAB ver:9.9 VER:(R2020b)'	54
d	8	8
c	6	8
b	3	8
ans	1.5107	8
a	2	8

图 2-6　工作区窗口（Workspace）

使用 whos 命令操作如下：

```
>>whos
Name      Size      Bytes   Class     Attributes
V         1x18      54      char
d         1x1       8       double
c         1x1       8       double
b         1x1       8       double
```

```
ans      1x1      8      double
a        1x1      8      double
```

(2) clear 命令

可以使用 clear 命令来删除特定的变量名，这样可使得整个工作空间更简洁，同时节省一部分内存。例如，想删除工作空间中的两个变量，则可以使用以下命令：

```
>>clear a b
```

如果想删除整个工作空间中所有的变量，则可以使用以下命令：

```
>>clear
```

(3) save、load 命令

当退出 MATLAB 时，在 MATLAB 工作空间中的变量会丢失。如果在退出 MATLAB 前想将工作空间中的变量保存到文件中，则可以调用 save 命令来完成，该命令的调用格式为

save 文件名　变量列表达式　　其他选项

其中，“文件名”可以忽略，其默认文件名为 matlab. mat，“其他选项”也可以忽略。例如，将 a、b、c 变量存到当前工作路径下 matlab. mat 文件中，则可用下面的命令来实现：

```
>>save a b c
```

注意在调用 MATLAB 命令时，如果包含多个元素，不同的元素之间只能用空格来分隔。如果要将当前工作空间中的所有变量自动地存入文件 matlab. mat 中，则应采用下面的命令：

```
>>save
```

存储到 . mat 文件中的数据是按照 MATLAB 指定的二进制格式来存储的，包含数据所有的信息，即格式、类型、维数大小等，但是这些数据只能在 MATLAB 中正常显示，在其他的软件中是无法正常显示的。如果要使其他软件可以显示这些数据，则需要将该数据文件存储成 ASCII 码格式的文件。该功能是在 save 命令后加上一个控制参数-ascii 来实现的，如下：

```
>>save-ascii DatSavAsci
```

系统生成一个 ASCII 码的数据文件，可以用记事本打开该文件，其结果如图 2-7 所示。

由图中可以看出，其他软件可以得到 MATLAB 的变量数据，但是有关数据的信息已经丢失，包括变量名、格式等。如果想获得高精度的数据，则可使用多个控制参数，如-ascii-double。

load 命令可以将上述文件中的变量调入 MATLAB 并重新装入工作空间中，该命令执行与 save 命令相反的过程，调用格式与 save 相同。

当然也可以利用工作空间窗口的菜单或鼠标右键单击的方式来对工作空间进行操作。

(4) exist 命令

要查看当前工作空间是否存在一个变量时，可以使用 exist 命令完成。其调用格式为

```
>>i=exist('a');
```

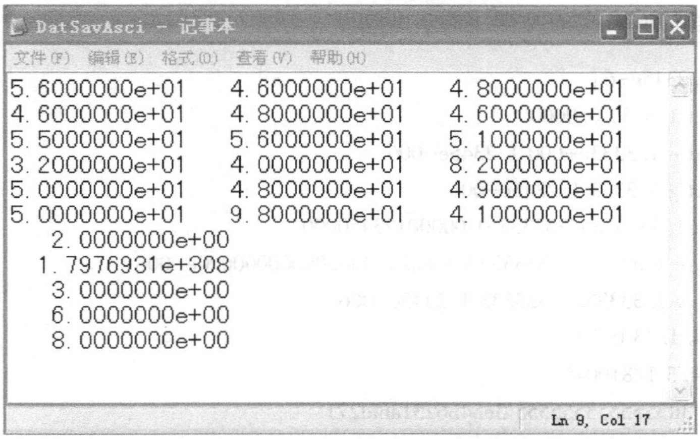

DatSavAsci - 记事本

文件(F)　编辑(E)　格式(O)　查看(V)　帮助(H)

```
5.6000000e+01   4.6000000e+01   4.8000000e+01
4.6000000e+01   4.8000000e+01   4.6000000e+01
5.5000000e+01   5.6000000e+01   5.1000000e+01
3.2000000e+01   4.0000000e+01   8.2000000e+01
5.0000000e+01   4.8000000e+01   4.9000000e+01
5.0000000e+01   9.8000000e+01   4.1000000e+01
   2.0000000e+00
  1.7976931e+308
   3.0000000e+00
   6.0000000e+00
   8.0000000e+00
```

Ln 9, Col 17

图 2-7　记事本显示 ASCII 格式数据窗口

其中，a 为要查看的变量名；*i* 为返回值，*i*=0 表示不存在和 a 相关的变量或文件，*i*=1 表示当前工作空间存在此变量，*i*=2 表示存在一个名为 a.m 的文件，*i*=3 表示在当前路径下存在一个名为 a.mex 的文件，*i*=4 表示存在一个名为 a.mdl 的 Simulink 文件，*i*=5 表示存在一个名为 a( )的内部函数。

也可以通过直接输入变量名来查看工作空间中是否存在这个变量及其值。例如：

```
>>V
V=
8.0.0.783 (R2012b)
```

2. 其他常见命令

(1) clc 命令

该命令为清屏命令，在编制某个程序或仿真计算时，为了保持当前显示界面的整洁，可以先清除屏幕。这种清屏只是清除命令窗口，并不是清除工作空间中的变量。

(2) what 命令

what 命令主要用于显示当前工作路径下 MATLAB 特定文件的名字，主要包括以下文件：

```
path    ——工作路径 path to directory
m       ——m 文件 cell array of MATLAB program file names
mat     ——mat 文件 cell array of mat-file names
mex     ——mex 文件
mdl     ——mdl 文件
slx     ——slx 文件
p       ——p-file 文件
```

(3) format 命令

该命令是数据格式命令，可以用来设置数据在命令窗口的显示格式，而这种设置并不能改变数据的存储格式。其调用格式为

```
format 命令参数
```

命令参数即是显示格式的特征字符，例如：

```
x=[4/3 1.2345e-6]
format short 1.3333 0.0000
format short e 1.3333e+000 1.2345e-006
format short g 1.3333 1.2345e-006
format long 1.33333333333333 0.00000123450000
format long e 1.333333333333333e+000 1.234500000000000e-006
format long g 1.33333333333333 1.2345e-006
format bank 1.33 0.00
format rat 4/3 1/810045
format hex 3ff5555555555555 3eb4b6231abfd271
```

（4）help 命令

该命令可以帮助我们了解命令或函数的信息，如果仅仅输入该命令，而没有其他命令元素则可以得到当前 MATLAB 软件的目录列表。例如，如果想得到 clc 命令的信息，可以输入：

```
>>help clc
clc     Clear command window.
    clc clears the command window and homes the cursor.
    See also home.
    Reference page in Help browser
    doc clc
```

通过命令窗口的“Help”菜单的“MATLAB Help”命令获得 MATLAB 帮助窗口。

（5）lookfor 命令

lookfor 命令可以查找所有的 MATLAB 提供的标题或 M 文件的帮助部分，返回结果为包含所指定的关键词项，其搜索的区域包含 M 文件中的说明部分，搜索时间有些长。例如，查找 clc，可执行如下命令：

```
>>lookfor clc
clc          -Clear command window.
```

（6）demo 命令

该命令是演示程序命令，输入该命令后可以得到 MATLAB 丰富而强大的例程及说明等。

2.3 MATLAB 变量及运算

2.3.1

2.3.1 矩阵变量及元素

（1）矩阵变量

MATLAB 以矩阵作为变量的基本形式，在进行编程、仿真计算工作时需要将矩阵直接输入 MATLAB 中，其中最方便的是将矩阵直接输入，也可以由原有的矩阵生成新的矩阵。在输入过程中需遵循以下规则：

1）方括号 [ ] 把所有矩阵元素括起来。

2）同一行的不同元素之间，数据元素用空格或逗号间隔。

3）用分号（;）指定一行结束。

4）也可分成几行输入，用回车代替分号。

5）数据元素可以是表达式，系统将自动计算。

下面通过几个实例说明不同的矩阵输入方法。

方法 1：直接输入。

```
A=[1,2,3,4;5 6 7 8;9 10 11 12;13 14 15 16]
A=
 1   2   3   4
 5   6   7   8
 9  10  11  12
13  14  15  16
```

逗号及空格为矩阵中不同元素间间隔，分号是行与行之间的间隔符。

方法 2：利用表达式输入。

```
B=[1,sqrt(25),9,13
2,6,10,7*2
3+sin(pi),7,11,15
4 abs(-8) 12 16]
B=
    1   5    9   13
    2   6   10   14
    3   7   11   15
    4   8   12   16
```

这种方法中，回车符就是换行符，输入的表达式直接运算成具体的数值。

方法 3：利用内部函数产生矩阵。

MATLAB 中有很多内部函数，可以比较方便地产生一些特殊的矩阵，例如：

```
>>A=eye(3)
A=
    1    0    0
    0    1    0
    0    0    1
```

由 eye 函数即可以生成一个 3×3 的单位矩阵，变量名为 ***A***。表 2-2 中列举了 MATLAB 部分内部函数。

方法 4：由其他矩阵生成新的矩阵。

也可以由已有矩阵组成或分解成新的矩阵。例如：

```
x=0:0.5:2
y=linspace(0,2,7)
```

```
z=[0 x 1]
u=[y;z]
znew=u(:,2)
```

上面的 ***z***、***u***、***znew*** 都是由原有矩阵生成相应的新矩阵。

表 2-2 MATLAB 部分内部函数

函　数	功　能	示　例
eye	产生单位矩阵	**A**=eye(3)，**B**=eye(3,4)
zeros	产生全部元素为 0 的矩阵	**A**=zeros(3)，**B**=zeros(3,4)
ones	产生全部元素为 1 的矩阵	**A**=ones(3)，**B**=ones(3,4)
[ ]	产生空矩阵	**A**=[ ]
rand	产生随机元素的矩阵	**A**=rand(3)，**B**=rand(3,4)
randn	产生正态分布的随机元素的矩阵	**A**=randn(3)，**B**=randn(3,4)
linspace	产生线性等分的矩阵	**A**=linspace(2,12,6)
magic	产生魔方矩阵	**B**=magic(6)

(2) 矩阵元素

矩阵元素采用下标来表示，其基本形式如 $\boldsymbol{A}(i,j)$，i 和 j 表示元素在矩阵中的行和列的位置，可以利用它们直接调取元素对矩阵进行修改，矩阵中的元素也可进行数值计算。

```
>>A=[1,2,3;4,5,6;7,8,9]
A=
    1    2    3
    4    5    6
    7    8    9
>>A(1,1)
          ans=
          1
>>A(2,3)
ans=
     6
>>A(1,1)=0;A(2,3)=A(1,2)+A(3,2);
>>A
A=
    0    2    3
    4    5    10
    7    8    9
```

(3) 多维数组

多维数组迎合了许多多维的科学计算。在 MATLAB 中数据的逻辑形式可以表现出多维，但在物理内存中的形式却是简单按列存放的。可以将二维以后的数据按照页的概念理解，每页都看成一个二维的矩阵，其生成和元素的访问都和二维矩阵类似，如图 2-8 所示。

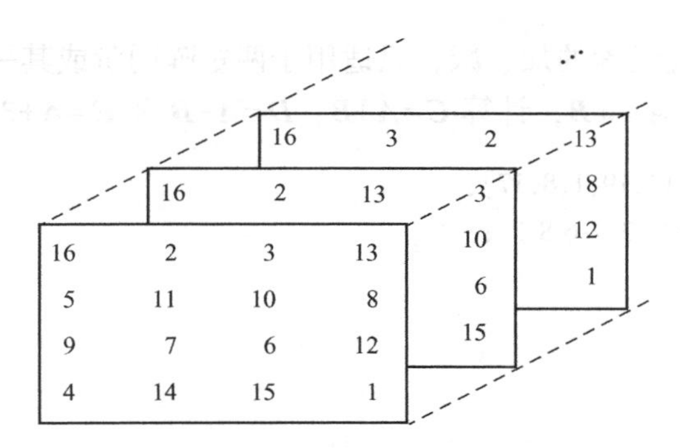

图 2-8　多维数组矩阵

例如：

```
>>MultiDe=rand(2,3,2)
MultiDe(:,:,1)=
    0.6981    0.1781    0.9991
    0.6665    0.1280    0.1711
MultiDe(:,:,2)=
    0.0326    0.8819    0.1904
    0.5612    0.6692    0.3689
```

上述命令共生成两页二维矩阵，其中一页的某一元素的值为

```
>>A=MultiDe(2,2,2)
A=
   0.6692
```

2.3.2　矩阵的基本运算

2.3.2

矩阵运算是 MATLAB 语言最基本的运算功能，MATLAB 对矩阵运算的处理与线性代数中的方法相同。线性代数中矩阵的加、减及乘均有定义，而除没有定义，需采用矩阵逆的方式来进行矩阵的除运算。在 MATLAB 中专门定义了矩阵的除法并且定义了与左逆和右逆相对应的左除和右除。对于 MATLAB 中的单个数值可以将其看成 1×1 的矩阵。MATLAB 基本运算符见表 2-3。

表 2-3　MATLAB 基本运算符

运　算	符　号	示　例
加	+	1+2
减	-	1-2
乘	*	1*2
除	/或\	1/2 或 1\2
幂次方	^	1^2

(1) 矩阵的加、减运算

运算符：+　-

该运算完成矩阵对应元素的加、减，只适用于两矩阵同阶或其一是标量的情况。

【例2-1】 已知矩阵 $\boldsymbol{A}$ 和 $\boldsymbol{B}$，计算 $\boldsymbol{C}=\boldsymbol{A}+\boldsymbol{B}$，$\boldsymbol{D}=\boldsymbol{A}-\boldsymbol{B}$ 和 $\boldsymbol{E}=\boldsymbol{A}+3$。

```
>>A=[21,2,4;7,13,19;1,8,17];
>>B=[12 25 24;11 13 9;6 8 1];
>>C=A+B

C=
   33  27  28
   18  26  28
    7  16  18
>>E=A+3
E=
   24   5   7
   10  16  22
    4  11  20
```

(2) 矩阵乘法运算

运算符：*

该运算适用于前一矩阵的列数和后一矩阵行数相同或者其中之一为标量的情况。

【例2-2】 矩阵 $\boldsymbol{A}$ 和 $\boldsymbol{B}$ 同例2-1，试求 $\boldsymbol{C}=\boldsymbol{A}*\boldsymbol{B}$ 和 $\boldsymbol{D}=\boldsymbol{A}*3$。

```
>>A=[21,2,4;7,13,19;1,8,17];
>>B=[12 25 24;11 13 9;6 8 1];
>>C=A*B

C=
   298  583  526
   341  496  304
   202  265  113
>>D=A*3

D=
   63   6  12
   21  39  57
    3  24  51
```

(3) 矩阵除法

运算符：\ 左除；/右除

若矩阵 $\boldsymbol{A}$ 是非奇异方阵，则 $\boldsymbol{A}\backslash\boldsymbol{B}$ 和 $\boldsymbol{B}/\boldsymbol{A}$ 运算均可以实现，但是结果是不一样的，这是因为它们来源于下面不同的逆矩阵运算：

```
A\B=inv(A)*B;        B/A=B*inv(A)
```

其中，inv函数用来求某一个矩阵的逆矩阵。

【例 2-3】已知矩阵 ***A*** 和 ***B***，试计算 ***A**B*** 和 ***A*/*B***。

```
>>A=[21,2,4;7,13,19;1,8,17];
>>B=[12 25 24;11 13 9;6 8 1];
>>LeftDiv=A\B
LeftDiv=

    0.5081    1.1168    1.1429
    0.3216   -0.6186    0.2857
    0.1717    0.6960   -0.1429

>>RightDiv=A/B
RightDiv=

   -1.8336    5.6985   -3.2801
    0.5535    0.7891   -1.3871
    0.7496    0.0478   -1.4201
```

(4) 矩阵的乘方

运算符：^

在线性代数中，如果 ***A*** 是一非奇异的方阵，而 *P* 是一个正整数，***A***^*P* 则表示 ***A*** 自乘 *P* 次。

【例 2-4】已知 ***A*** 是一非奇异的方阵，*P* 是一个正整数，计算 ***A*** 的 *P* 次方。

```
>>A=[1 2 3 4;5 6 7 8;9 10 11 12;13 14 15 16];
>>APower=A^2

APower=
    90   100   110   120
   202   228   254   280
   314   356   398   440
   426   484   542   600
```

(5) 矩阵的点运算（元素群运算）

运算符：点乘 .*，点乘方 .^，点除 ./，点除 .\

矩阵的点运算是为实现与矩阵相关的标量运算而设计的。该类运算与矩阵的常规运算不同，其并不是完成矩阵的矢量运算，而是完成矩阵中各个元素相应的数值运算，类似于矩阵的加、减运算，两个参与运算的矩阵需要是同阶的。这也是 MATLAB 可以灵活处理绝大多数科学及工程计算的基础，因为很多的函数和计算在处理矩阵计算时是没有任何数学或物理意义的，而针对矩阵元素来进行计算则是可以的。

【例 2-5】已知矩阵 ***A*** 和 ***B***，试求 ***A*** * ***B***，***A***. * ***B***，***A***.^3，***F***=***A***./***B***。

```
>>A=[1 2;3 4];
B=[5 6;7 8];
C=A*B

C=
```

```
19    22
43    50

>>D=A.*B

D=

 5    12
21    32

>>E=A.^3

E=

 1     8
27    64
>>F=A./B

F=

0.2000    0.3333
0.4286    0.5000
```

（6）关系运算和逻辑运算

1）关系运算。其结果为逻辑值，只有两种可能，即假（0）或真（1），它是完成数值大小比较的运算，在矩阵中则是针对各个元素。关系运算符见表2-4。

表2-4　MATLAB关系运算符

<	<=	>	>=	==	~=
小于	小于或等于	大于	大于或等于	等于	不等于

【例2-6】

```
>>A=1+2==3    或  >>  A=(1+2==3)

A=

 1
>>A=[1 2;3 4];
>>B=A==3

B=

 0    0
 1    0
```

关系运算中还包括某些条件判断，例如，判断矩阵元素中有无NaN、Inf值，矩阵是否为实数阵、稀疏阵或空阵等。它们不能直接用表2-4中所示关系符简单地表述，需要由函数实现。如isnan函数就是判断元素是否为NaN，如果是，则结果为1。

2）逻辑运算。其结果也只有逻辑值，即 0（假）和 1（真）。逻辑运算的量一般也是逻辑量，即 1 和 0，但是在 MATLAB 中，所有的非 0 数字都可以看作逻辑 1。逻辑量的基本运算有与（&）、或（|）、非（~）、异或（xor）四种。表示逻辑量的输入-输出关系的表称为真值表，见表 2-5。

表 2-5　基本逻辑运算的真值表

运　算	$A=0$		$A=1$	
	$B=0$	$B=1$	$B=0$	$B=1$
$A\&B$	0	0	0	1
$A\|B$	0	1	1	1
$\sim A$	1	1	0	0
xor(A,B)	0	1	1	0

【例 2-7】

```
>>A=[5 0;0 1];
>>B=[1,1;0,1];
>>C=A&B

C=

    1    0
    0    1
```

逻辑运算包含一些对矩阵中数据整体逻辑判断的命令，一般也是用函数来进行判断，但是常常按照列的方式来运行，如 all（是否全部元素非零）、any（向量中有无非零元素）函数。

【例 2-8】

```
B=[1,0.002;0,1]

B=

    1.0000    0.0020
         0    1.0000

>>all(B)

ans=

    0  1

>>any(B)

ans=

    1  1
```

(7) 矩阵的操作及部分特殊运算符

除了矩阵的计算外，也可以对矩阵进行一些变化的操作，MATLAB 提供了一组执行矩阵操作的函数，例如，flipud(a)使得矩阵上下翻转、fliplr(a)使得矩阵左右翻转、rot90(a)使得矩阵逆时针翻转 90°、用 reshape 对矩阵进行重新排列等。本书中不再详细介绍，另外，MATLAB 中常常有一些特殊运算符在命令和计算中使用，这些特殊运算符见表 2-6。需要指出的是，这些特殊运算符在英文状态下输入有效，在中文状态下输入则无效。

表 2-6 MATLAB 的特殊运算符

特殊运算符	说　明
:	冒号，输入行向量，从向量、数组、矩阵中取指定元素、行和列，大矩阵中取小矩阵
;	分号，用于分隔行
,	逗号，用于分隔列
()	圆括号，用于表达数学运算中的先后次序
[]	方括号，用于构成向量和矩阵
{}	大括号，用于构成单元数组
.	小数点，或域访问符
..	父目录
...	用于语句末端，表示该行未结束
%	用于注释
!	用于调用操作系统命令
=	用于赋值

2.4 常用函数和初等矩阵计算

2.4

函数是计算机语言完成特定计算或功能的主要单元，其功能多种多样，使用灵活方便。

MATLAB 包含很多函数库，内容丰富，本节中仅介绍一些常用的函数，后面章节再介绍其他的一些函数。在 MATLAB 中函数调用的基本格式如下：

变量名=函数名(参数)

2.4.1 常用函数

有些函数式是数学计算中常见的，是 MATLAB 内核的一部分，使用起来比较高效，但是不容易看到这些函数的源程序。这部分函数是常用函数，这里只列举其中一小部分，见表 2-7。

在使用函数时应注意以下几个问题：

1) 函数一定是出现在等式的右边。

2) 每个函数对其自变量的个数和格式都有一定的要求，如使用三角函数时要注意角度的单位是“弧度”而非“度”。例如，sin(1)表示的不是 sin1°而是 sin57.28578°。

3) 函数允许嵌套，例如，可使用形如 sqrt(abs(sin(225 * pi/180)))的形式。

表 2-7　常用函数

函数名	解释	MATLAB 函数命令	函数名	解释	MATLAB 函数命令
幂函数	x^a	x^a	绝对值函数	$\|x\|$	abs(x)
	$\sqrt{x}$	sqrt(x)或 x^(1/2)	对数函数	$\ln x$	log(x)
指数函数	a^x	a^x		$\log_2(x)$	log2(x)
	e^x	exp(x)		$\log_{10}(x)$	log10(x)
三角函数	$\sin(x)$	sin(x)	反三角函数	$\arcsin(x)$	asin(x)
	$\cos(x)$	cos(x)		$\arccos(x)$	acos(x)
	$\tan(x)$	tan(x)		$\arctan(x)$	atan(x)
	$\cot(x)$	cot(x)		$\mathrm{arccot}(x)$	acot(x)
	$\sec(x)$	sec(x)		$\mathrm{arcsec}(x)$	asec(x)
	$\csc(x)$	csc(x)		$\mathrm{arccsc}(x)$	acsc(x)

函数名	意义	函数名	意义
ceil	朝正无穷大取整	real	复数实部
floor	朝负无穷大取整	conj	复数共轭
rem	除后取余数	angle	复数相角
round	四舍五入	imag	复数虚部
exp	指数	exp	指数
sqrt	平方根	lcm(x,y)	整数 x 和 y 的最小公倍数
sign	符号函数	gcd(x,y)	整数 x 和 y 的最大公约数

2.4.2　初等矩阵计算

(1) 矩阵转置

运算符：'

【例 2-9】 已知矩阵 $\boldsymbol{A}$，求其转置矩阵。

```
>>A=[1 2 3;4 5 6;7 8 9]

A=

    1    2    3
    4    5    6
    7    8    9

>>B=A'

B=

    1    4    7
    2    5    8
    3    6    9
```

如果 $\boldsymbol{A}$ 为复数矩阵，则 $\boldsymbol{A}'$为其复数共轭转置矩阵，非共轭转置矩阵使用 conj($\boldsymbol{A}$)实现。

(2) 求逆矩阵

运算函数：inv

矩阵 **A** 可逆，则矩阵 **A** 的逆矩阵是唯一的。

【例 2-10】

```
>>A=[1 2 0;2 5-1;4 10-1];
Ainv=inv(A)

Ainv=

     5    2   -2
    -2   -1    1
     0   -2    1

>>B=A * Ainv

B=

   1    0    0
   0    1    0
   0    0    1
```

(3) 求特征值

运算函数：eig

设 **A** 为 n 阶矩阵，λ 是一个数，如果方程 $\boldsymbol{Ax}=\lambda\boldsymbol{x}$ 存在非零解向量，则称 λ 为 **A** 的一个特征值，相应的非零向量 $\boldsymbol{x}$ 称为特征值 λ 对应的特征向量。

【例 2-11】

```
>>A=[1 2 0;2 5-1;4 10-1];
B=eig(A)

B=

   3.7321
   0.2679
   1.0000
```

(4) 求特征多项式

运算函数：poly

【例 2-12】

```
A=[1 2 0;2 5-1;4 10-1];
B=poly(A)

B=

   1.0000   -5.0000    5.0000   -1.0000
```

它形成以下多项式：

$$x^3-5x^2+5x-1$$

(5) 求方阵的行列式

运算函数：det

【例 2-13】

```
>>A=[1 2 0;2 5-1;4 10-1];
>>B=det(A)

B=

  1
```

(6) 求解线性方程组

线性方程组的一般矩阵形式表示如下：

$$AX=B(XA=B)$$

若方程组有解，则 $X=A\backslash B(X=B/A)$，可以利用矩阵运算求出方程式的解。

【例 2-14】求下列线性方程组的根：

$$\begin{cases}2x_1+x_2-3x_3=5\\3x_1-2x_2+2x_3=5\\5x_1-3x_2-x_3=16\end{cases}$$

由题意可知：$X=A\backslash B$。

```
>>A=[2 1-3;3-2 2;5-3-1];
B=[5;5;16];
X=A\B

X=

    1
  -3
  -2
```

部分初等矩阵计算函数见表 2-8。

表 2-8　初等矩阵计算函数

函　数	意　义	函　数	意　义
det	计算矩阵所对应的行列式值	orth	正交化
inv	求矩阵的逆矩阵	poly	求特征多项式
rank	求矩阵的秩	lu	用高斯消元法求系数矩阵
eig	求特征值和特征向量	qr	正交三角矩阵分解

2.5　基本绘图方法

在科学研究和工程实践中经常会遇到大批量复杂的数据，如果不借助图表来表现它们之间的关系，一般很难看出这些数据的意义。因此，数据的可视化是进行这方面工作不可缺少的有效手段。但可视化并不像我们想象的那么简单，如果采用传统的编程语言，要想在程序中产生一个图形是相当复杂的过程，完成它不仅需要用户掌握一定的编程技巧，同时也要耗费大量的时间和精力（这一点对任何使用过 C 或 Fortran 编程的人都应该有所体会），这必然会影响用户对数据本身的注意力，导致一些不必要的人力资源浪费。一个好的科技应用软件不但能提供给用户功能完善的数值计算能力，而且应该具备操作简单、内容完善的图形绘制功能，这样才能使用户能够高效地进行数据分析处理。

MATLAB 正是一个完全考虑了这方面因素的成功软件，不仅在数值和符号运算方面功能强大，而且在数据可视化方面的表现能力也极为突出。它具有对线型、曲面、视角、色彩、光线阴影等丰富的处理能力，并能以二维、三维乃至多维的形式显示图形数据，可以将数据的各方面特征表现出来。

MATLAB 的图形处理充分考虑了不同层次用户的不同需求。其具有两个层次的绘图指令：一个层次是直接对图形句柄进行操作的底层绘图指令，具有控制和表现数据图形能力强、控制灵活多变等优点，对于有较高或特殊需求的用户而言，该层次能够完全满足他们的要求；另一个层次是在底层指令基础上建立的高层绘图指令，具有指令简单明了、易于掌握等优点，适用于普通用户。

2.5.1 二维平面图形

绘制二维图形函数有多种，表 2-9 给出了二维绘图及图形修饰等函数。本节对一些常用的函数进行简单介绍。

表 2-9 常见二维绘图函数

绘图函数	意义	绘图函数	意义
plot	二维图形基本绘制函数	clf	清除图形窗口内容
fplot	$f(x)$函数曲线绘制	close	关闭图形窗口
fill	填充二维多变图形	figure	创建图形窗口
polar	极坐标图	grid	放置坐标网线图
bar	条形图	gtext	用鼠标放置文本
loglog	双对数坐标图	hold	保持当前图形窗口内容
semilogx	X 轴为对数的坐标图	subplot	创建子图
semilogy	Y 轴为对数的坐标图	text	放置文本
stairs	阶梯图形	title	放置图形标题
xlabel	放置 X 轴坐标标记	axis	设置坐标轴
ylabel	放置 Y 轴坐标标记		

plot 是最基本的绘图函数，它是针对向量或矩阵的列来绘制曲线的，当线条多于一条，而用户没有指定使用颜色时，plot 可以循环使用颜色顺序显示其同时绘制的曲线，也可以通过句柄图形命令指定颜色。当绘图数据坐标 x 及 y 值准备好后，plot 函数就可绘制出坐标曲线图，常用格式有：

1）plot(x)，当 x 为一向量时，以 x 元素的值为纵坐标，x 的序号为横坐标值绘制曲线。

2）plot(x,y)，以 x 元素为横坐标值，y 元素为纵坐标值绘制曲线。

3）plot(x,y1,x,y2,…)，以公共的 x 元素为横坐标值，以 y_1、y_2、…为纵坐标值，绘制多条曲线。

【例 2-15】画出一条正弦曲线和一条余弦曲线（见图 2-9）。

```
x=0:pi/10:2*pi;
y1=sin(x);
y2=cos(x);
plot(x,y1,x,y2)
```

（1）曲线属性设置

一般绘制曲线图形时，人们常常采用多种颜色或线型来区分不同的数据（见图 2-10），MATLAB 系统中专门提供了这方面的参数选项（见表 2-10）。

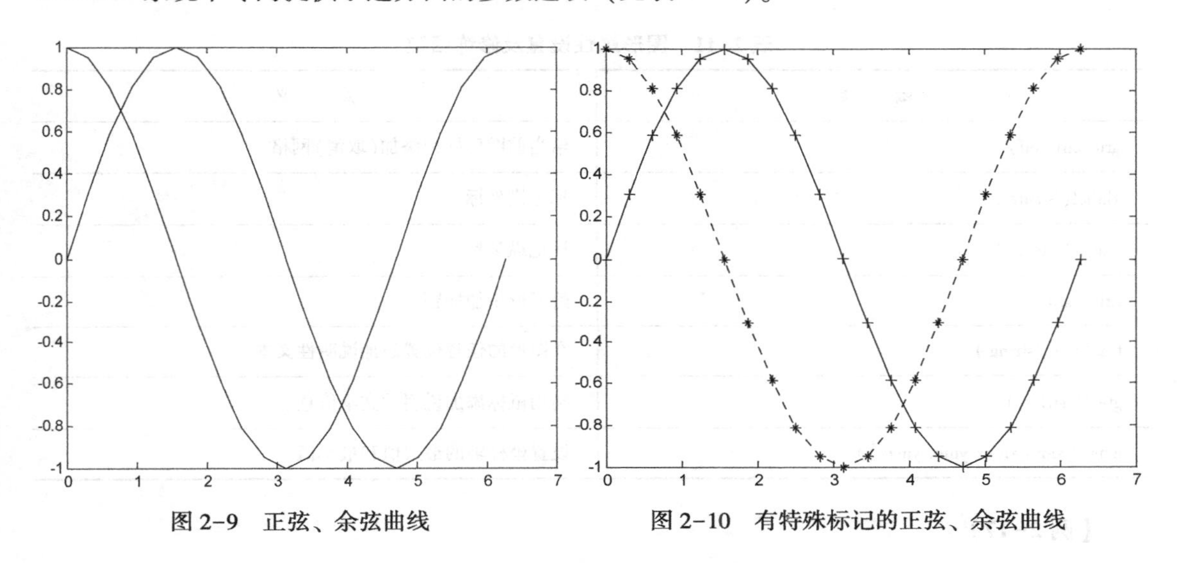

图 2-9　正弦、余弦曲线　　　图 2-10　有特殊标记的正弦、余弦曲线

表 2-10　曲线特殊标记符号

颜色		标记		线型	
符号	含义	符号	含义	符号	含义
b	蓝色	.	点号	—	实线
g	绿色	。	圆圈	…	点线
r	红色	×	叉号	-·-	点画线
c	青色	+	加号	---	虚线
m	品红色	*	星号	—	—
y	黄色	s	方形	—	—
k	黑色	d	菱形	—	—
w	白色	ˇ	上三角符	—	—
—	—	?	下三角符	—	—
—	—	〈	左三角符	—	—
—	—	〉	右三角符	—	—
—	—	p	五星符	—	—
—	—	h	六星符	—	—

【例 2-16】

```
x=0:pi/10:2*pi;
y1=sin(x);
y2=cos(x);
plot(x,y1,'r+-',x,y2,'k*:') %组 1 曲线采用红色实线并用+号显示数据点位置
                            %组 2 曲线采用黑色点线并用*号显示数据点位置
```

(2) 图形属性设置及修饰

MATLAB 为用户提供了一些图形修饰函数，详细见表 2-11。

表 2-11 图形属性设置及修饰函数

函　数	意　义
grid on(/off)	给当前图形标记添加(取消)网格
xlabel('string')	标记横坐标
ylabel('string')	标记纵坐标
title('string')	给图形添加标题
text(x,y,'string')	在图形的任意位置添加说明性文本
gtext('string')	利用鼠标添加说明性文本信息
axis([xmin xmax ymin ymax])	设置坐标轴的最大值和最小值

【例 2-17】

```
>> x=0:pi/10:2*pi;
y1=sin(x);
y2=cos(x);
plot(x,y1,x,y2)
grid on                                  %添加网格
xlabel('Independent Variable X')         %设置 x 坐标轴的名字
ylabel('Dependent Variable Y1&Y2')       %设置 y 坐标轴的名字
title('Sin and Cosine Curve')            %设置坐标图的名字
text(1.5,0.3,'cos(x)')
gtext('sin(x)')
axis([0 2*pi -0.9 0.9])                  %设置正弦、余弦曲线坐标轴的最大值和最小值
```

程序运行得到的图形如图 2-11 所示。

另外，为了更好地显示一些特殊的字体和符号，如加粗字体，α、β 数学符号等，MATLAB 利用转义符号“\”来进行文本字符串输入，特殊符号如“\”“{”“^”等，也是通过“\”来引导。表 2-12 和表 2-13 为常用的各种属性设置字符或符号。

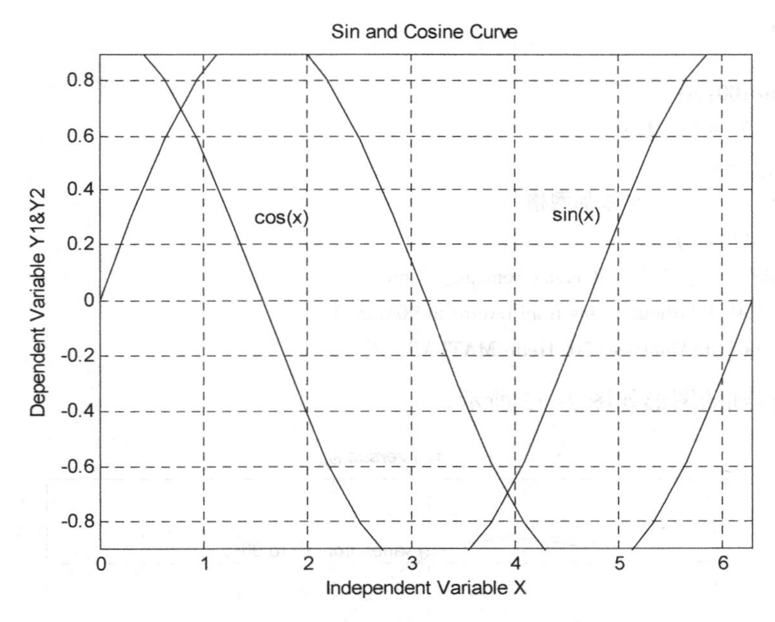

图 2-11　局部显示的正弦、余弦曲线

表 2-12　图形显示格式化字符串

格式化字符串	意　义	格式化字符串	意　义
\bf	加粗	\fontname{fontname}	指定特定字符
\it	斜体	\fontsize{fontsize}	字符大小
_{xxx}	下半角	\rm	恢复正常显示
^{xxx}	上半角		

表 2-13　图形显示特殊数学符号

转义符号	符　号	转义符号	符　号	转义符号	符　号
\alpha	α		\int	$\int$	
\beta	β			\cong	≈
\gamma	γ	\Gamma	Γ	\sim	~
\delta	δ	\Delta	Δ	\infty	∞
\epsilon	ε			\pm	$\pm$
\eta	η			\leq	$\leqslant$
\theta	θ			\geq	$\geqslant$
\lamda	λ	\Lamda	Λ	\neg	$\neq$
\mu	μ			\propto	$\propto$
\nu	ν			\div	$\div$
\pi	π	\Pi	Π	\circ	$\circ$
\phi	φ			\leftrightarrow	$\leftrightarrow$
\rho	ρ			\leftarrow	$\leftarrow$
\sigma	σ	\Sigma	Σ	\rightarrow	$\rightarrow$
\tau	τ			\uparrow	$\uparrow$
\omega	ω	\Omega	Ω	\downarrow	$\downarrow$

【例 2-18】

```
x=0:pi/100:pi;
y=cos(x).*(x.^2);
plot(x,y,'r')
grid on                %添加网格
xlabel('\bf{x}')
title('\bf{\tau_{ind} \itversus \omega_{\itm}}')
text(1.5,0.3,'\theta varies from 0\circ to 90\circ')
gtext('\bf{\it{\fontsize{20}Hello MATLAB}}')
```

程序运行得到的图形如图 2-12 所示。

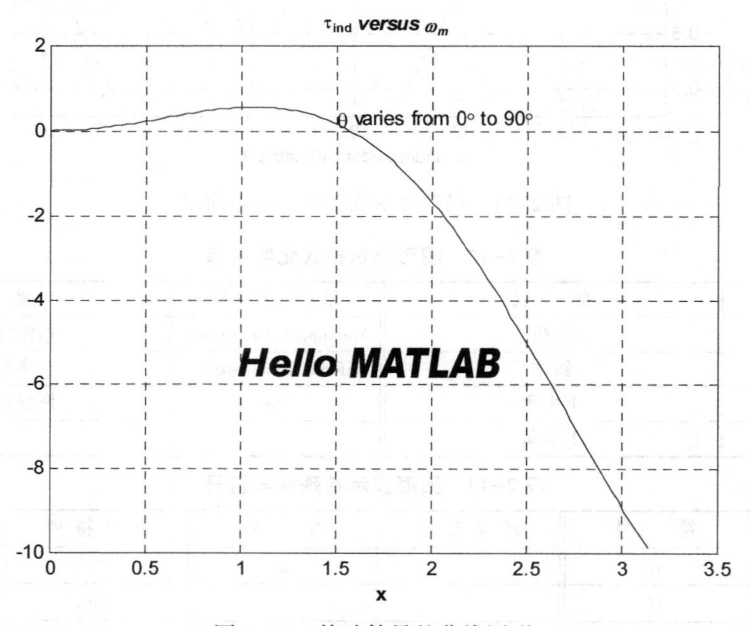

图 2-12　特殊符号的曲线图形

(3) 图形屏幕控制

默认情况下，MATLAB 每一次使用 plot 函数进行图形绘制时，将重新产生一个图形窗口。但有时希望后续的图形能够和前面所绘制的图形进行比较。MATLAB 提供了三种方法：

1) 采用 hold on(/off) 指令，将新产生的图形曲线叠加到已有的图形上。

2) 采用 subplot(n,m,k) 函数，将函数窗口进行分割，然后在同一个视图窗口中画出多个小图形。

3) figure(n) 打开多个窗口。

【例 2-19】在同一窗口中绘制线段（结果如图 2-13 所示）。

```
x=0:pi/10:2*pi;
y1=sin(x);
y2=cos(x);
y3=x;
```

```
plot(x,y1,x,y2)
hold on %
plot(x,y3)
plot(x,y2+y1)
grid
hold off %
```

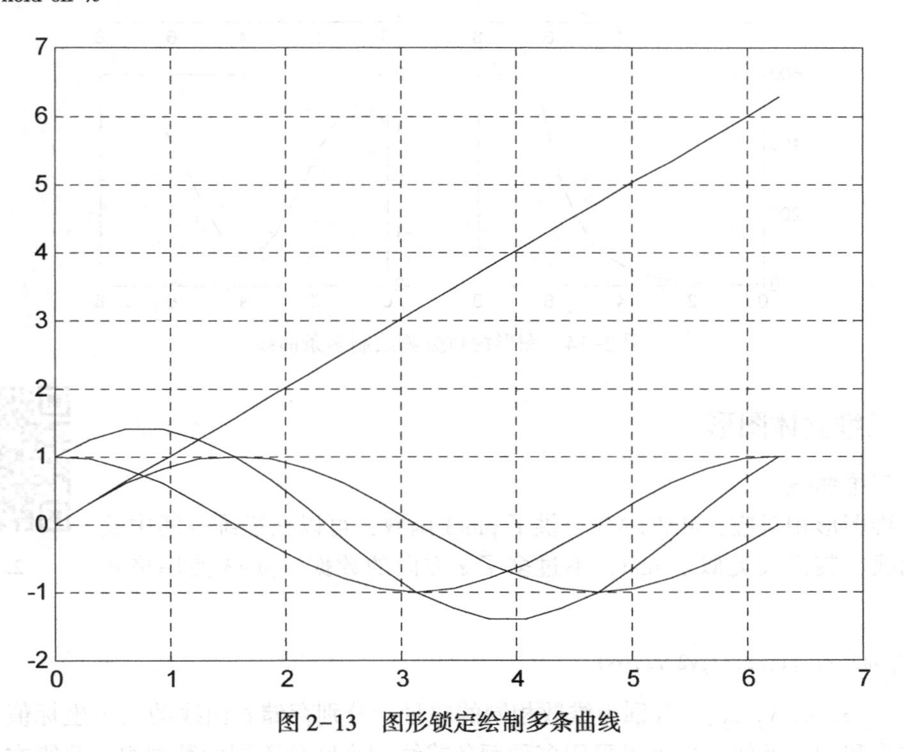

图 2-13　图形锁定绘制多条曲线

【例 2-20】 在多个窗口中绘制图形（结果如图 2-14 所示）。

```
x=0:pi/10:2*pi;
y1=sin(x);
y2=cos(x);
y3=exp(x);
y4=y1+y2;
subplot(2,2,1) %
plot(x,y1)
subplot(2,2,2) %
plot(x,y2)
subplot(2,2,3) %
plot(x,y3)
subplot(2,2,4) %
plot(x,y4)
```

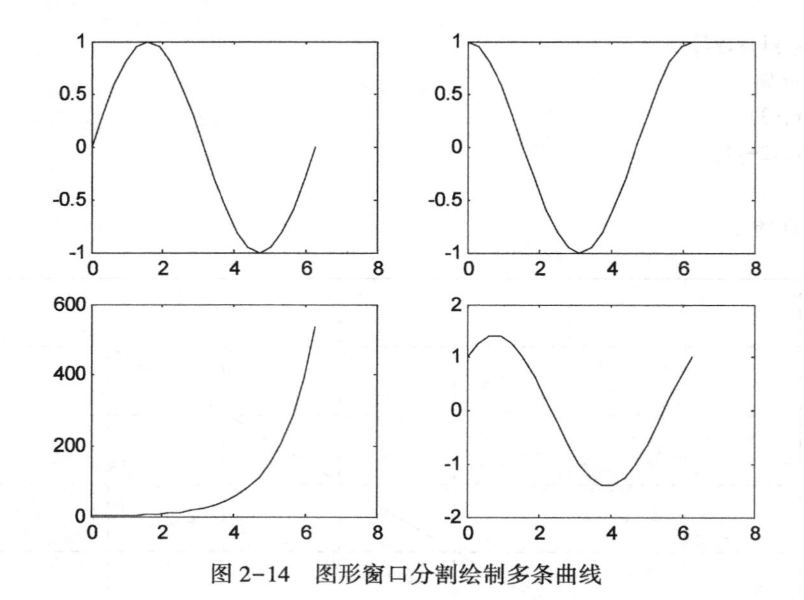

图 2-14　图形窗口分割绘制多条曲线

2.5.2　三维立体图形

2.5.2

(1) 三维曲线

和二维图形相对应，MATLAB 提供了 plot3 函数，可以在三维空间中绘制三维曲线，其格式类似于 plot，不过多了 z 方向的数据。plot3 使用格式如下：

```
plot3(x1,y1,z1,x2,y2,z2,…)
```

其中，x_1、y_1、z_1、x_2、y_2、z_2、…分别为维数相同的向量，分别存储着曲线的三个坐标值，该函数的使用方式和 plot 类似，也可以采用多种颜色或线型来区分不同的数据组，只需在每组变量后面加上相关字符串即可实现该功能。

【例 2-21】 绘制下面方程在 $t=[0,2\pi]$ 的空间图形（结果如图 2-15 所示）。

$$\begin{cases}x=t\\y=\sin t\\z=\cos t\end{cases}$$

```
x=0:pi/10:2*pi;
y1=sin(x);
y2=cos(x);
plot3(y1,y2,x,'m:p')
grid on
xlabel('y1')
ylabel('y2')
zlabel('\bfx')
title('\itSine and Cosine Curve')
```

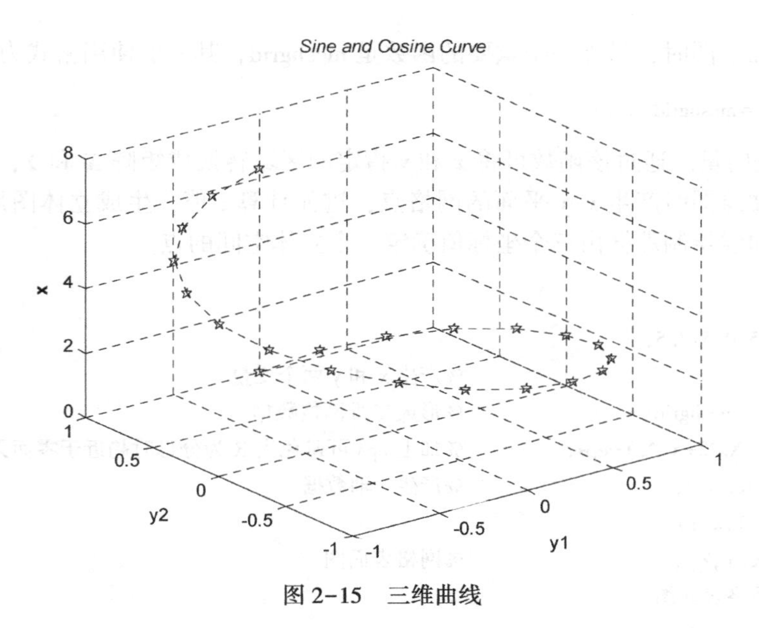

图 2-15　三维曲线

(2) 三维曲面图

在 MATLAB 中绘制三维曲面，可以使用 mesh(x,y,z)或 surf(x,y,z)函数来实现。函数 mesh 为数据点绘制网格线，图形中的每一个已知点及其附近的点用直线连接。函数 surf 和函数 mesh 的用法类似，但它可以着色表面图，图形中的每一个已知点及其相邻点用平面连接。

【例 2-22】

```
z=peaks(40);                          %产生高斯矩阵
subplot(1,2,1)
mesh(z);                              %网格表面图
subplot(1,2,2)
surf(z);                              %着色表面图
```

程序运行结果如图 2-16 所示。

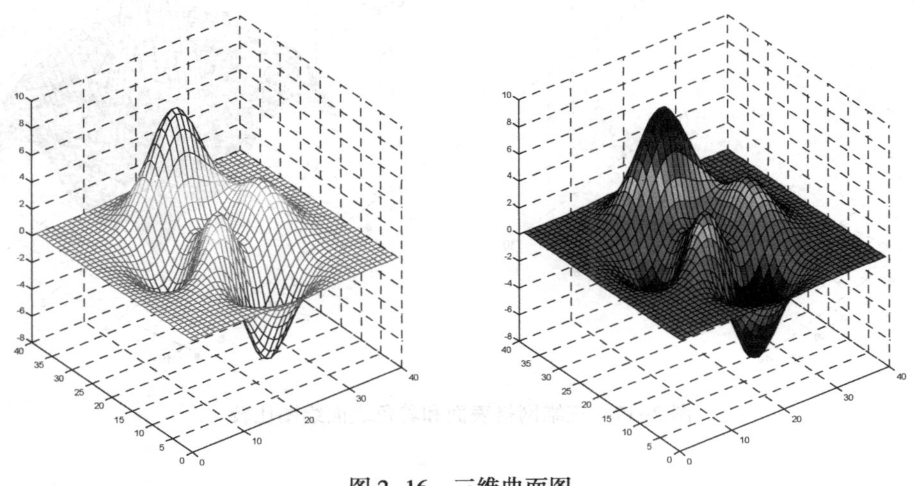

图 2-16　三维曲面图

在进行曲面绘图时，另外一个重要的函数是 meshgrid，其一般使用格式为

```
[X,Y]=meshgrid(x,y)
```

其中，***x*** 和 ***y*** 是向量。通过该函数可将 ***x*** 和 ***y*** 指定的区域转换成矩阵 ***X*** 和 ***Y***，也就是二维的网络数据，以便绘图时产生 *x*-*y* 平面的网格点，进而计算 *z* 值，生成立体图形的坐标数据。而不是像三维曲线绘制那样由三个坐标值确定一个立体空间的点。

【例 2-23】

```
x=-7.5:0.5:7.5;
y=x;                              %产生 x 和 y 两个变量
[X,Y]=meshgrid(x,y);              %形成二维网格数据
R=sqrt(X.^2+Y.^2)+eps;            %加上 eps 可避免当 R 为分母时趋近于零而无法定义
Z=sin(R)./R;                      %产生 z 轴数据
subplot(1,2,1)
mesh(X,Y,Z);                      %网格表面图
title('网格表面图')
subplot(1,2,2)
surf(X,Y,Z);                      %着色表面图
title('着色表面图')
```

程序运行结果如图 2-17 所示。

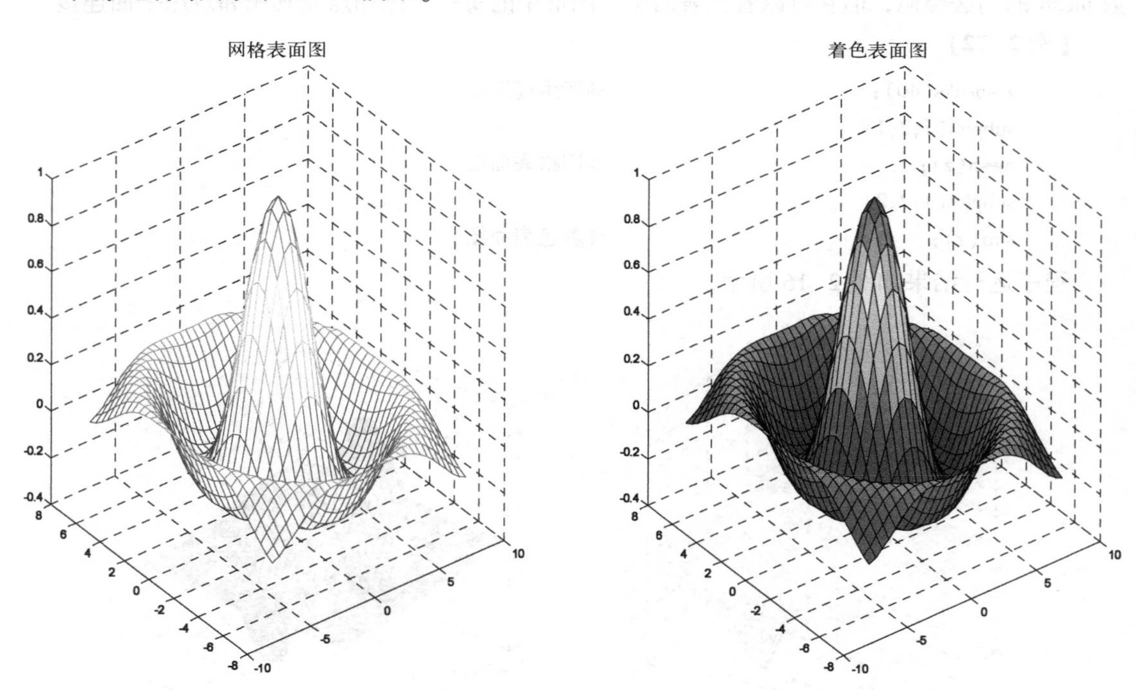

图 2-17 三维网格表面和着色表面绘图比较

2.5.3　其他图形函数绘图

MATLAB 除了提供前面所述的绘图函数 plot 以外，还提供了其他常用的绘图函数，见表 2-14。

表 2-14　其他常用绘图函数

函　数	意　　义	函　数	意　　义
loglog	使用对数坐标系绘图	fill	绘制实心图
semilogx	横坐标轴为对数坐标轴，纵坐标轴为线性坐标轴	bar	绘制直方图
semilogy	横坐标轴为线性坐标轴，纵坐标轴为对数坐标轴	pie	绘制饼图
polar	绘制极坐标图	area	绘制面积图
comet	彗星轨迹图	quiver	绘制向量场图

【例 2-24】

```
x=0:pi/10:2*pi;
y1=sin(x);
subplot(2,2,1)
plot(x,y1)
subplot(2,2,2)
bar(x,y1)
subplot(2,2,3)
fill(x,y1,'g')
subplot(2,2,4)
stairs(x,y1)
```

程序运行结果如图 2-18 所示。

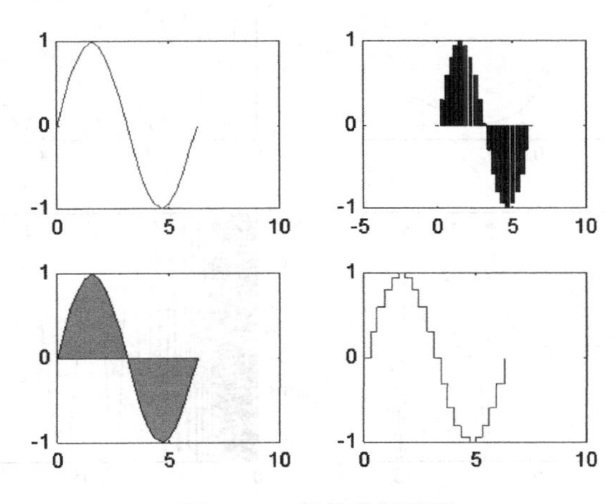

图 2-18　其他常见图形

2.5.4 符号表达式绘图

符号表达式是 MATLAB 的一个特殊的数学表达方式，这部分内容将在后面章节中讲述。为和其他常见绘图方法比较，特把符号表达式绘图部分放到此处讲述。MATLAB 提供了两个函数 ezplot 和 fplot。

（1）fplot

函数 fplot 用来绘制数学函数，其调用格式为

```
fplot(fun,lims)
```

其中，fun 是所要绘制的函数，可以是定义函数的 M 文件名，也可以是以 x 为变量的可计算字符串；***lims*** = [XMIN XMAX YMIN YMAX]限定了 x、y 轴上的绘图空间。

【例 2-25】

```
figure(1)
subplot(2,2,1)
fplot(@(x) humps(x), [0 1])
subplot(2,2,2)
fplot(@(x) abs(exp(-j*x*(0:9))*ones(10,1)),[0 2*pi])
subplot(2,2,3)
fplot(@(x) [tan(x),sin(x),cos(x)],2*pi*[-1 1])
subplot(2,2,4)
fplot(@(x) sin(1./x), [0 0.1])
```

程序运行结果如图 2-19 所示。

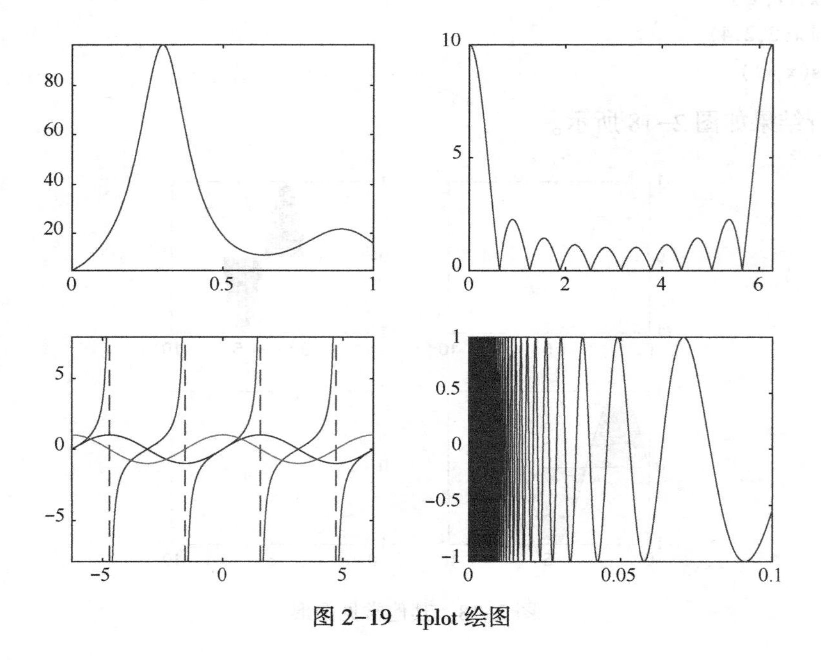

图 2-19 fplot 绘图

（2）ezplot

函数 ezplot 无需数据准备，就可直接画出函数图形，其基本格式为 ezplot(f)，其中，*f* 是字符串或代表数学函数的符号表达式，只有一个符号变量，可以是 *x*，默认情况下 *x* 轴的绘图区域为[-2 * pi,2 * pi]，但可用 ezplot(f,xmin, xmax)或 ezplot(f,[xmin,xmax])来明确给出 *x* 的范围，而不使用默认值[-2 * pi,2 * pi]。

【例 2-26】

```
subplot(2,1,1)
y='x^2';
ezplot(y)
subplot(2,1,2)
y='sin(x)';
ezplot(y,[0,2 * pi])
```

程序运行结果如图 2-20 所示。

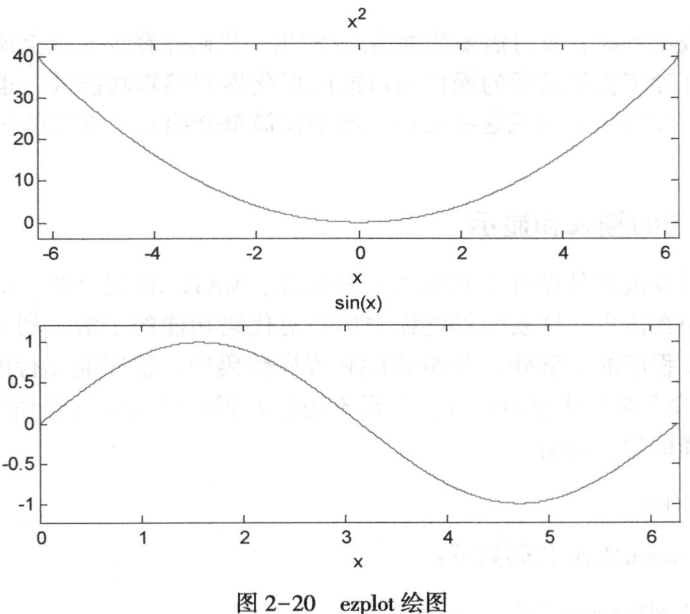

图 2-20　ezplot 绘图

2.5.5　动画

MATLAB 除了显示静态的数据图像外，还支持动画的制作和放映，采用动态图像的方式展现数据的特征变化等，但其制作过程比单纯制作静态图形复杂得多，也需要更多的函数来支持。本节通过两个例子来进行简单介绍。

【例 2-27】

```
x=0:pi/1000:2 * pi;
y=sin(x);
comet(x,y)
```

该例子利用comet函数来动态绘制正弦曲线。

【例2-28】

```
    z=peaks(40);
    surf(z);
    [azimuth,elevation]=view;
    rot=0:1:200;
for i=1:length(rot)
    view([azimuth+rot(i) elevation])
    drawnow
  end
```

该例子利用三维图形视角的变化来动态展现立体图形。

2.6 常见人机交流和输入/输出函数

2.6

在进行计算或编程时，有时需要数据输入/输出、代码注释等人机交流的操作，MATLAB除了提供灵活的操作窗口或图形化界面编辑功能外，也提供了大量的函数或命令来完成这些功能，本书仅简单介绍几个常见的函数或命令。

2.6.1 注释语句的输入和显示

注释语句是计算机软件编程中常见的一种功能，MATLAB用‘%’对程序的语句和程序进行注释，以便在仿真计算或编程过程中加强对代码功能的了解。利用‘%’除了在程序中加强对代码或程序的了解外，在MATLAB程序代码中，程序前几行的注释说明，可以通过Help指令在命令窗口中显示出来，使得不用打开程序就可以得到程序的功能等。若要查看程序中的注释语句，则输入：

```
>>Help 文件名
```

【例2-29】percentMark代码如下：

```
%这是一个利用comet函数
%来动态显示正弦曲线的变化

%简单演示曲线动画效果
x=0:pi/1000:2*pi; %x轴区间
y=sin(x); %计算sin(x)
comet(x,y)%绘制彗星动画曲线
>> Help percentMark
  这是一个利用comet函数
  来动态显示正弦曲线的变化
```

2.6.2 输入函数

(1) 单变量输入语句

格式：变量名=input('提示语句')

例如：x=input('请输入数值:')

【例 2-30】用一 M 文件接收键盘输入的数据并求其二次方值。

```
%This program is for square
n=input('enter a number')
n * n
```

(2) 多行输入语句

格式：keyboard

说明：程序在此处暂停执行，用户可输入多行命令，最后输入 return 返回。

【例 2-31】建立一个单自变量从 0 到 3 时的函数文件，该函数文件输出量 y 和自变量 x 的函数关系式由键盘输入，并绘出其关系曲线。

```
function y=user
x=0.01:3;
keyboard
plot(x,y)
```

程序运行到 $x=0:0.01:3$ 后，程序暂停，等待用户在命令窗口输入诸如 $y=\cos(x)$ 或 $y=x^2$ 等函数或命令，多行输入后，输入 return 返回程序，运行绘图命令 plot。

(3) 输入菜单的使用

格式：变量名=menu('提示','s1','s2',…)

其中，s_1、s_2、…为菜单选项。该语句常用于需要用户控制程序流向的场合。

【例 2-32】

```
r=menu('用户选择','顺序','分支','循环')
```

若用户选择分支，则 $r=2$，如图 2-21 所示。

```
>> r = menu( '用户选择', '顺序', '分支', '循环')
r =
      2
>> r = menu( '用户选择', '顺序', '分支', '循环')
```

MENU
用户选择
顺序
分支
循环

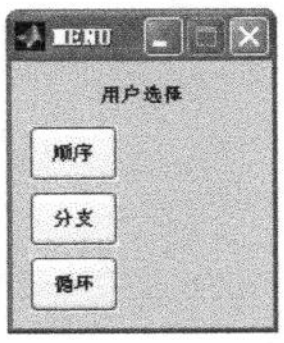

图 2-21　Menu 命令操作

返回结果为菜单选项的序号。

2.6.3 数字与字符串的输出

(1) 格式化显示语句

格式：变量名=sprintf('格式字符',N1,N2,…)

其中，格式字符定义如下：%e 为指数格式；%f 为小数格式；%g 为在%e 和%f 中自动选择较短格式；%d 为十进制数格式；%m. nf 为域宽 *m* 位、小数 *n* 位的浮点型数据格式。

【例 2-33】 关于 pi 的显示。

```
sprintf ('%e %f %g \n', pi, pi, pi)
    sprintf('%d %5.3f \n', pi, pi)

    ans =

    3.141593e+00 3.141593 3.14159

    ans =

    3.141593e+00 3.142
```

(2) 非格式化显示语句

格式：disp(s)

其中，*s* 为字符串或数字变量。

【例 2-34】

```
>> s1 = 'I ';
>> s2 = 'Love ';
>> s3 = 'MATLAB! ';
>> disp([s1 s2 s3])
I Love MATLAB!
```

可见，disp( )函数显示方式仅仅显示，并不进行变量的赋值，其格式紧密，且不留任何没有意义的空行。

第3章　M 文件和 MATLAB 开发环境

3.1　MATLAB 的 M 文件

MATLAB 作为一种应用广泛的科学计算软件，不仅可以通过直接交互的指令和操作方式进行数值计算、绘图等，还可以像其他计算机编程语言一样，按照其语法规则进行程序设计。它既可以是一系列窗口命令语句，又可以是由各种控制语句和说明语句构成的函数文件。但是与其他高级语言如 C、C++、Fortran 等相比，MATLAB 语言更加简洁，编程效率更高，更加易于移植和维护。MATLAB 提供了两种源程序格式：文本文件和函数文件。这两种具有相同的扩展名，均为“.m”，又称为 M 文件。通过编写 M 文件，用户可以像编写批处理命令一样，将多个 MATLAB 命令和函数集中在一个文件中，实现结构化的程序设计，降低代码重复率，实现特定的复杂的仿真计算功能，并且既方便调用，又便于修改。M 文件本身是一个文本文件，可以在多个文本编辑软件中编辑，在 MATLAB 中则是通过 M 文件编辑器建立完成的，M 文件编辑器窗口如图 3-1 所示。值得注意的是，MATLAB 的 M 文件不能以中文汉字命名，同时在文件中除了注释文字之外不能出现全角字符形式。

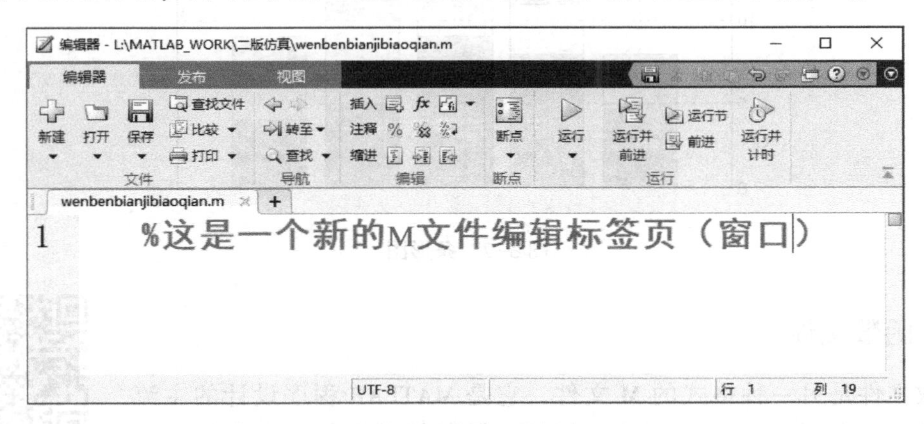

图 3-1　M 文件编辑器窗口

3.1.1　文本文件

3.1.1

文本文件类似于 DOS 下的批处理文件，其执行方式很简单，用户只需在 MATLAB 的提示符下键入该文件的文件名，MATLAB 就会自动执行该文本文件中的各条语句。文本文件能对 MATLAB 工作空间中的数据进行处理，文件中所有语句的执行结果也完全返回到工作空间中。文本文件在工作空间中运算的变量为全局变量。文本文件格式适用于用户需要立即得到结果的小规模运算。

文本文件的创建与执行过程如下：

1）在“Edit”菜单栏中，单击 New 图标选择 Script 则可打开一个新的文件编辑器窗口，在这个窗口中可以编辑生成一个新的 M 文件。

2）单击 Open 图标打开已存在的 M 文件。

3）单击 Save 图标将编辑好的 M 文件保存，可以给文件起一个与文件内容有关的名字，而不是默认的 Untitle. m。

4）在命令窗口中直接输入待执行文件的文件名或选择“File”菜单中的“Run”选项执行已编辑好的 M 文件。

【例 3-1】 显示条形图的程序（结果如图 3-2 所示）。

```
Y=[5 1 2;8 3 7;9 6 8; 5 5 5;4 2 3];
bar(Y,'stack');
grid on
```

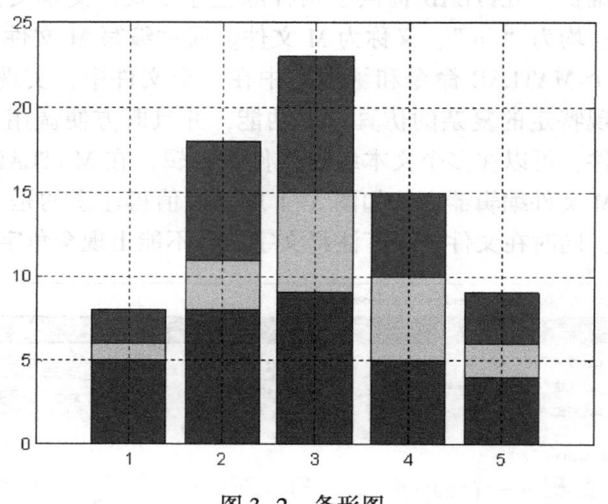

图 3-2　条形图

3.1.2　函数文件

3.1.2

函数文件是另一种格式的 M 文件，它是 MATLAB 程序设计的主流。使用函数文件格式编程，其新建、打开、保存等操作与文本文件相同，但是其格式和运行与文本文件不同。不能直接输入函数文件的文件名来运行一个函数文件，它必须由其他语句来调用。函数文件允许有多个输入参数和多个输出参数值，MATLAB 获取传递给它的变量，利用所给的输入计算所要求的结果，然后把这些结果返回。函数的执行过程中所创建的中间变量都是隐含的，函数调用者可见的变量是函数的输入和输出变量（实际参数）。

【例 3-2】

```
function y= myfunction(x) %函数文件定义行,必须存在
%   myfunction 函数文件的说明
%   可以通过 Help 指令显示到命令窗口
```

```
% 介绍文件实现的功能及输入输出的定义
%
% y= sin(x). * cos(3 * x)
%

% 上面空一行,下面的说明不再由 Help 指令显示
% 版权等信息 Copyright VVVVV, Inc.
y=sin(x). * cos(3 * x);
```

函数 M 文件必须遵循以下特定的规则：

1）一般情况下，要求函数名和文件名相同，这样不至于出现混淆。

2）MATLAB 首次执行一个函数 M 文件时，打开相应的文本文件并将命令编译成存储器的内部表示，以加速执行以后所有的调用。如果函数包含对其他函数 M 文件的引用，则它们也同样被编译到存储器中。普通的 M 文本文件不被编译，即使它们在函数 M 文件内被调用。

3）在函数 M 文件中，到第一个非注释行为止的注释行是帮助文本。当需要帮助时，返回该文本。

4）第一行帮助行为 H1 行，可以通过 lookfor 命令搜索行中的关键字。

5）函数可以有零个或更多个输入参量，也可以有零个或更多个输出参量。

6）函数可以按少于函数 M 文件中所规定的输入和输出变量进行调用，但不能多于函数 M 文件中所规定的输入和输出变量数目。如果输入和输出变量数目多于函数 M 文件中 function 语句一开始所规定的数目，则调用时自动返回一个错误。

7）当函数有一个以上输出变量时，输出变量包含在括号内。例如，[y1,y2]=ABC(x1,x2)。注意，x_1、x_2、y_1、y_2 是变量，而不是数据或元素的个数。

8）当调用一个函数时，所用的输入和输出参量的数目在函数内是规定好的。在数目不确定时，可以用 nargin 和 nargout 这两个默认输入、输出变量来代替，其包含输入、输出变量的数目。

9）作为函数 M 文件，其内部可以包含多个函数，命名以第一个为准。

3.1.3　其他函数

MATLAB 除了函数 M 文件外，还提供了多种类型的函数，包括匿名函数、局部函数、嵌套函数和私有函数等。

（1）匿名函数

匿名函数（Anonymous Function）是不存储在程序文件中，但与变量相关的函数，它通过函数句柄（function_handle）来进行调用。匿名函数可以接收输入并返回输出，就像标准函数一样。但在应用时，匿名函数可能只包含一个可执行语句。

【例 3-3】 为需要系数 a、b 和 c 的匿名函数创建函数句柄。

```
a = 1.3; b = .2; c = 30;
para = @(x) a * x.^2 + b * x + c;
```

变量 para 是一个函数句柄。@ 运算符用于创建句柄，@ 运算符后面的圆括号( )包括函

数的输入参数。该匿名函数接收单个输入 x，并显式返回单个输出。许多 MATLAB 函数接受将函数句柄用作输入，这样可以在特定值范围内计算函数，也可以为匿名函数或程序文件中的函数创建句柄。使用匿名函数的好处是不必为仅需要简短定义的函数编辑和维护文件。

（2）局部函数

局部函数（Local Function）又称为子函数（Subfunction）。MATLAB 程序文件可以包含用于多个函数的代码，在函数文件中，第一个函数称为主函数。此函数对其他文件中的函数可见，或者也可以从命令行调用它。文件中的其他函数称为局部函数，它们可以任意顺序出现在主函数后面。局部函数仅对同一文件中的其他函数可见，是其他函数的子例程。

【例 3-4】 创建一个名为 mystats. m 的函数文件，其中包含主函数 mystats 以及两个局部函数 mymean 和 mymedian。

```
function [avg, med] = mystats(x)
%主函数
n = length(x);
avg = mymean(x,n);
med = mymedian(x,n);
end
function a = mymean(v,n)
%一个局部函数
a = sum(v)/n;
end
function m = mymedian(v,n)
%另一个局部函数
w = sort(v);
if rem(n,2) == 1
    m = w((n + 1)/2);
else
    m = (w(n/2) + w(n/2 + 1))/2;
end
end
```

局部函数 mymean 和 mymedian 用于计算输入列表的平均值和中位数。主函数 mystats 用于决定列表 n 的长度并将其传递到局部函数。

（3）嵌套函数

嵌套函数（Nested Function）是完全包含在父函数体内的函数。程序文件中的任何函数都可以包含嵌套函数。

【例 3-5】 名称为 parent 的函数包含名称为 nestedfx 的嵌套函数：

```
function parent
disp('This is the parent function')
nestedfx
   function nestedfx
       disp('This is the nested function')
```

```
    end
end
```

嵌套函数与其他类型的函数的主要区别是，嵌套函数可以访问和修改在其父函数中定义的变量。因此，嵌套函数可以使用不是以输入参数形式显式传递的变量，在父函数中，可以为嵌套函数创建包含运行嵌套函数所必需的数据的句柄。嵌套函数通常不需要 end 语句。但是，要在程序文件中嵌套任何函数，该文件中的所有函数都必须使用 end 语句。

(4) 私有函数

私有函数（Private Function）是一类特殊的函数，当需要限制函数的作用域时，可以将函数存储在名称为 private 的子文件夹中，该文件夹中的函数为私有函数。只有 private 子文件所处父文件夹中的函数才可调用该函数。

【例 3-6】在位于 MATLAB 搜索路径下的某个文件夹内，创建名称为 private 的子文件夹，在该文件夹内创建一个名为 findme. m 的函数：

```
function findme
% FINDME   An example of a private function.
disp('You found the private function.')
```

在 private 的父文件夹中创建一个名称为 visible. m 的文件。

```
function visible
findme
```

将当前父文件夹作为 MATLAB 当前工作路径，并调用 visible 函数，运行结果为：

```
visible
You found the private function.
```

虽然不能从命令行或 private 文件夹所属父文件夹以外函数中调用私有函数，但可以访问它的帮助信息：

```
help private/findme
  findme   An example of a private function.
```

私有函数优先于标准函数，因此在当前工作路径中，如果查找一个 test. m 函数时，MATLAB 先查找名称为 test. m 的私有函数，再查找名称为 test. m 的非私有程序文件。这样可以在创建特定函数的备用版本的同时，将原始版本保留在另一文件夹中。

3.1.4　变量作用域

3. 1. 4

根据作用域的不同，可以将 MATLAB 程序中的变量分为局部变量和全局变量。局部变量是在函数中使用的变量，只能在函数的范围内使用；而全局变量是在文本文件或命令窗口中仿真计算时定义。

函数文件不能直接访问 MATLAB 工作空间中的全局变量，它只能读取通过参数传入的变量和那些定义为全局变量的工作空间变量。如果在函数内访问全局变量，必须在函数内用 global 指令定义，定义的全局变量可以在函数内使用。若没有用该命令定义，则函数内的变量为局部变量，即使它与工作空间的变量同名，在该函数返回之后，这些变量会自动地被清除，在其他函数内和基本工作空间中都不能被调用。使用全局变量前应在命令窗口中定义该变量，需要准确定义其维数大小。

表明全局变量的语句格式为

```
global 全局变量列表
```

在定义和使用全局变量时，应注意：

1）全局变量列表中各个变量名不能用逗号分隔。例如，使用 global a b c，d 命令，MATLAB 编译器会认为 *a*、*b*、*c* 三个变量为全局变量，而 *d* 变量是用户想显示的变量，从而出现不希望的结果。

2）全局变量在使用前必须在 MATLAB 工作空间中定义。在某一个具体的 MATLAB 函数中，如果要使用全局变量则必须在函数前面用 global 命令声明，否则该函数中即使使用了该变量名，也会被看作局部变量使用。

3）为保证函数的独立性，一般情况下不使用全局变量。

【例 3-7】利用全局变量编写下面一个无参数传递的函数文件，并调用它计算。

1）编写函数文件 gfibno. m：

```
function f=gfibno
global ndcba
f=[1,1];
i=1;
while f(i)+f(i+1)<ndcba
    f(i+2)=f(i)+f(i+1);
    i=i+1;
end
```

2）在 MATLAB 指令窗中运行以下指令：

```
global ndcba
ndcba=1000;
gfibno
```

3.2 流程控制语句

在进行计算机软件的编程过程中，为了提高程序算法的质量，使程序算法的设计具有很强的可读性，常常需要将仿真计算按照数据或流程的要求进行分支和循环。MATLAB 提供了三种常用控制结构：顺序结构、分支结构和循环结构。由于这些结构包含大量的 MATLAB 命令，故经常出现在文本文件中，而不是直接出现在 MATLAB 提示符后面。作为一名 MATLAB 使用者来说，编写程序的一个主要内容就是解决一个应用问题所使用的算法如何用 MATLAB 的语言和函数来描述。换句话说，也就是组织 MATLAB 程序的结构。

3.2.1　顺序结构

3.2.1

顺序结构是由多个程序结构串联而成的，每一个程序模块可以是一条语句、一段程序或一个函数等。由顺序结构编写的程序，命令执行时是从前至后依次完成的，严格遵循一定的规则：依次执行。在用 MATLAB 编写程序时，实现顺序结构的方法非常简单，只需将多个要执行的命令段（程序模块）顺序连接即可。

3.2.2　分支结构

3.2.2

分支结构又称为选择结构。在实际编程过程中，并不能仅仅依靠顺序结构来完成。在求解实际问题时，常常要根据输入数据的实际情况进行逻辑判断，对不同的结果分别进行不同的处理。在 MATLAB 语言中，这种判断主要由 if-else-end 结构和 switch-case-end 结构来完成。

(1) if-else-end 结构

最简单的 if-else-end 结构如下（流程图如图 3-3 所示）：

```
if  expression
        commands……
end
```

如果表达式中的所有元素为真（非零），那么就执行 if 和 end 语言之间的 commands 命令。

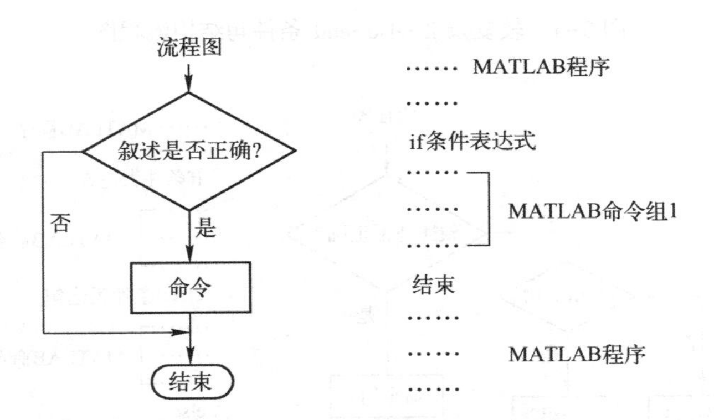

图 3-3　if-else-end 条件句结构流程图

较复杂的 if-else-end 结构具体结构如下（流程图如图 3-4 所示）：

```
if  expression
        commands evaluated if True
else
        commands evaluated if False
end
```

如果表达式为真，则执行第一组命令；如果表达式是假，则执行第二组命令。

结构 if-else-end 在使用过程中也可以嵌套，具体应用格式如下（流程图如图 3-5 所示）：

```
if expression1
        commands evaluated if expression1 is True
    elseif expression2
        commands evaluated if expression2 is True
    elseif expression3
        commands evaluated if expression3 is True
    ……
    else
        commands evaluated if no other expression is True
    end
```

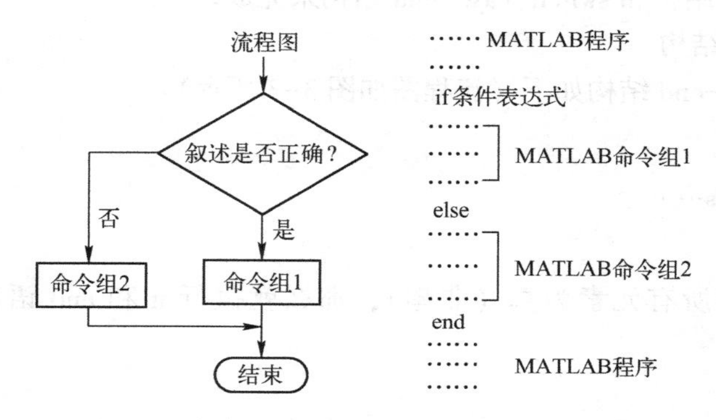

图 3-4 较复杂 if-else-end 条件句结构流程图

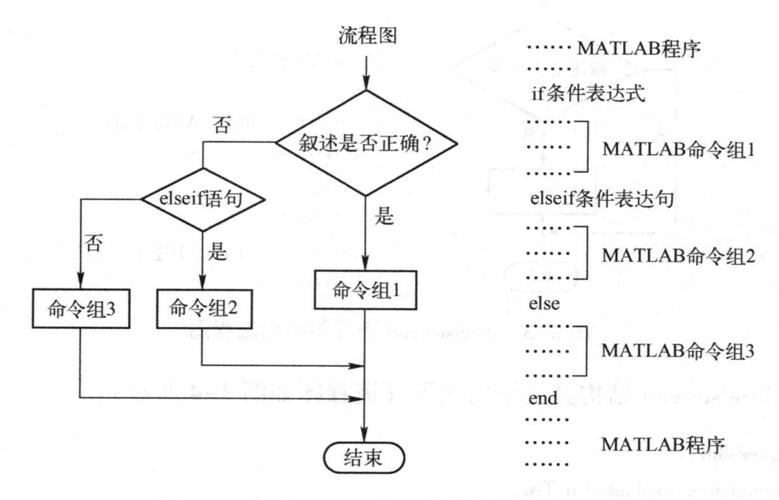

图 3-5 复杂 if-else-end 条件句结构流程图

【例 3-8】 输入一个数，如果小于 100 且大于 0 就打印这个数，否则打印“n>100”或“n<0”。

```
n=input('enter a number,n=')
if n<=100&n>0
    n
else
     if n>100
         sprintf('n>100')
     else
         sprintf('n<0')
     end
    end
```

（2）switch-case-end 结构

switch-case-end 结构用于实现多重选择，其应用格式如下：

```
switch <expression>
            case <number1>
                   command1
            case <number2>
                   command2
            ……
            otherwise
            ……
       end
```

其中，otherwise 模块可以省略。switch 语句的执行过程如下：首先计算表达式的值，然后将其结果与每一个 case 后面的数值常量依次进行比较，如果相等则执行该 case 模块中的语句，执行该 case 模块后就跳出 switch 语句；如果表达式的值与所有 case 模块的数值无一相同，则执行 otherwise 模块中的语句。

switch 也可以在一个 case 语句中处理多值情况，通过将多值用大括号括起来作为一个单元实现。

【例 3-9】 编写一个函数，将百分制的学生成绩转换为五级制的成绩。

```
    function f=SduScore(x)
switch fix(x/10)
case {10,9}
    f='A';
case 8
    f='B';
case 7
    f='C';
case 6
    f='D';
otherwise
    f='E';
end
```

3.2.3 循环结构

有些仿真计算时，需要反复执行某些程序段落，为避免重复编写结构相似的程序段落带来的程序结构上的臃肿，程序编辑时引入循环结构，其可分为 for 循环和 while 循环两种。

(1) for 循环

for 循环允许一组命令以固定的和预定的次数重复，循环结构如图 3-6 所示。

for 循环的一般形式如下：

```
for x= array
    {commands}
end
```

在 for 和 end 语句之间的 {commands} 按数组 array 中的每一列执行一次。在每一次迭代中，x 被指定为数组的下一列，即在第 n 次循环中，x=array(:, n)。

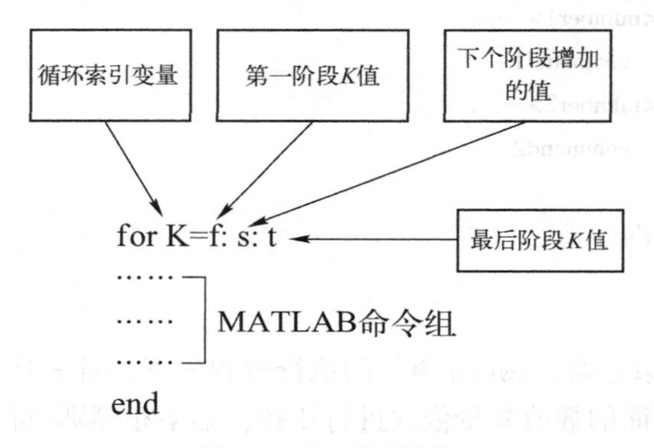

图 3-6 for 循环结构

【例 3-10】

```
for n=1:10
    x(n)=sin(n*pi/10);
end
x
x=
    Columns 1 through 7
    0.3090    0.5878    0.8090    0.9511    1.0000    0.9511    0.8090
    Columns 8 through 10
    0.5878    0.3090    0.0000
```

分析：第一个语句即对 n 等于 1~10，求所有语句的值，直至下一个 end 语句。第一次通过 for 循环 $n=1$，第二次 $n=2$，如此继续，直至 $n=10$。在 $n=10$ 以后，for 循环结束，然后求 end 语句后面的所有语句值，在这种情况下显示所计算的 x 的元素。

【例 3-11】求 1+2+3+…+100 的和。

```
s=0;
for i=1:100
```

```
        s=s+i;
    end
    s
```

for 循环使用过程中的注意事项如下。

1）for 循环不能用 for 循环内重新赋值循环变量 n 来终止。例如：

```
for n=1:10
    x(n)=sin(n*pi/10);
    n=10;
    end
    x=
    Columns 1 through 7
    0.3090    0.5878    0.8090    0.9511    1.0000    0.9511 0.8090
    Columns 8 through 10
    0.5878    0.3090    0.0000
```

2）语句 1:10 是一个标准的 MATLAB 数组创建语句。在 for 循环内，接受任何有效的 MATLAB 数组。

```
data=[3  9  45  6;  7  16  -1  5]
    data=
      3     9     45     6
      7     16    -1     5
for n=data
     x=n(1)-n(2)
end
x=-4   x=-7   x=46    x=1
```

3）for 循环可按需要嵌套。

```
for n=1:5
        for m=5:-1:1
                A(n,m)=n^2+m^2;
        end
disp(n)
end
```

4）当有一个等效的数组方法来解给定的问题时，应避免使用 for 循环。例如，例 3-10 可重写为

```
n=1:10;
x=sin(n*pi/10)
```

两种方法得出同样的结果，而后者执行速度更快，更直观，要求较少的输入。

5）为了得到更快的速度，在 for 循环（while 循环）执行之前，应预先分配数组。例如，前面所考虑的例 3-10，在 for 循环内每执行一次命令，变量 x 的大小增加 1，迫使 MATLAB

每通过一次循环要花费时间对 x 分配更多的内存。为了消去这个步骤，例 3-10 可重写为

```
x=zeros(1,10);      %预先为 x 分配存储内存
for n=1:10
        x(n)=sin(n*pi/10);
end
```

现在，只有 $x(n)$ 的值需要改变。

（2）while 循环

与 for 循环以固定次数求一组命令的值相反，while 循环以不定的次数求一组语句的值。while 循环的一般形式如下：

```
while expression
    commands  %MATLAB 命令组
end
```

只要在表达式里的所有元素为真，就执行 while 和 end 语句之间的 {commands}。通常，表达式的求值给出一个标量值，但数组值也同样有效，正确运行 while-end 循环语句的条件如下：

1）在 while 命令中的条件表达式至少有一个变量。

2）在 MATLAB 第一次运行 while 命令时，条件表达式中的变量必须已被赋值。

3）在 while 和 end 命令中间的条件表达式中至少有一个变量被赋予新的值，否则由于条件表达式总是为真，会导致循环一旦开始则无法停止。

【例 3-12】 求 1+2+3+…+100 的和。

```
i=0;
s=0;
while i<100
   i=i+1;
   s=s+i;
end
s
```

程序思想是逐项求和，直到 $i \geq 100$ 时为止。

3.2.4 try 语句

try 语句先试探性执行语句，它使得编程者可以试探性地对数据进行计算分析，从而避免数据的异常造成整个程序的死机或崩溃等。try 语句格式为

```
try
   语句组 1
catch
   语句组 2
end
```

try 语句先试探性执行语句组 1，如果语句组 1 在执行过程中出现错误，则将错误信息赋

给保留的 lasterr 变量，并转去执行语句组 2。

【例 3-13】矩阵乘法运算要求两矩阵的维数相容，否则会出错。编写程序求两矩阵的乘积，若出错，则自动转去求两矩阵的点乘。

程序如下：

```
%exptry.m 文本文件
A=[1,2,3;4,5,6];
B=[7,8,9;10,11,12];
try     C=A*B;
catch     C=A.*B;
end
C %显示计算结果
Err=lasterr   %显示出错原因
```

运行该 M 文件可得

```
>> exptry
C=

     7    16    27
    40    55    72


Err=


Error using   *
Inner matrix dimensions must agree.
```

3.3 MATLAB 与其他软件的关系

3.3.1 操作系统的日期与时间

3.3

MATLAB 中的某些命令与操作系统是有内在联系的。除了前面所述的可以直接应用的操作系统命令 dir、delete、cd 等之外，有关时间和日期方面的命令，都是从操作系统中提取数据的。这些命令见表 3-1。

表 3-1　时间和日期函数库

当前日期	now	当前日期和时间的时间数	clock	当前日期的日期向量
	date	当前日期的字符串		
基本函数	datenum	成序列的日期数	datevec	日期向量
	datestr	日期的字符串格式		

（续）

日期函数	calender	日历	eomday	月末日的星期数
	weekday	星期数	datetick	日期的格式设定
定时函数	cputime	以秒计的 CPU 时间	etime	经历时间
	tic. toc	秒表定时器的启动和停止	pause	暂停等待时间

【例 3-14】

```
>> tic;date,toc
ans =
01-Jan-2015
Elapsed time is 0.001086 seconds.
```

date 得到当前日期的字符串，tic 和 toc 得到秒表计时数据。

3.3.2 文件的操作

MATLAB 可以用 save 和 load 命令来保存和提取数据，其数据可以是 mat 或 ASCII 码格式，但这只适合于 MATLAB 环境自身。通过输入/输出文件进行数据交换使得 MATLAB 可以和其他软件进行数据交换，其文件数据格式有两种形式，即二进制格式文件和 ASCII 文本文件。系统对这两类文件提供了不同的读写功能函数。常见的文件操作函数见表 3-2。

表 3-2 文件操作函数库

函 数 名	功 能	格 式
fopen	打开文件	F=fopen(filename,permission)
fclose	关闭文件	S=fclose(F)
fread	读二进制数据文件	[A,Count]=fread(F,size,precision)
fwrite	写二进制数据文件	Count=fwrite(F,A,precision)
fscanf	读 ASCII 文本文件	[A,Count]=fscanf(F,format,size)
fprintf	写 ASCII 数据文件	Count=fprintf(F,format,A,…)

【例 3-15】

```
>> a=[1 2 3];F=fopen('Fsum.txt','w');
fprintf(F,'%d %d %d',a);
fclose(F);
产生 Fsum.txt 文件,文件内容为 1 2 3
```

3.3.3 图形文件的转储

MATLAB 的图形文件存储默认的是 MATLAB 内部的 .fig 文件，该文件可以转储为多种标准的图形格式，以便用各种图形软件进行处理。存储时所用后缀可以是各种标准图形格式的后缀，如 bmp、jpg 等，它们可由图形窗口对图形进行转储而得到。可以用菜单操作来实现图形转储，只要选择图形窗口的“File”菜单项中的“Export Setup（导出向导）”选项，就可以逐步导出各种格式认可的图形；也可以通过 print 命令打印或者输出相应格式的图形文件。

【例 3-16】

```
print - dbitmap abcd
-dbitmap 表示将要存储的图形文件格式,可以有-djpeg、-dpng、-dtiff 等选项;
adcd 是文件的名字
```

如果仅仅是将图形直接粘贴到某个文档中，而不是存储成单独的文件，可以通过图形窗口的“Edit”菜单项中的“Copy Figure”选项，进行图片的复制，这也是本书大部分图形的复制方法。图形窗口中还有一排图标组成的工具栏，可以完成图形编辑、缩放、旋转和加字符标注等操作，此部分不是图形的一部分，所以不能存储到图片文件中。图 3-7～图 3-9 所示为存储 MathWorks 公司的 logo 图形分别为 bmp 和 jpg 格式的图形。

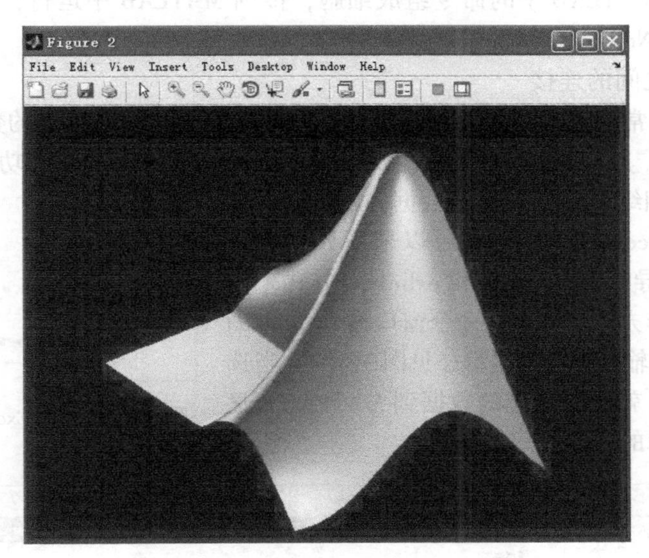

图 3-7　MATLAB 图形窗口

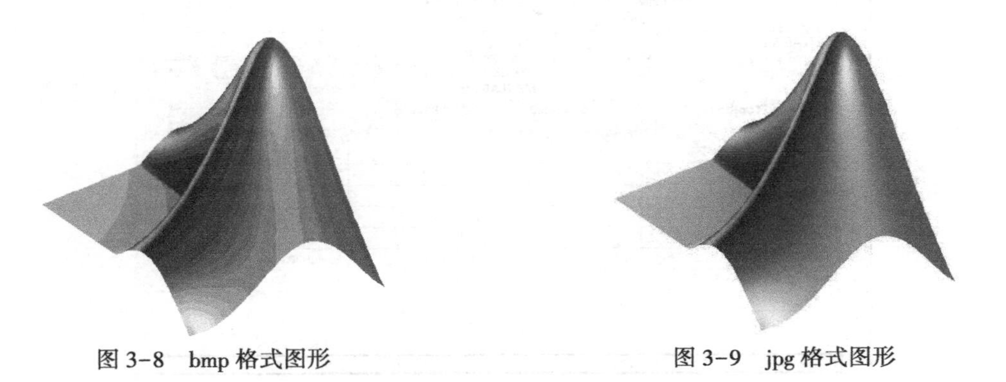

图 3-8　bmp 格式图形　　图 3-9　jpg 格式图形

很显然，存储其他非 fig 格式的图形时，其图像信息是不同的。

3.3.4 与文字或数据处理系统之间的关系

（1）与 Word 之间的连接

MathWorks 公司开发的 MATLAB Notebook 成功地将 Microsoft Word 和 MATLAB 结合在一起，为文字处理、科学计算和工程设计营造了一个完美的工作环境。这样 MATLAB 不仅兼具原有的计算能力，而且增加了 Word 软件的编辑能力，已经远远超出了 MathCAD 等软件。MATLAB Notebook 可以在 Word 中随时修改计算命令，随时计算并生成图像返回，使用户能在 Word 环境中"随心所欲地享用" MATLAB 的浩瀚科技资源。MATLAB Notebook 的工作方式如下：用户在 Word 文档中创建命令，然后送到 MATLAB 的后台中执行，最后将结果返回到 Word 中。可以用 Notebook 指令来设置或打开 Microsoft Word 文字编辑系统，也可以由 Notebook 通过动态链接和 MATLAB 进行交互。Notebook 和 MATLAB 交互的基本单位为细胞。Notebook 需要输入 MATLAB 中的命令组成细胞，传到 MATLAB 中运行，运行输出的结果再以细胞的方式传回 Notebook。

（2）与 Excel 之间的连接

Excel 是一款非常优秀的通用表格软件，学习、工作与科研中大量的数据可能是以 Excel 表格的方式存储的。Excel 在矩阵计算、数据拟合与优化算法等方面的功能尚显不足，然而 Excel 与 MATLAB 相结合是处理复杂数据问题的有效方法。MATLAB 与 Excel 的数据交互可以采用界面操作方式（数据导入向导）、函数方式和 exlink 宏方式来实现。例如，界面操作方式，可以在命令窗口输入 uiimport 命令，就会出现数据输入窗口的提示（见图 3-10），当选择了 Excel 文件后，就导入相应的数据到 MATLAB，显示出如图 3-11 所示的数据窗口。

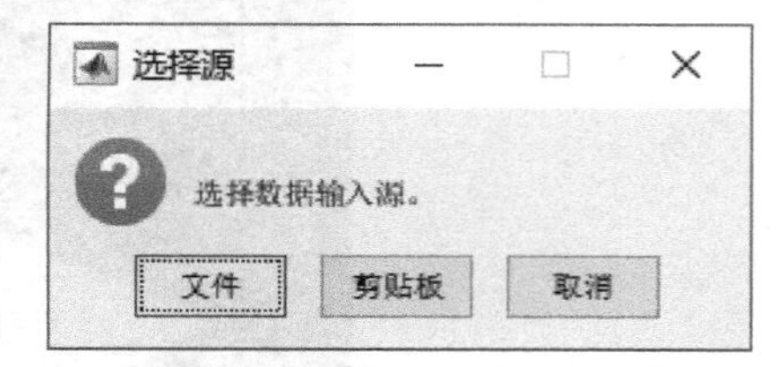

图 3-10　导入 Excel 数据提示对话框

	A	B	C	D
	MATLABVer			
	GToolbox	VarName2	R2020b	Jul2020
	文本	分类	分类	分类
1	'5G Toolbox'	'2.1'	'(R2020b)'	'29-Jul-2020'
2	'AUTOSAR Blockset'	'2.3'	'(R2020b)'	'29-Jul-2020'
3	'Aerospace Blockset'	'4.4'	'(R2020b)'	'29-Jul-2020'
4	'Aerospace Toolbox'	'3.4'	'(R2020b)'	'29-Jul-2020'
5	'Antenna Toolbox'	'4.3'	'(R2020b)'	'29-Jul-2020'
6	'Audio Toolbox'	'2.3'	'(R2020b)'	'29-Jul-2020'
7	'Automated Driving Toolbox'	'3.2'	'(R2020b)'	'29-Jul-2020'
8	'Bioinformatics Toolbox'	'4.15'	'(R2020b)'	'29-Jul-2020'
9	'Communications Toolbox'	'7.4'	'(R2020b)'	'29-Jul-2020'
10	'Computer Vision Toolbox'	'9.3'	'(R2020b)'	'29-Jul-2020'
11	'Control System Toolbox'	'10.9'	'(R2020b)'	'29-Jul-2020'
12	'Curve Fitting Toolbox'	'3.5.12'	'(R2020b)'	'29-Jul-2020'

图 3-11　Excel 数据窗口

3.4

3.4　MATLAB 的文件管理系统

3.4.1　安装后的 MATLAB 文件管理系统

在 MATLAB 安装后的根目录中，包含多个文件夹，其中，bin 文件夹中有 MATLAB 的执行文件 MATLAB.exe，双击这个文件就可以启动 MATLAB 软件。系统的工作路径默认在“我的文档”的 MATLAB 文件夹中，用户自编的应用程序默认存在这个文件夹中，当然用户也可以自行设置。

3.4.2　MATLAB 自身的用户文件格式

MATLAB 的用户文件通常包括以下几类。

(1) 程序文件

程序文件包括主程序和函数文件，文件扩展名为 .m，即 M 文件，通常由文本编辑器生成。MATLAB 的各个工具箱中的函数，大部分也是 M 文件。

(2) 数据文件

文件扩展名为 .mat。在 MATLAB 命令窗中，用 save 命令存储的变量，在默认条件下就生成这类文件。

(3) 可执行文件

文件扩展名为 .mex，由 MATLAB 的编译器对 M 文件进行编译后生成。其运行速度远高于直接执行 M 文件的速度。

(4) 加密文件

文件扩展名为 .p，又称为 p 文件，是一种 M 文件的加密格式，一般是为了防止算法暴露而转化成 p 文件，该文件可以运行，但不能看到代码。

(5) 模型文件

文件扩展名为 .slx（新版本）或 .mdl（老版本），是采用 Simulink 工具箱进行模块化仿真建模生成的模型文件。

(6) 图形文件

文件扩展名为 .fig，是 MATLAB 专用格式的图形窗口显示文件。

MATLAB 还有多种文件形式，如 s 文件，在此不再一一列举。

3.4.3　文件管理和搜索路径

MATLAB 管理的文件范围由它的搜索路径来确定。整个计算机资源管理器文件系统中的任何一个底层文件夹，都可以列入 MATLAB 的搜索路径，在这些文件夹中的文件都可以被执行。反之，如果用户编写的程序未存入 MATLAB 搜索路径的子目录中，则 MATLAB 将找不到它，因而也无法运行这个程序。

要显示或修改搜索路径，可以用 path 命令：

1）path，列出 MATLAB 的搜索路径。

2）path（path,'新增路径名'），在原搜索路径群中加入一个新路径。

例如，在 C 盘中已有一个子目录 user1，要把它放入 MATLAB 的搜索路径上，可键入：path(path,'C:\\user1')。注意，这个子目录必须先建好，使用 path 命令才有效；否则，MATLAB 找不到这个子目录，则会显示“无此子目录，命令无效”，并拒绝执行。

该功能也可以通过菜单操作的方式来完成。

3.4.4 搜索顺序

在 MATLAB 执行程序中，当遇到一个字符串时，如何判别该字符串的意义呢？它按如下的顺序（优先级）与已有的记录相比较：工作空间的变量名→内部固有变量名→mex 文件名→M 文件名。如果两个名字相同，则只认优先级高的名字。比如，用户在工作空间中给 i 赋了值，那么，系统就不会取内部固有变量中设定的虚数 i；如果用户在程序中设立了一个与 MATLAB 函数同名的变量，则每次调用此名字时，出现的将是用户自定义的变量，调不出 MATLAB 中的函数，所以，在自设变量名时要防止与 MATLAB 中的函数重名。

MATLAB 中也有函数同名只是后缀不同的情况。因为 mex 后缀是二进制的执行文件，其运行速度比 M 文件快得多，所以会优先执行它。mex 文件通常是对 M 文件进行编译后生成的，无法阅读，也不好修改。

第 4 章　其他常规函数库

4.1　数据分析函数库

4.1.1

4.1.1　数据统计处理

数据统计分析是人们日常生活中常见的计算，MATLAB 的基本数据处理功能是按列向进行的，其行向实际上可以看作不同的数据样本。已知实验数据见表 4-1，存入工作空间的 dataanaly 变量，试对这些实验数据进行分析。

表 4-1　某实验数据列表

时　间	数据 1	数据 2	数据 3
1	12.51	9.87	10.11
2	13.54	20.54	8.14
3	15.60	32.21	14.17
4	15.92	40.50	10.14
5	20.64	48.31	40.50
6	24.53	64.51	39.45
7	30.24	72.32	60.11
8	50.00	85.98	70.13
9	36.34	89.77	40.90

1. 求最大值和最小值

求一个向量 ***x*** 的最大值的函数有两种调用格式，分别是

```
y=max(x)          %返回向量 x 的最大值存入 y,如果 x 中包含复数元素,则按模取最大值
[y,i]=max(x)      %返回向量 x 的最大值存入 y,最大值的序号存入 i,如果 x 中包含复数元素,则
                   按模取最大值
```

求向量 ***x*** 的最小值的函数是 min(x)，用法和 max(x)完全相同。

【例 4-1】

```
dataanaly=

    1.0000    12.5100     9.8700    10.1100
    2.0000    13.5400    20.5400     8.1400
    3.0000    15.6000    32.2100    14.1700
    4.0000    15.9200    40.5000    10.1400
```

```
    5.0000   20.6400   48.3100   40.5000
    6.0000   24.5300   64.5100   39.4500
    7.0000   30.2400   72.3200   60.1100
    8.0000   50.0000   85.9800   70.1300
    9.0000   36.3400   89.7700   40.9000
>> y=max(dataanaly)

y=

    9.0000 50.0000   89.7700   70.1300
>> [y,i]=max(dataanaly)

y=

    9.0000   50.0000   89.7700   70.1300

i=

    9    8    9    8
```

2. 求和与求积

数据序列求和与求积的函数分别是 sum 和 prod，其使用方法类似，当输入为向量时，则得到向量全部元素的和或乘积，如果是矩阵，则得到矩阵中各个列元素的和或者乘积的向量。

【例 4-2】

```
>> sum(dataanaly)

ans=

45.0000   219.3200   464.0100   293.6500
```

3. 平均值与中值

求数据序列平均值与中值的函数分别是 mean 和 median。当输入为向量时，则得到向量全部元素的算术平均值或中值，如果是矩阵，则得到矩阵中各个列元素的算术平均值或中值。

【例 4-3】

```
>> median(dataanaly)

ans=

    5.0000   20.6400   48.3100   39.4500
```

4. 累加和与累乘积

求数据累加和与累乘积向量的函数分别是 cumsum 和 cumprod。当输入为向量时，则得到向量全部元素的累加和向量或累乘积向量，如果是矩阵，则得到矩阵中各个列元素的累加和向量或累乘积向量。

【例 4-4】

```
>> cumsum(dataanaly)

ans =

    1.0000    12.5100     9.8700    10.1100
    3.0000    26.0500    30.4100    18.2500
    6.0000    41.6500    62.6200    32.4200
   10.0000    57.5700   103.1200    42.5600
   15.0000    78.2100   151.4300    83.0600
   21.0000   102.7400   215.9400   122.5100
   28.0000   132.9800   288.2600   182.6200
   36.0000   182.9800   374.2400   252.7500
   45.0000   219.3200   464.0100   293.6500
```

5. 标准方差与相关系数

计算数据序列的标准方差的函数是 std，计算数据相关系数的函数是 corrcoef。如果是向量则返回一个标准方差或相关系数，如果是矩阵则返回一个各列标准方差或相关系数的向量。

【例 4-5】

```
>> corrcoef(dataanaly)

ans =

    1.0000    0.8841    0.9968    0.8480
    0.8841    1.0000    0.9030    0.8952
    0.9968    0.9030    1.0000    0.8637
    0.8480    0.8952    0.8637    1.0000
```

6. 排序

对向量 ***X*** 排序的函数是 sort，函数返回一个对输入向量中的元素按升序排列的新向量，sort 函数也可以对矩阵 ***A*** 的各列或各行重新排序，其调用格式为

```
[Y,I] = sort(A,dim)
```

其中，dim 指明是对矩阵 ***A*** 的列还是对行进行排序，若 dim=1，则按列排，若 dim=2，则按行排；***Y*** 是排序后的矩阵；而 ***I*** 记录矩阵 ***Y*** 中的元素在矩阵 ***A*** 中的位置。

【例 4-6】

```
>> [Y,I] = sort(dataanaly,2)

Y =

    1.0000    9.8700   10.1100   12.5100
    2.0000    8.1400   13.5400   20.5400
    3.0000   14.1700   15.6000   32.2100
    4.0000   10.1400   15.9200   40.5000
    5.0000   20.6400   40.5000   48.3100
    6.0000   24.5300   39.4500   64.5100
    7.0000   30.2400   60.1100   72.3200
    8.0000   50.0000   70.1300   85.9800
    9.0000   36.3400   40.9000   89.7700

I =

    1    3    4    2
    1    4    2    3
    1    4    2    3
    1    4    2    3
    1    2    4    3
    1    2    4    3
    1    2    4    3
    1    2    4    3
    1    2    4    3
```

4.1.2 用于场论的数据分析

4.1.2

1. gradient 求二维场和三维场的近似梯度

【例 4-7】

```
v= -2:0.2:2;
[x,y]= meshgrid(v);
z= x. * exp(-x.^2 - y.^2);
[px,py]= gradient(z,.2,.2);
contour(v,v,z), hold on, quiver(v,v,px,py), hold off
```

程序运行结果如图 4-1 所示。

2. cross 两个向量的矢量积（叉乘）

【例 4-8】

```
>> A=[1,2,3];B=[1,2,1];
ABCross=cross(A,B)
```

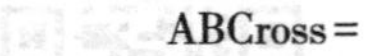

```
ABCross=
```

```
-4    2    0
```

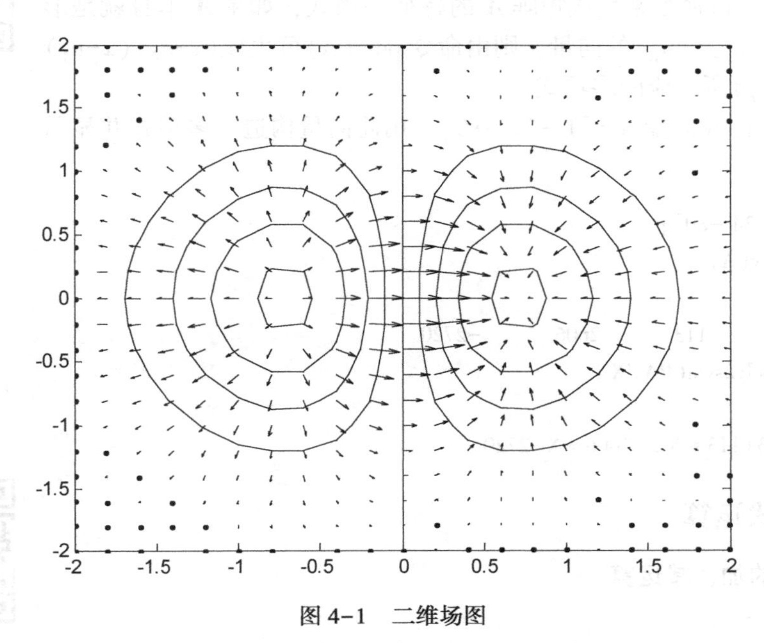

图 4-1　二维场图

3. dot 两个向量的数量积（点乘）

【例 4-9】

```
>> A=[1,2,3];B=[1,2,1];
ABCot=dot(A,B)
ABCot=
8
```

4.2　多项式函数库

通常采用一元高次的多项式来表示一个系统的模型，通过该模型可以进行系统的分析和研究。一元高次多项式的基本表示形式如下：

$$a_n x^n + a_{n-1} x^{n-1} + \cdots + a_1 x + a_0 \tag{4-1}$$

该多项式的特性是由其系数决定的，且 MATLAB 没有零下标，所以多项式（4-1）在 MATLAB 中是按照行向量的方式表示的，其系数构成向量的各个元素，系统自变量幂次隐含在系数元素离向量右端的元素间隔中。式（4-1）在 MATLAB 中表示成如下形式：

```
A=[a(n), a(n-1), …,a(1), a(0)]
```

行向量变量 A 表示为一个多项式，这个多项式在 MATLAB 工作空间中和普通的向量并没有什么不同，但是由于幂次数隐含在元素的间隔中，其系数为 0 的幂次项是不能忽略的。

例如，$a(x)=3x^3+2x+1$，则 $a=[3,0,2,1]$。

4.2.1 特征多项式

4.2.1

可以用poly(A)命令来生成矩阵$\boldsymbol{A}$的特征多项式，如果$\boldsymbol{A}$本身就是形如$[a_0 \quad a_1 \quad \cdots \quad a_{n-1} \quad a_n]$的向量，则由命令poly(A)可生成$(x-a_0)(x-a_1)\cdots(x-a_{n-1})(x-a_n)$所对应的多项式。

【例4-10】 已知向量$\boldsymbol{A}=[1\ -34\ -80]$，用此向量构造一多项式并显示结果。

```
A=[1 -34 -80];
PA=poly(A)
PA=
     1        113        2606        -2720
PAX=poly2sym(PA,'X')
PAX=
     X^3+113*X^2+2606*X-2720
```

4.2.2 多项式运算

4.2.2

1. 多项式的加、减运算

运算符：+、-

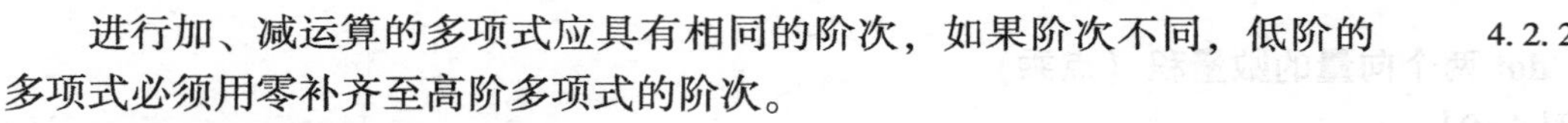

进行加、减运算的多项式应具有相同的阶次，如果阶次不同，低阶的多项式必须用零补齐至高阶多项式的阶次。

【例4-11】 求两个多项式$a(x)=5x^4+4x^3+3x^2+2x+1$和$b(x)=3x^2+0x+1$的和。

```
a=[5 4 3 2 1];b=[3 0 1];
c=a+[0 0 b]
c=
     5    4    6    2    2
```

2. 多项式乘法

运算函数：conv函数

【例4-12】 据例4-11求积：

```
d=conv(a,b)
d=
     15    12    14    10    6    2    1
```

3. 多项式除法

运算函数：deconv函数，结果包括商和余数两部分。

【例4-13】

```
[div,rest]=deconv(d,a)
div=
     3    0    1
```

```
rest =
     0     0     0     0     0     0     0
```

4. 多项式微分

运算函数：polyder 函数

【例 4-14】求多项式 $p(x)=2x^4-6x^3+3x^2+0x+7$ 的微分。

```
p=[2 -6 3 0 7];
q=polyder(p)
q=
     8     -18     6     0
pd=poly2sym(q,'x')
pd=
     8*x^3-18*x^2+6*x
```

5. 多项式求根

运算函数：roots 函数

【例 4-15】求多项式 $p(x)=2x^4-6x^3+3x^2+0x+7$ 的根。

```
p=[2 -6 3 0 7];
x=roots(p)
x=
     1.9322 + 0.4714i
     1.9322 - 0.4714i
    -0.4322 + 0.8355i
    -0.4322 - 0.8355i
```

6. 多项式求值

运算函数：polyval 函数，采用 polyval 函数可以求出当多项式中的未知数为某个特定值时该多项式的值。

【例 4-16】求例 4-15 中 $x=1$ 时的值。

```
p=[2 -6 3 0 7];
polyval(p,1)
ans=
     6
```

4.2.3 多项式拟合

4.2.3

在进行数据采集和实验过程中，可以通过得到的数据拟合成一个系统的特征多项式来描述系统的特性，MATLAB 提供了 polyfit 函数来完成这个工作，其基本形式如下：

```
p=polyfit(x,y,n)
```

其中，$\boldsymbol{x}$、$\boldsymbol{y}$ 是已知的 N 个数据点坐标的变量，其长度为 N；n 是用来拟合的多项式的次数；

p 是求出的多项式的系数，共有 $n+1$ 个系数。

【例 4-17】

```
x=0:0.1:1;y=[-0.447,1.978,3.28,6.16,7.08,7.34,7.66,9.56,9.48,9.30,11.2];
a1=polyfit(x,y,1);
xi=linspace(0,1);
yi1=polyval(a1,xi);plot(x,y,'o',xi,yi1,'b'),hold on
a2=polyfit(x,y,2);yi2=polyval(a2,xi);plot(x,y,'o',xi,yi2,'m');hold on
a3=polyfit(x,y,3);yi3=polyval(a3,xi);plot(x,y,'o',xi,yi3,'r');hold on
a9=polyfit(x,y,9);yi9=polyval(a9,xi);plot(x,y,'o',xi,yi9,'c');hold on
a10=polyfit(x,y,10);yi10=polyval(a10,xi);plot(x,y,'o',xi,yi10,'g');hold off
```

程序运行结果如图 4-2 所示。

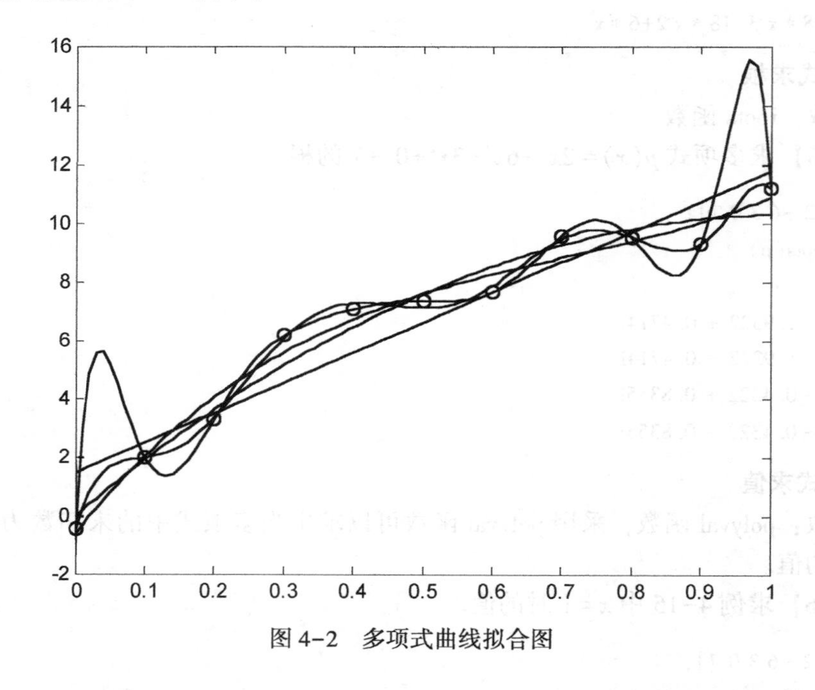

图 4-2　多项式曲线拟合图

从图 4-2 中可以看出，某一实验数据（圆点表示）根据系统的要求不同，可以拟合成多个多项式，代表了系统的不同特性。

4.2.4　多项式插值

插值和曲线拟合是不一样的，曲线拟合是找出系统整个运行规律，而插值是指按照一定的函数规律，由已知点求出已知点之间的未知点的数值。它是按照已知点的数据区间分段进行的。最简单的插值就是对两个相邻数据点进行线性插值，直线连接。常见的插值方法如下：

4.2.4

1）linear 线性。

2）cubic 三次。

3）cubic spline 三次样条。

常用的插值函数主要有以下几种。

1. 基本插值演示计算

MATLAB 用直线连接所有的数据点来绘图，当数据点越多，间距越小时，线性插值就越精确。

函数：linspace

【例 4-18】

```
x1=linspace(0, 2*pi, 60);
x2=linspace(0, 2*pi, 6);
plot(x1,sin(x1),'-.',x2,sin(x2),'-')
xlabel('x');ylabel('sin(x)');
title('1D Interpolation Line')
```

程序运行结果如图 4-3 所示。

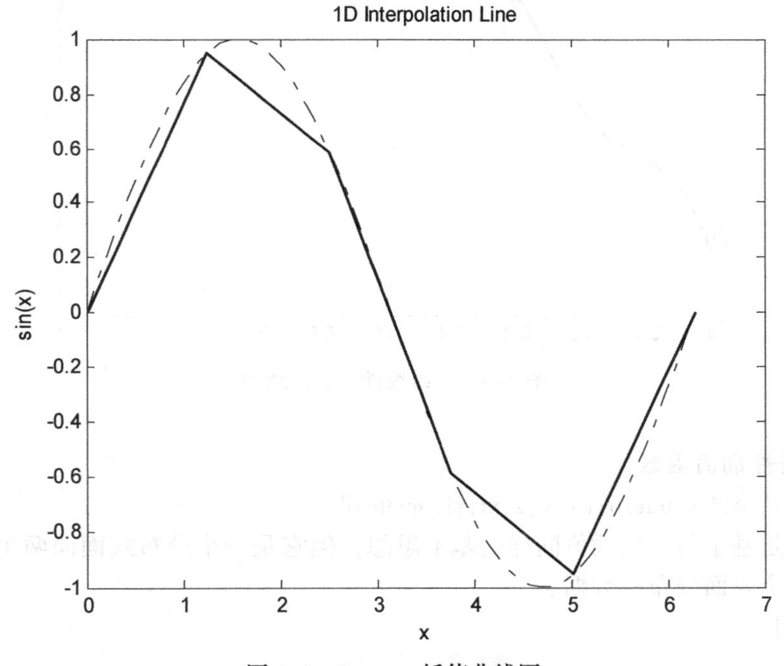

图 4-3　linspace 插值曲线图

2. 一维线性插值函数

函数名称及格式：interp1(x,y,xi,'method')

若不采用直线连接数据点，则可采用某些更光滑的曲线来拟合数据点，其方法可以选择上面所列的方法。spline 函数相当于 interp1(x,y, xi,'spline')，但是参数必须是向量，在其他章节中会介绍，在此不再叙述。

【例 4-19】

```
x=0:0.1:1;
y=[-0.447,1.978,3.28,6.16,7.08,7.34,7.66,9.56,9.48,9.30,11.2];
```

```
xi=linspace(0,1);
yi=interp1(x,y,xi,'spline');
plot(x,y,'o',xi,yi,'b')
title('1D Interpolation -spline')
```

程序运行结果如图 4-4 所示。

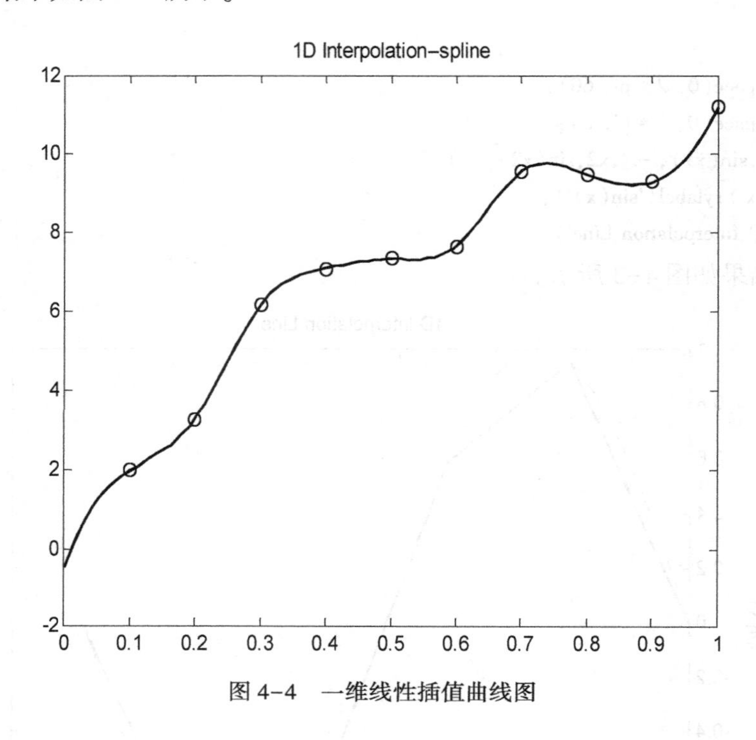

图 4-4 一维线性插值曲线图

3. 二维线性插值函数

函数名称及格式：interp2(x,y,z,xi,yi,'method')

二维插值是基于与一维插值同样的基本思想，但它是一个分布式面向两个变量的插值，插值结果是一个表面分布的数据。

【例 4-20】

```
w=1:5;d=1:3;
wi=1:0.2:5;di=1:0.2:3;
Data=[82 81 80 82 84;79 63 61 65 81;84 84 82 85 86];
tc=interp2(w,d,Data,wi,di','spline');
mesh(wi,di,tc)
title('2D Interpolation -spline')
```

程序运行结果如图 4-5 所示。

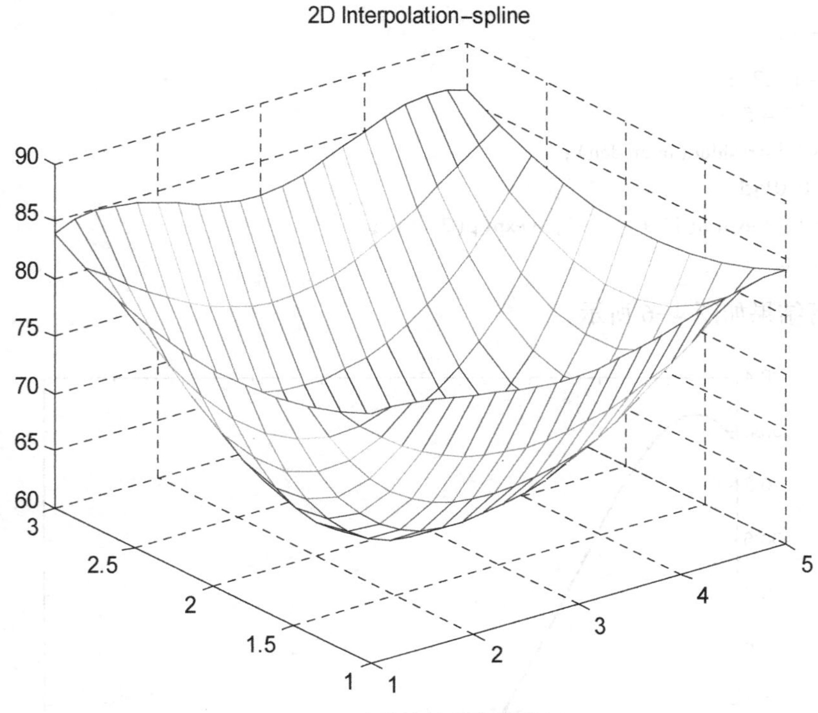

图 4-5　二维线性插值曲线图

4.2.5　线性微分方程的解

线性定常系统中，线性微分方程解的数学模型常用传递函数表示，其基本形式如下：

$$G(s)=\frac{Y(s)}{R(s)}==\frac{b_1s^n+b_2s^{n-1}+\cdots+b_ms+b_{m+1}}{a_1s^n+a_2s^{n-1}+\cdots+a_ns+a_{n+1}} \tag{4-2}$$

其中，$Y(s)$和$R(s)$是s的多项式。一般情况下，传递函数的分子多项式的阶次（n）要小于分母多项式的阶次（m），求解过程中，需要进行频域到时间域的 Laplace 反变换，求反变换的重要方法之一是部分分式法，也就是求解其对应的极点及留数。函数 residue 可以完成这项工作，其基本格式如下：

```
[r,p,k]=residue(b,a)
```

其中，b、a 分别为传递函数的分子和分母多项式的系数，r 为留数数组，p 为极点数组。系统被分解成多个 s 的一次分式之和，即

$$Y(s)=\frac{r(1)}{s-p(1)}+\frac{r(2)}{s-p(2)}+\frac{r(3)}{s-p(3)}+\cdots \tag{4-3}$$

其对应的反变换为

$$y(t)=r(1)\mathrm{e}^{p(1)t}+r(1)\mathrm{e}^{p(1)t}+r(1)\mathrm{e}^{p(1)t}+\cdots \tag{4-4}$$

【例 4-21】 设二阶连续系统传递函数如下：

$$\frac{s+2}{3s^2+4s+5}$$

求其冲激响应。

```
num=[1,2];
den=[3 4 5];
[r,p,k]=residue(num,den);
t=0:0.01:5;
h=r(1)*exp(p(1)*t)+r(2)*exp(p(2)*t);
plot(t,h)
```

程序运行结果如图 4-6 所示。

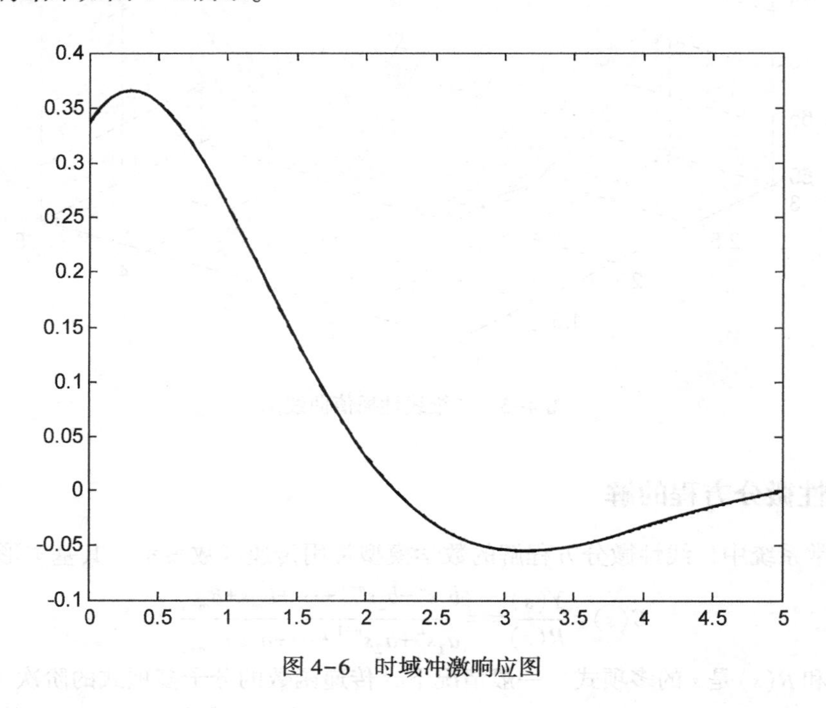

图 4-6　时域冲激响应图

4.3　函数功能和数值积分函数库（funfun）

4.3

4.3.1　任意函数的数值积分

1. 定积分子程序

函数及格式：quad('函数名', 初值 x0, 终值 xf)

MATLAB 中一元函数的积分可以用两个函数来实现：quad 和 quadl。函数 quad 采用低阶的自适应递归 Simpson 方法，函数 quadl 采用高阶自适应 Lobatto 方法。n=quadl(fun,a,b,…)，该语句在输出函数值的同时可以输出计算函数值的次数。

【例 4-22】

```
>> s=quad('humps',1,2)

s=

    -0.5321
```

【例 4-23】

```
>> F=@(x) 1./(x.^3-2*x-5);                %生成一个以 x 为自变量的函数
Q=quadl(F,0,2)

Q=

    -0.4605
```

MATLAB 中提供了用于积分的函数，常见的积分函数见表 4-2。

表 4-2　常见的积分函数

函　数	功　能
quad	一元函数的数值积分，采用自适应的 Simpson 方法
quadl	一元函数的数值积分，采用自适应的 Lobatto 方法
quadv	一元函数的向量数值积分
dblquad	二重积分
triplequad	三重积分

4.3.2　任意函数的数值微分

微分方程的数值解法有很多，需要根据系统的特点来进行求解：一般系统可以分为非刚性系统和刚性系统，这实际上是仿真算法的主要形式，在其他的章节中将进行介绍。

对于非刚性方程，可以选择的算法如下：

- ode45：基于显式 Runge-Kutta(4,5)规则求解。
- ode23：基于显式 Runge-Kutta(2,3)规则求解。
- ode113：利用变阶 Adams-Bashforth-Moulton 算法求解。

刚性方程的求解方法如下：

- ode15s：基于数值积分公式的变阶求解算法。
- ode23s：采用二阶改进 Rosenbrock 公式的算法。
- ode23t：采用自由内插的梯形规则。
- ode23tb：采用 TR-BDF2 算法，该算法为隐式 Runge-Kutta 公式，包含两个部分，第一个部分为梯形规则，第二个部分为二阶后向差分。

【例 4-24】有如下基于微分方程组的函数：

```
function dy= vdptest(t,y)
dy= zeros(2,1);
dy(1)= y(2);
dy(2)= 1000*(1 - y(1)^2)*y(2) - y(1);
```

利用 ode15s 进行微分得

```
[t,y]= ode15s(@vdptest,[0 1000],[1 0])
plot(t,y(:,1),'-')
```

程序运行结果如图 4-7 所示。

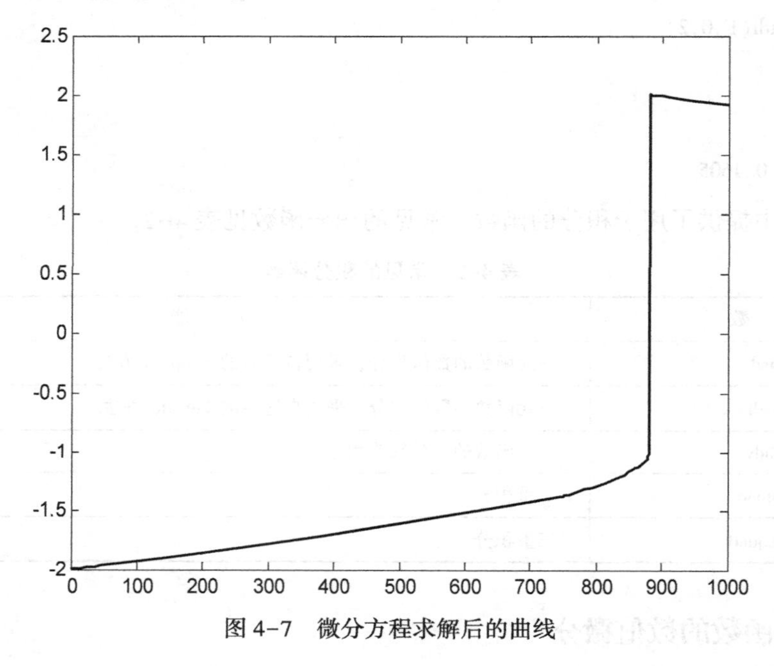

图 4-7　微分方程求解后的曲线

4.4

4.4　字符串函数库（strfun）

MATLAB 的程序和标识符都是用字符串来表示的，每个字符有它对应的 ASCII 码，可以将字符串看成数学表达式或函数，也可以将字符串看成数码处理，或者将字符串当作一个文本文件处理。当进行编程时其具体的格式和要求也是不尽相同的。

4.4.1　字符串赋值和格式转换

将字符串用单引号括起来，输入 MATLAB 的工作空间中，来实现字符串赋值。

【例 4-25】

```
>> s= 'MATLAB'
s=
MATLAB
```

```
>> whos
    Name         Size         Bytes Class    Attributes
      S           1x6            12 char
```

该变量在工作空间中是一个字符（char）类型的变量，其大小是 1 * 6 的字符数组。在内部，字符是以数字存储的，而不是用浮点格式。可以通过 double 将字符数组转换为数据数组，当然也可以用 char 完成格式逆转。

【例 4-26】

```
>> a= double(s)
a=
      77     97     116     108     97     98
>> whos
    Name       Size        Bytes Class    Attributes
      a         1x6           48 double
      s         1x6           12 char
```

4.4.2　字符串语句的执行

如果字符串的内容是一个变量或者是可以执行的函数或数学表达式，则可以用 eval 函数来执行该字符串语句。

【例 4-27】用 eval 函数生成三阶 Hilbert 矩阵。

```
>> n=3;
t='1/(i+j-1)';
a=zeros(n);
for i=1:n
    for j=1:n
        a(i,j)=eval(t);
    end
end
a

a=

      1.0000     0.5000     0.3333
      0.5000     0.3333     0.2500
      0.3333     0.2500     0.2000
```

4.4.3　字符串的输出

字符串的输出可以采用 disp 或 sprintf 函数，其他章节中已经介绍，此处不再赘述。

4.5　符号数学工具箱

数值运算具有简单方便、面向实用的特点，适用于工程实践及科学研究等各个方面，但同时也有一些缺点，比如数值运算所得的解都是工程实际中用到的近似解，无法得到无误差的最终解，而且在日常生活中，也存在着一些无法用数值运算进行描述的问题，即存在非数值运算问题。引入符号运算就能解决这方面的问题，就像进行数学公式的推导一样，它允许运算对象和运算过程中出现非数值的符号变量，这为人们进行数据分析提供了有力工具。

MATLAB所具有的符号数学工具箱（Symbolic Math Toolbox）与其他所有工具不同，它适用于广泛的专业，而不是针对一些特殊专业或专业分支。另外，MATLAB符号数学工具箱与其他工具箱有所区别还因为它使用字符串来进行符号分析，而不是基于数组的数值分析。

符号数学工具箱是操作和解决符号表达式的符号数学工具箱（函数）集合，有复合、简化、微分、积分以及求解代数方程和微分方程的工具。另外还有一些用于线性代数的工具，如求解逆、行列式、正则型的精确结果，求出符号矩阵的特征值而无由数值计算引入的误差。工具箱还支持可变精度运算，即支持符号计算并能以指定的精度返回结果。

4.5.1 符号变量和表达式的建立

4.5.1

创建符号标量和符号表达式可以使用sym和syms命令。

1. sym命令

使用sym命令可以创建符号常量、变量，也可以创建符号表达式，其语法格式如下：

```
sym ('常量')              %创建符号常量
sym ('常量','参数')       %将常量按某种格式转换为符号常量
sym ('变量','参数')       %把变量定义为符号对象
sym ('表达式')            %创建符号表达式
```

当创建符号常量时，其实质是进行数据格式的转换，数值在MATLAB中主要是double类型，但在符号表达时显示格式则会不一样，可以通过选择相应的参数来选择相应的格式，如果是变量的定义，也可以设置限定符号变量的数学特性，见表4-3。

表4-3 sym命令参数设置

参　数	作　用
d	返回最接近的十进制数值（默认位数为32位）
f	返回该符号值最接近的浮点表示
r	返回该符号值最接近的有理数型（系统默认方式），可表示为p/q、$p*q$、10^q、pi/q、2^q和$sqrt(p)$形式之一
e	返回最接近的带有机器浮点误差的有理值

【例4-28】

```
>> sym(1/3,'f')
ans =
6004799503160661/18014398509481984
>> sym(1/3,'r')
```

```
ans=

1/3
```

【例 4-29】创建符号表达式。

```
>>f=sym('a * x^2+b * x+c')

f=

    a * x^2+b * x+c
```

创建的符号表达式中包含 a、b、c、x 四个未知量，哪个是常量、哪个是变量在表达式中并没有体现，因此运算时需要特别说明，也可以将系统默认的变量名作为系统的变量，其确定规则如下：

1）在符号表达式中默认的独立变量是唯一的，但对于 i 和 j 小写字母或整个英文单词中某个字母不能看成独立变量。

2）如果没有这种字母，就选择 x 作为独立变量。

3）如字符不是唯一的，就选择在字母顺序中最接近 x 的字母。

4）如果有相连的字母，就选择在字母表中离 x 最近的那一个。

默认自变量的一般形式见表 4-4。

表 4-4　默认自变量的一般形式

符号表达式	默认自变量	符号表达式	默认自变量
$a*x$^2+$b*x+c$	x	$2*i+4*j$	x
1/(4+cos(t))	t	sin(pi/4)-cos(3/5)	x
$4*x/y$	x	$a*t+s/(u+3)$	u
$2*a+b$	b	sin（omega)	x

如果不能确定符号表达式中的自由符号变量，可以用 findsym 函数来自动确定，其格式如下：

```
findsym(EXPR,n)                    %确定自由符号变量
```

2. syms 命令

syms 命令用来创建多个符号变量，其格式如下：

```
syms('arg1' ,'arg2' ,…,参数)        %将字符变量定义为符号变量
syms arg1 arg2…,参数                %将字符变量定义为符号变量的简洁形式
```

这两种方式创建的符号对象是相同的。参数设置和前面的 sym 命令相同，省略时符号表达式直接由各符号变量组成。

【例 4-30】

```
>>syms a b c d
f='ax^2+bx+c'
```

```
f=

ax^2+bx+c
```

3. 创建符号矩阵

sym 和 syms 命令可以用来创建符号矩阵。

【例 4-31】

```
>>A=[0.25 1/3;sqrt(2),sin(pi/3)];
sym(A)

ans=

[1/4,        1/3 ]
[ 2^(1/2),  3^(1/2)/2]
```

4. double 和 eval 命令

可以使用 double 和 eval 命令将符号对象转换成数值对象。

【例 4-32】

```
>>FData=sym(1/3,'f')

    FData=

        6004799503160661/18014398509481984

    >>DData=double(FData)

    DData=

        0.3333

    >>DEData=eval(FData)

    DEData=

        0.3333
```

4.5.2 符号表达式的运算和操作

4.5.2

符号运算与数值运算的函数及操作几乎是完全相同的，其区别主要有以下几点：

1）传统的数值型运算由于受到计算机所保留的有效位数的限制，其内部表示法总是采用计算机硬件提供的 8 位浮点表示法，因此每一次运算都会有一定的截断误差，重复的多次数值运算就可能会造成很大的累积误差。符号运算不需要进行数值运算，不会出现截断误差，因此符号运算是非常准确的。

2）符号运算可以得出完全的封闭解或任意精度的数值解。

3）符号运算的时间较长，而数值型运算速度快。

4）符号运算的结果是符号数学对象，其数据格式有别于数值变量。

【例 4-33】

```
>>fs=solve('1+x=sin(x)')

fs=

-1.934563210752024267563261453768 9
```

1. 方程求解

（1）代数方程

MATLAB 提供了利用符号表达式求解代数方程的函数 solve。

【例 4-34】 求一元二次方程 $f(x)=ax^2+bx+c$ 的根。

```
syms a b c x
f=sym('a*x^2+b*x+c')
f=a*x^2+b*x+c
solve(f)
ans=
[ 1/2/a*(-b+(b^2-4*a*c)^(1/2))]
[ 1/2/a*(-b-(b^2-4*a*c)^(1/2))]
```

【例 4-35】 对上述一元二次方程中的指定变量解方程。

```
solve(f,a)
ans=
-(b*x+c)/x^2
```

【例 4-36】 对有等号的符号方程求解。

```
solve('1+x=sin(x)')
ans=
-1.934563210752024267563261453768 9
```

【例 4-37】

```
solve('sin(x)=1/2')
ans=1/6*pi
```

对含有周期函数方程进行求解时，虽然它本身可能有无穷多个解，但 MATLAB 只给出零附近的有限几个解。函数 solve 也可用于求解代数方程组，其用法如下：

```
solve(f1,…,fn)          %解由 f1,…,fn 组成的代数方程组
```

【例 4-38】求下面方程组的解：

$$\begin{cases} x+y+z=10 \\ x-y+z=0 \\ 2x-y-z=-4 \end{cases}$$

代码如下：

```
eq1=sym('x+y+z=10');
eq2=sym('x-y+z=0');
eq3=sym('2*x-y-z=-4');
[x,y,z]=solve(eq1,eq2,eq3)
x=2      y=5      z=3
```

（2）常微分方程

MATLAB 提供了 dsolve 命令对符号常微分方程进行求解。语法格式如下：

```
dsolve('eq','con','v')
dsolve('eq1,eq2,…','con1,con2,…','v1,v2,…')
```

其中，‘eq’为微分方程；‘con’是微分初始条件，可省略；‘v’是指定变量，省略时则默认 x 或 t 为自由变量；输出结果为结构数组类型。如果初始条件没有给出，则给出通解。函数 dsovle 句法与大多数函数有一些不同，方程用字母 D 表示求微分，D2、D3 等表示几重微分，并以此来设定方程，D 后所跟的任何字母为因变量。

【例 4-39】求微分方程的解。

通解：

```
>>dsolve('Dy=5')

ans=

    C2+5*t
```

特解：

```
>>dsolve('D2y=1+Dy','y(0)=1','Dy(0)=0')

ans=

    exp(t)-t
```

2. 符号表达式的化简

一方面，MATLAB 返回的符号表达式有时难以理解，有许多工具可以使表达式变得更易读懂。另一方面，符号表达式可由许多等价形式来提供，在不同的场合，某种形式可能胜于另一种。MATLAB 提供了许多用来简化或改变符号表达式的函数。函数说明参见表 4-5。

表 4-5　符号表达式化简的几种形式

函　数	功　能	函　数	功　能
collect(F)	将表达式 *F* 中相同幂次的项合并	simplify(F)	利用代数上的函数规则对表达式 *F* 进行化简
expand(F)	将表达式 *F* 展开	simple(F)	尽可能将 *F* 化简成最简形式
factor(F)	将表达式 *F* 因式分解		

【例 4-40】

```
syms a b
f1=sym('(a-1)^2+(b+1)^2+a+b');
f2=sym('a^3-1');
f3=sym('1/a^4+2/a^3+3/a^2+4/a+5');
collect(f1)
ans=
b^2+3*b+(a-1)^2+1+a
expand(f1)
ans=
a^2-a+2+b^2+3*b
factor(f1)
ans=
a^2-a+2+b^2+3*b
factor(f2)
ans=
(a-1)*(a^2+a+1)
simplify(f3)
ans=
(1+2*a+3*a^2+4*a^3+5*a^4)/a^4
```

也可以用 simple 函数来求符号表达式或矩阵的最简形式，其格式为 simple(F)。该函数会尝试用多种不同化简方法对 *F* 进行化简，并显示所有能够化简 *F* 的方法，最后返回 *F* 的最简形式。如果 *F* 是一个矩阵，则返回的结果是整个矩阵的最简形式，而不一定是其中某一个元素的最简形式。

【例 4-41】

```
>>simple(f3)


simplify:
 (5*a^4+4*a^3+3*a^2+2*a+1)/a^4
radsimp:
 4/a+3/a^2+2/a^3+1/a^4+5
simplify(100):
 (4*a^3+3*a^2+2*a+1)/a^4+5
combine(sincos):
 4/a+3/a^2+2/a^3+1/a^4+5
```

```
combine(sinhcosh):
 4/a+3/a^2+2/a^3+1/a^4+5
combine(ln):
 4/a+3/a^2+2/a^3+1/a^4+5
factor:
 (5 * a^4+4 * a^3+3 * a^2+2 * a+1)/a^4
expand:
4/a+3/a^2+2/a^3+1/a^4+5
combine:
4/a+3/a^2+2/a^3+1/a^4+5
 rewrite(exp):
4/a+3/a^2+2/a^3+1/a^4+5
 rewrite(sincos):
4/a+3/a^2+2/a^3+1/a^4+5
 rewrite(sinhcosh):
4/a+3/a^2+2/a^3+1/a^4+5
 rewrite(tan):
4/a+3/a^2+2/a^3+1/a^4+5
 mwcos2sin:
4/a+3/a^2+2/a^3+1/a^4+5
 collect(a):
(5 * a^4+4 * a^3+3 * a^2+2 * a+1)/a^4
 ans=
4/a+3/a^2+2/a^3+1/a^4+5
```

由以上结果可知，如果调用 simple 函数时没有给出具体的输出变量，则将各种类型的化简结果全部输出显示。若只想得到最简形式，则需要在函数调用时给出具体的输出变量，其调用格式如下：

```
[r,how]=simple(s)
```

其中，*r* 是化简后符号表示，how 表示化简方法的字符串。

【例 4-42】

```
>>syms x
f=(x+1) * x;
[f, how]=simple(f)
f=
x^2+x
how=
expand
```

3. 符号表达式的替换

(1) subexpr 函数

subexpr 函数调用格式如下：

```
subexpr(s,s1)            %用符号变量 s1 置换 s 中的子表达式
```

subexpr 函数对子表达式是自动寻找的，只有比较长的子表达式才被置换。简短的子表达式，即使重复出现多次，也不被置换。

【例 4-43】

```
>>h=solve('b * x^2+c * x+d=0')
[r,s]=subexpr(h,'s')
h=
  -(c+(c^2-4 * b * d)^(1/2))/(2 * b)
  -(c-(c^2-4 * b * d)^(1/2))/(2 * b)
r=
  -(c+s)/(2 * b)
  -(c-s)/(2 * b)
s=
  (c^2-4 * b * d)^(1/2)
```

(2) subs 函数

假设有一个以 x 为变量的符号表达式，并希望将变量转换为 y。MATLAB 提供 subs 函数来对符号表达式中的符号变量进行替换，其常见的语法格式如下：

```
subs(s)                 %用给定值替换符号表达式 s 中的所有变量
subs(s,new)             %用 new 替换符号表达式 s 中的自由变量
subs(s,old,new)         %用 new 替换符号表达式 s 中的 old 变量
```

【例 4-44】

```
>>subs(cos(a)+sin(b),{a,b},{sym('alpha'),2})
ans=
    sin(2)+cos(alpha)
```

4. 多项式和符号表达式的转换

多项式在 MATLAB 中以系数向量的形式出现，而常见多项式的表达形式是以字符串的形式出现的，MATLAB 提供了相应的函数完成两者的转换。

(1) 符号表达式与多项式之间相互转换

MATLAB 提供了 sym2poly 和 poly2sym 函数实现符号表达式 $f(x)$ 与多项式系数构成的行向量之间相互转换，在转换时，只对一个变量的表达式有效。

【例 4-45】

```
>>f=sym('x^3+2 * x^2+3 * x+4');
fs=sym2poly(f)
fv=poly2sym(fs,'s')
fs=
1     2     3     4
fv=
s^3+2 * s^2+3 * s+4
```

(2) 提取分子和分母

如果符号表达式是一个有理分式（两个多项式之比），则可以利用numden函数来提取分子或分母，还可以进行通分。其基本语法如下：

```
[n,d]=numden(f);
```

其中，n为分子，d为分母，f为有理分式。

【例4-46】 f=sym('2 * a/(a+b)')

```
[num,den]=numden(f)
f=
 (2 * a)/(a+b)
num=
 2 * a
den=
a+b
```

4.5.3 符号极限、微积分和级数求和

4.5.3

1. 符号极限

求极限是微积分的基础，在MATLAB中提供了求表达式极限的limit函数。limit函数的基本用法见表4-6。

表4-6 limit函数的用法

表达式	函数格式	说明
$\lim_{x \to 0} f(x)$	limt(f)	对x求趋近于0的极限
$\lim_{x \to a} f(x)$	limt(f,x,a)	对x求趋近于a的极限，当左、右极限不相等时极限不存在
$\lim_{x \to a} f(x)$	limt(f,x,a,left)	对x求左趋近于a的极限
$\lim_{x \to a} f(x)$	limt(f,x,a,right)	对x求右趋近于a的极限

【例4-47】 求$1/x$在0处的三个极限。

```
>>sym x;
limd=limit(1/x,x,0)              %两边趋近
liml=limit(1/x,x,0,'left')       %左边趋近
limr=limit(1/x,x,0,'right')      %右边趋近
limd=
    NaN
liml=
    -Inf
limr=
    Inf
```

2. 符号微分

MATLAB 提供了 diff 函数专用于符号表达式的微分计算。其使用方法如下：

```
diff(f)          %求 f 对预设独立变量的一次微分值
diff(f,t)        %求 f 对独立变量 t 的一次微分值
diff(f,n)        %求 f 对预设独立变量的 n 次微分值
diff(f,t,n)      %求 f 对独立变量 t 的 n 次微分值
```

【例 4-48】 已知 $f(x)=ax^2+bx+c$，求 $f(x)$ 的微分。

```
syms a b c x
f=sym('a*x^2+b*x+c');
diff(f)                  %对默认自变量 x 求微分
ans=2*a*x+b
diff(f,2)                %对 x 求二次微分
ans=2*a
diff(f,a)                %对 a 求微分
ans=x^2
diff(f,a,2)              %对 a 求二次微分
ans=0
diff(diff(f),a)          %对 x 和 a 求微分
ans=2*x
```

3. 符号积分

运用 int 函数可以求得符号表达式的积分，用以演算函数的积分项。这个函数要找出一个符号表达式 F，使得 diff(F)=f。相关的用法如下：

```
int(f)           %返回 f 对预设独立变量的积分值
int(f,'t')       %返回 f 对独立变量 t 的积分值
int(f,a,b)       %返回 f 对预设独立变量的积分值，积分区间为[a,b]，a 和 b 为数值表达式
int(f,'t',a,b)   %返回 f 对独立变量 t 的积分值，积分区间为[a,b]，a 和 b 为数值表达式
int(f,'m','n')   %返回 f 对预设独立变量的积分值，积分区间为[m,n]，m 和 n 为符号表达式
```

【例 4-49】 已知 $f(x)=ax^2+bx+c$，求 $f(x)$ 的积分。

```
syms a b c x
int(f)                   %表达式 f 的不定积分,自变量是 x
ans=
1/3*a*x^3+1/2*b*x^2+c*x
int(f,x,0,2)             %表达式 f 在[0,2]的定积分,自变量是 x
ans=
8/3*a+2*b+2*c
int(f,a)                 %表达式 f 的不定积分,自变量是 a
ans=
1/2*a^2*x^2+b*x*a+c*a
int(int(f,a),x)
```

```
ans=
1/6*a^2*x^3+1/2*b*x^2*a+c*a*x
```

4. 级数求和

symsum 函数用于级数的求和。该函数的调用格式如下：

```
r=symsum(s)          %自变量为 findsym 函数所确定的符号变量，设其为 k，则该表达式计
                       算 s 从 0 到 k-1 的和
r=symsum(s,v)        %计算表达式 s 从 0 到 v-1 的和
r=symsum(s,a,b)      %计算自变量从 a 到 b 之间 s 的和
r=symsum(s,v,a,b)    %计算 v 从 a 到 b 之间 s 的和
```

【例 4-50】求下列级数的和：

$$1+\frac{1}{2}+\frac{1}{3}+\cdots+\frac{1}{k}+\cdots \qquad \frac{1}{2}+\frac{1}{2\times3}+\cdots+\frac{1}{k(k+1)}+\cdots$$

代码如下：

```
syms
symsum(1/k,k,1,inf)
ans=
    inf
symsum(1/(k*(k+1)),k,1,inf)
ans=
    1
```

5. taylor 函数

taylor 函数用于实现 Taylor 级数的计算。该函数的调用格式如下：

```
taylor(f,'PARAM1',val1,'PARAM2',val2,...)      %计算表达式 f 的 Taylor 级数,自变量由
                                                 findsym 函数确定
taylor(f,x,'PARAM1',val1,'PARAM2',val2,...)    %指定自变量 x
taylor(f,x,a,'PARAM1',val1,'PARAM2',val2,...)  %指定自变量 x,计算 f 在 a 的级数
```

【例 4-51】求 sin(x)的前 8 项展开式。

```
syms x
>>taylor(sin(x),'Order',8)
ans=
    -x^7/5040+x^5/120-x^3/6+x
```

4.5.4 符号积分变换

4.5.4

1. 傅里叶（Fourier）变换及其反变换

（1）Fourier 变换

其调用格式如下：

F=fourier(f,t,w)

说明：返回结果 F 是符号变量 w 的函数，当参数 w 省略时，默认返回结果为 w 的函数，

f 为 t 的函数；当参数 t 省略时，默认自由变量为 x。

（2）Fourier 反变换

其调用格式如下：

```
f=ifourier(F) %求频域函数 F 的 Fourier 反变换 f(t)
f=ifourier(F,w,t)
```

【例 4-52】

```
syms t x
>>f=fourier(exp(-x^2),x,t)
f=
      pi^(1/2) * exp(-t^2/4)
>>fi=ifourier(f,t)
fi=
exp(-t^2)
```

2. 拉普拉斯（Laplace）变换及其反变换

（1）Laplace 变换

其调用格式如下：

```
F=laplace(f,t,s)   %求时域函数 f 的 Laplace 变换 F
```

说明：返回结果 F 是符号变量 s 的函数，当参数 s 省略时，返回结果 F 默认为 s 的函数，f 为 t 的函数；当参数 t 省略时，默认自由变量为 t。

（2）Laplace 反变换

其调用格式如下：

```
f=ilaplace(F,t,s)          %求 F 的 Laplace 反变换 f
```

【例 4-53】

```
syms t x
>>L=laplace(exp(t))

L=

1/(s-1)

>>Li=ilaplace(L)

Li=

exp(t)
```

3. z 变换及其反变换

（1）ztrans 函数

其调用格式如下：

```
F=ztrans(f,n,z)   %求时域序列 f 的 z 变换 F
```

说明：返回结果 F 是以符号变换量 z 为自变量；当参数 n 省略时，默认自变量为 n；当参数 z 省略时，默认返回结果为 z 的函数。

（2）iztrans 函数

其调用格式如下：

```
f=iztrans(F,z,n)
```

【例 4-54】

```
>>syms n
>>Fz=ztrans(2^n)

Fz=

z/(z-2)

>>fzi=iztrans(Fz)

fzi=

2^n
```

4.5.5 图形化的符号函数计算器

4.5.5

数学符号工具箱提供了图形化的符号运算计算器，可以用 funtool 函数调出。其界面如图 4-8 所示。funtool 是一个计算并显示一元函数图形的可视化的函数计算器。例如，单击某一个按钮，funtool 可以显示一个表示两个函数和、差或比例的图形。在图形化函数计算器中可以方便地查看函数的计算结果和显示的曲线。

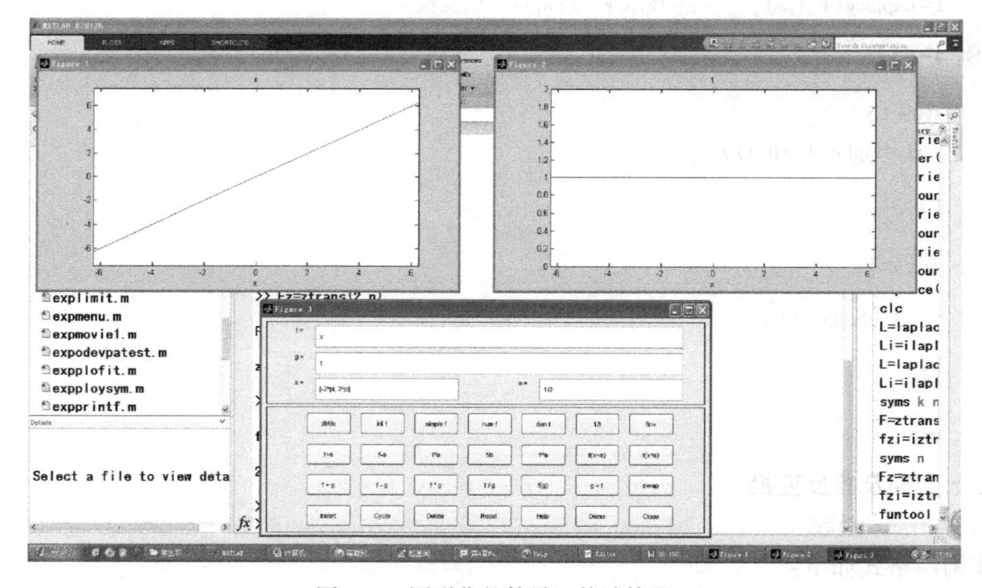

图 4-8　图形化的符号函数计算器

Taylor 逼近计算器用于实现函数的 Taylor 逼近。在命令窗口中输入 taylortool，调出 Taylor 逼近计算器，界面及功能如图 4-9 所示。

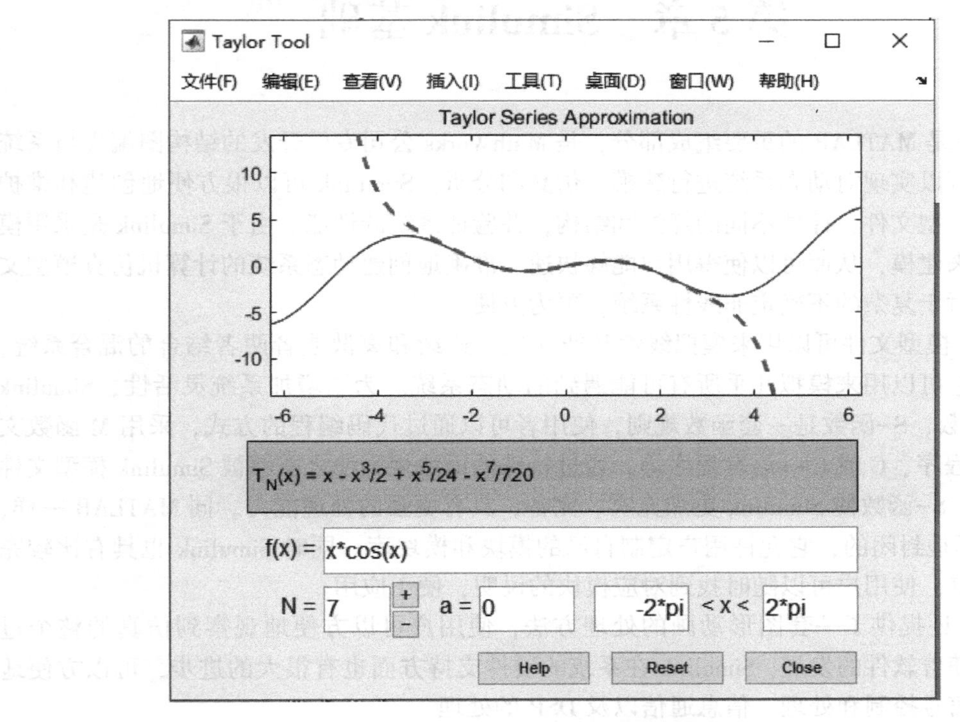

图 4-9　Taylor 逼近计算器

第 5 章　Simulink 基础

Simulink 是 MATLAB 的重要组成部分，是 MathWorks 公司专门开发的结构图编程与系统仿真工具，可以实现对动态系统进行建模、仿真和分析。Simulink 可以很方便地创建和维护一个完整的模型文件，评估不同的算法和结构，并验证系统的性能。由于 Simulink 是采用模块组合方式来建模，从而可以使得用户能够快速、准确地创建动态系统的计算机仿真模型文件，特别是对于复杂的不确定非线性系统，更为方便。

Simulink 模型文件可以用来模拟线性和非线性、连续和离散或者两者结合的混合系统，也就是说，它可以用来模拟几乎所有可能遇到的动态系统。为了增加系统灵活性，Simulink 提供了 S-函数，S-函数是一套函数规则，使用者可以通过代码编程的方式，采用 M 函数文件、Fortran 程序、C 或 C++语言程序等，通过特殊的语法规则使之能够被 Simulink 模型文件或模块调用。S-函数使 Simulink 更加充实、完备，具有更强的处理能力。同 MATLAB 一样，Simulink 也不是封闭的，它允许用户定制自己的模块和模块库。同时 Simulink 也具有比较完整的帮助系统，使用户可以随时找到对应模块的说明，便于应用。

Simulink 还提供了一套图形动画的处理方法，使用户可以方便地观察到仿真的整个过程。并且，随着软件的发展，Simulink 在系统的硬件支持方面也有很大的进步，可以方便地进行实时的信号控制和处理、信息通信以及 DSP 的处理。

5.1　Simulink 入门

5.1

5.1.1　Simulink 模型文件构造和工作原理

1. 模块基本结构

一个典型的 Simulink 模型文件包括图 5-1 所示的三种模块类型。

图 5-1　典型的 Simulink 模型文件

系统模块作为中心模块，是 Simulink 仿真建模所要解决的主要部分；源模块为系统的输入，包括常数信号源函数信号发生器（如正弦和阶跃函数波等）和用户自己在 MATLAB 中创建的自定义信号或 MATLAB 工作空间的变量；输出模块主要在 Sinks 库中，也可以是系统硬件的输出等。Simulink 模型文件并不一定要包含全部三种元素，在实际应用中通常可以缺少其中的一种或两种，例如，可以将几个源模块生成的信号合成直接输出到 MATLAB 工作空间或文件中。

2. 仿真运行过程

Simulink 仿真包括两个阶段，即模块初始化阶段和模块执行阶段。

（1）模块初始化

在初始化阶段，MATLAB 自动完成模块的连接检查及模块参数的评估，得到模块的实际参数，并展开模块由高到低的各个层次；确定各个模块的连接计算的更新顺序，检查每个模块是否能够接收连接到输入端的信号；计算确定系统的仿真采样时间、分配和初始化用于存储每个模块的状态和输入当前值的存储空间等工作。

（2）模型文件执行

该过程是完成仿真解法器（仿真算法）对模型文件的计算仿真，系统根据初始化的结果确定输入/输出连接次序，根据各个模块的当前时刻的输入和状态来决定状态的微分，得到微分向量后再把它返回给解法器，后者用来计算下一个采样点的状态向量。在仿真开始时，模块设定待仿真系统的初始状态和输出。在每一个时间步中，Simulink 计算系统的输入、状态和输出，并更新模块来反映计算出的值。在仿真结束时，模型文件得出系统的输入、状态和输出。

在每个时间步中，Simulink 所采取的动作依次如下：

1）按排列好的次序更新模块中模块的输出。Simulink 通过调用模块的输出函数计算模块的输出。Simulink 只把当前值、模块的输入以及状态量传给这些函数计算模块的输出。对于离散系统，Simulink 只有在当前时间是模块采样时间的整数倍时，才会更新模块的输出。

2）按排列好的次序更新模块中模块的状态。Simulink 计算一个模块的离散状态时调用该模块的更新函数。而对于连续状态，则对连续状态的微分（在模块可调用的函数里，有一个用于计算连续微分的函数）进行数值积分来获得当前的连续状态。

3）检查模块连续状态的不连续点。Simulink 使用过零检测来检测连续状态的不连续点。

4）计算下一个仿真时间步的时间。这是通过调用模块获得下一个采样时间函数来完成的。

注意：不要把模型文件保存到模块文件的次序与仿真过程模块被更新的次序相混淆。Simulink 在模块初始化时已将模块按照正确的次序排好。

5.1.2　Simulink 启动及窗口

1. Simulink 启动

由于 Simulink 是基于 MATLAB 环境基础上的高性能的系统仿真设计平台，启动 Simulink 之前必须首先运行 MATLAB，然后才能启动 Simulink 并建立系统模型。启动 Simulink 有如下三种方式：

1）从 MATLAB 命令窗口输入命令 Simulink，打开模块库浏览器窗口，在该窗口的“File”菜单中选择“New Model”选项或单击图标，打开模型文件编辑窗口。

2）从 MATLAB 主页面 Home 选项卡上单击 Simulink Library 图标，打开模块库浏览器窗口，和第一种方式一样再打开模型文件编辑窗口。

3）从 MATLAB 主页面 Home 选项卡上单击 New 图标，选择“Simulink Model”打开模块编辑窗口，如图 5-2 所示。

2. 模块库浏览器窗口

Simulink 模块库浏览器窗口由下面几部分组成，如图 5-3 所示。

（1）菜单

通过菜单操作，可完成模型文件新建、打开、编辑和帮助等功能的导引选择。

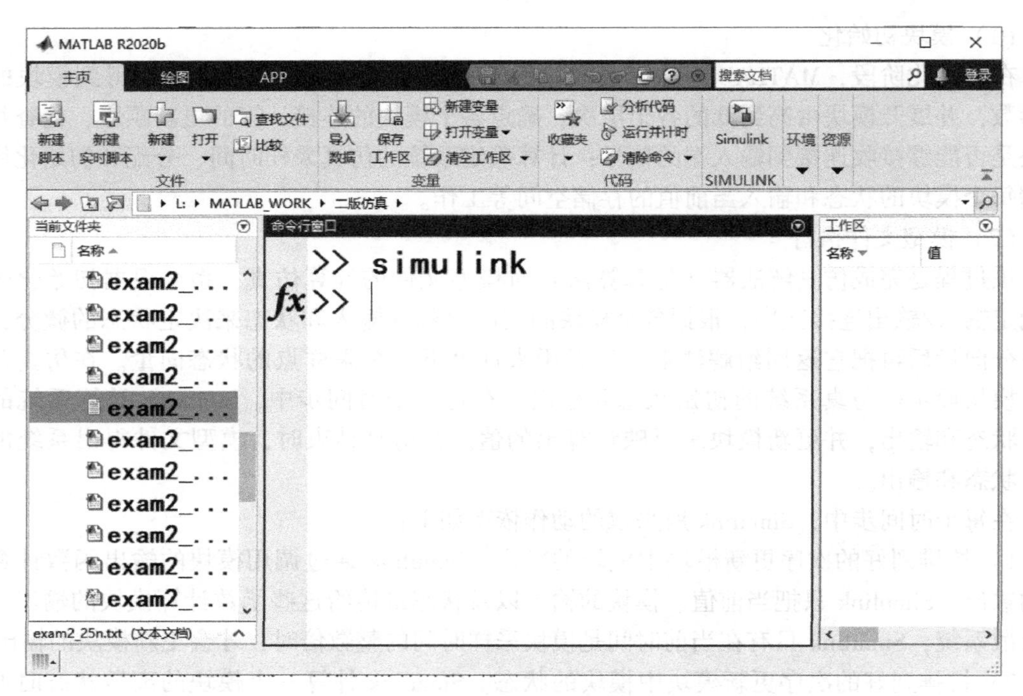

图 5-2 MATLAB 默认主界面

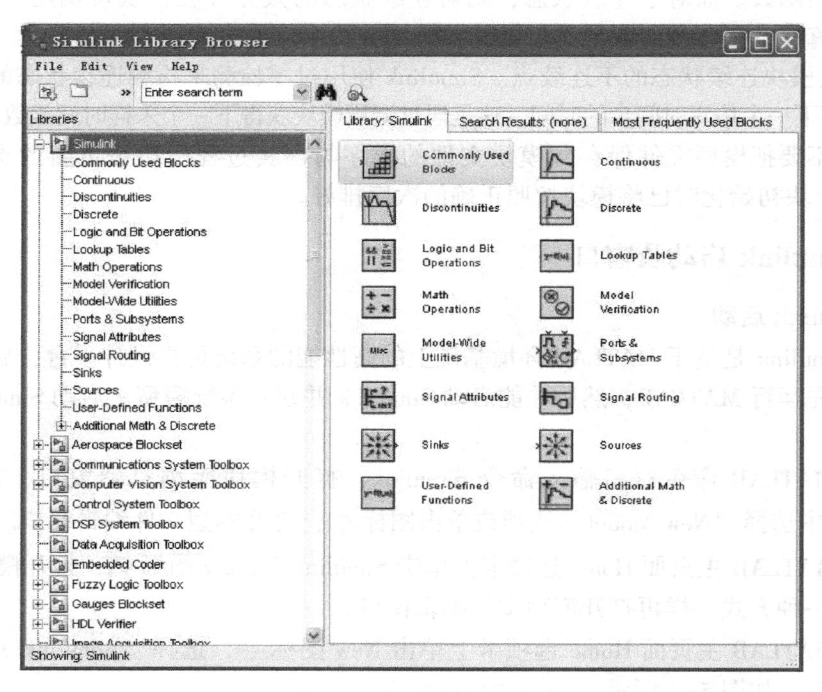

图 5-3 Simulink 模块库浏览窗口

（2）搜索栏

在搜索栏中输入待查关键词，单击右边的搜索按钮进行模块的搜索，也可选择搜索选项。

(3) 图标工具

在搜索栏的左边，引出标准的 Windows 图标工具。

(4) 树形模块总览表

模块总览表中呈现树形分层结构。

(5) 模块列表窗口

模块列表窗口显示当前选择模块分支中的模块列表，可以通过 View 菜单命令选择显示的方式。

另外还有搜索结果和常用模块的显示选项卡。

3. 模型文件编辑窗口

该窗口是进行 Simulink 模块文件编辑的窗口，一般为双窗口，窗口的左侧为 Model Browser（模型文件浏览器），用来显示该模型文件的“分层”子系统名录；而右侧显示相应系统的连接模型文件图。窗口如图 5-4 所示。下面介绍模块窗的组成。

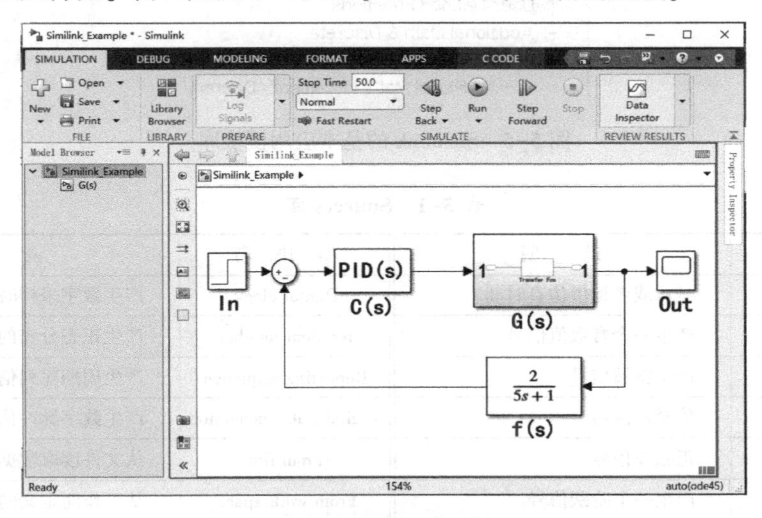

图 5-4 模型文件编辑窗口

模型文件编辑窗口默认由仿真（SIMULATION）、调试（DEBUG）、建模（MODULING）、格式（FORMAT）、应用（APPS）和 C 代码（C CODE）等 7 个选项卡组成，系统可以根据模型文件功能的增加或减少，按需加载相应的选项卡。每个选项卡中都有相应的工具条和状态栏，其中常用的仿真选项卡包括文件管理、模块库调用、调试运行、仿真模式设置、数据分析工具等快捷图标按键，而其状态栏包括仿真状态、模型显示比例、仿真的时间、积分算法选择等状态指示。

5.1.3 Simulink 的基本模型文件简介

1. 常用模块库

图 5-5 所示为 Simulink 的基本应用模块库的列表，本节简单介绍一些常用的模块库，如源模块库（Sources）、输出显示库（Sinks）、离散模块库（Discrete）、连续模块库（Continuous）、非线性模块库（Nonlinear）、数学函数库（Math）等（见表 5-1 ~ 表 5-6），其他模块库将在其他章节介绍，详细模块库及功能请参阅相关的资料。

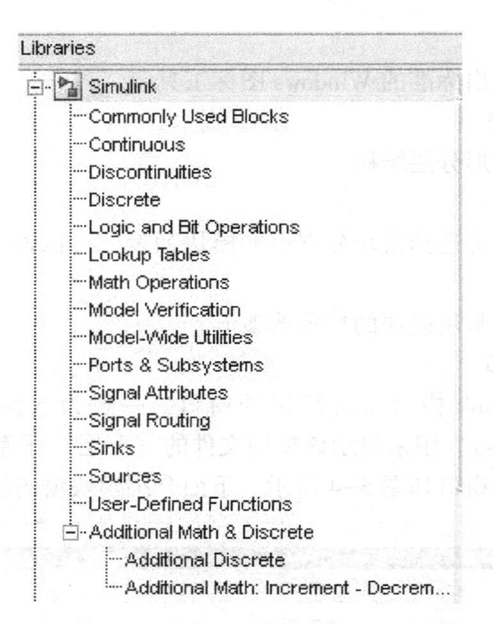

图 5-5　Simulink 的基本应用模块库

表 5-1　Sources 库

模　块　名	说　　明	模　块　名	说　　明
Clock	显示或者提供仿真时间	Digital clock	产生数字采样时间信号
Constant	产生一个常数值信号	Random number	产生正态分布的随机信号
Ramp	产生斜坡信号	Repeating sequence	产生周期序列信号
Signal generator	信号发生器	Digital pulse generator	产生数字脉冲信号
Sine wave	正弦波信号	From file	从文件读取数据
Step	产生一个阶跃信号	From work space	从工作间定义的矩阵读入数据
Pulse generator	产生脉冲信号	Uniform random number	产生均匀分布的随机信号

表 5-2　Sinks 库

模　块　名	说　　明	模　块　名	说　　明
Display	显示输入信号的值	To file	向文件中写数据
Scope	显示信号的波形	To workspace	向工作间定义的变量写数据
Stop simulation	当输入信号为 0 时结束仿真	XY graph	MATLAB 图形窗口显示信号的二维图

表 5-3　Discrete 库

模　块　名	说　　明	模　块　名	说　　明
Discrete filter	实现 IIR 和 FIR 滤波器	Discrete zero-pol	实现用零极点表达的离散传递函数
Discrete state-space	实现离散状态空间系统	First-order hold	实现一阶采样保持系统
Discrete-time integrator	离散时间积分器	Unit delay	单位采样时间延迟器
Discrete transfer fcn	实现离散传递函数	Zero-order hold	实现采样的零阶保持

表 5-4 Continuous 库

模块名	说明	模块名	说明
Derivative	信号的微分运算	Memory	输出前一个时间步的输入值
Integrator	信号的积分运算	Transport delay	对输入信号进行传输延时
Transfer fcn	实现线性传递系统	Variable transport delay	对输入信号进行可变时间的传输延时
State-space	实现线性状态空间系统	Zero-pole	实现零极点表达式的传递函数

表 5-5 Nonlinear 库

模块名	说明	模块名	说明
Backlash	偏移模块	Quantizer	按指定的间隔离散化输出信号
Coulomb &viscous friction	模拟原点不连续系统	Rate limiter	限制信号的改变速率
Dead zone	输出一个零输出的区域	Relay	实现继电器功能
Manual switch	在信号间手工切换	Saturation	限制信号的饱和度
Multiport switch	多端口的切换（开关）器	Switch	在两个信号间切换

表 5-6 Math 库

模块名	说明	模块名	说明
Abs	信号的绝对值	Complex to real-imag	输出一个复数信号的实部和虚部
Algebraic constraint	将输入信号强制为零	Gain	将模块的输入信号乘上一个增益
Combinatorial logic	实现一个真值表	Logical operator	输入信号的逻辑操作
Product	信号的乘积或者商	Matrix gain	将输入乘上一个矩阵增益
Dot product	向量信号的点积	Minmax	信号的最小值和最大值
Math function	实现数学函数运算	Real-imag to complex	将实部和虚部的信号转换成复数信号
Complex to magnitude-angle	输出复数输入信号的辐角和模	Magnitude-angle to complex	将模和辐角的信号转换成复数信号
Relational operator	进行指定的关系运算	Slider gain	滑块增益
Rounding function	实现舍入运算	Sum	输入信号的和
Sign	符号函数	Trigonometric function	实现三角函数运算

2. Simulink 模块属性

Simulink 模块都有属性，有些属性是共同的，有些属性是自有的。各功能模块的参数描述都可以由用户通过该模块的模块属性对话框进行操作给出或修改。图 5-6 是连续模块库中积分模块的属性对话框，从图的左半部分可知，由于其属性参数选择的差异，其模块的形式也是不同的，这也意味着该模块不同的工作特性。该模块主要是完成以下运算：

$$
\begin{aligned}
\mathrm{d}y(t) &= \int_0^t u(t)\,\mathrm{d}t + \mathrm{d}y_0 \\
y(t) &= \int_0^t \mathrm{d}y(t)
\end{aligned}
\tag{5-1}
$$

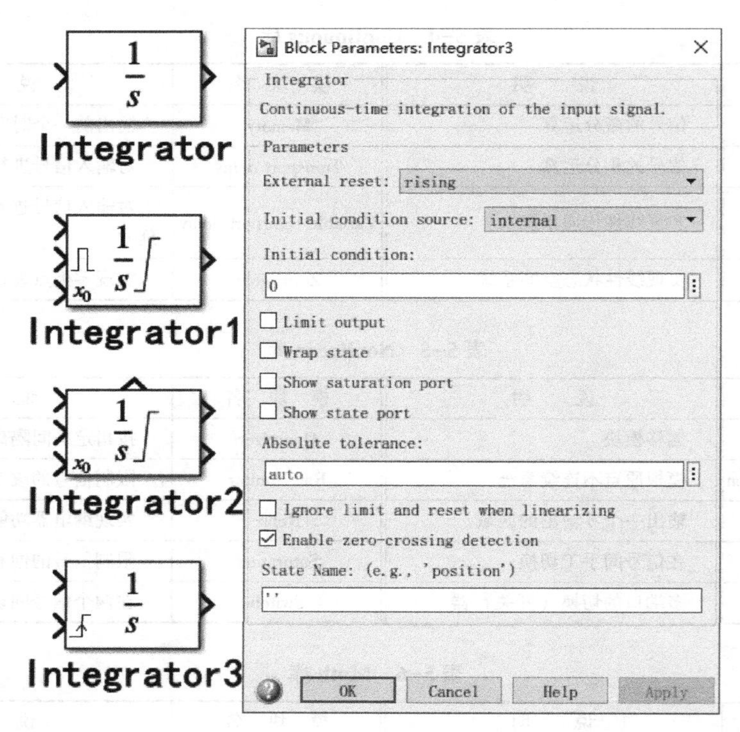

图 5-6 积分模块设置窗口

下面较详细地介绍该模块的各个属性的功能，其他的模块属性及参数请参阅 MATLAB 自带的帮助文件。

External reset 为外部重置选项。它用在当重置信号中发生触发事件时，模块将按照初始条件重置状态。选择 none 复位状态，表示无复位信号；选择 rising 到复位状态，当信号从零到一个正值，或从负上升到一个正值时复位；选择 falling 到复位状态，当信号从正值到零或从正值变为负值时复位；选择 either 状态，当复位信号的变化从零到一个非零值或有变化迹象时复位；选择 level 复位状态，在当前时间，如果外部复位信号为非零值或者从非零状态变化到零状态，模块复位到初始状态；选择 level hold 复位状态，在当前时间，外部复位信号非零时，模块将复位到初始状态。选择不同，复位信号对应的图标将显示不同。

1）Initial condition source：此项用来从内部（internal）初始条件参数或外部（external）块中获取初始条件。

2）Initial condition：上面的属性选择 internal 选项时出现，此区域用来设置初始条件。

3）Limit output：若此项被选中，则状态将被限制在饱和度下限和上限之间，模块出现饱和图标。

4）Upper saturation limit：此参数用来设置饱和度上限。

5）Lower saturation limit：此参数用来设置饱和度下限。

6）Show saturation port：若此项被选中，则模块上将增加一个饱和度端口。

7）Show state port：若此项被选中，则模块上将增加一个状态端口。

8）Absolute tolerance：此参数用来设置模块状态的绝对误差。

9）Ignore limit and reset when linearrizing：当 Simulink 的线性化命令将模块设定为不可复

位和无输出限制时，则忽略本模块自身设定的相关选项。

10）Enable zero-crossing detection：是否使能过零检测。

11）State name：为状态变量设定一个特定的名字。

除了以上针对积分模块的属性设置外，Simulink 还有一个对所有模块通用的属性设置窗口，如图 5-7 所示，该窗口可以完成模块的描述、callback 函数的设置等，与本书内容无关，在此不再详述。

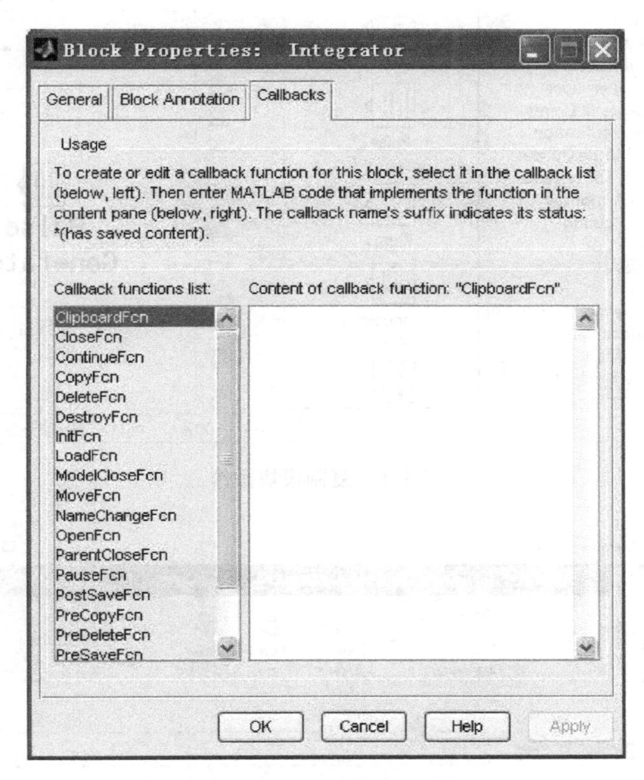

图 5-7　模块通用属性窗口

5.1.4　Simulink 的基本建模过程

下面举例说明 Simulink 的建模与仿真过程。

1）分别打开模块库浏览器窗口和模型文件编辑窗口。

2）单击打开源模块库（Sources），选择脉冲发生器（Pulse generator），将该模块拖拽至模型文件编辑窗口（untitled 窗口），生成一个脉冲信号源复制品，如图 5-8 所示。

3）采用同样方法，将输出显示库（Sinks）中的示波器 Scope 和连续信号库中的传递函数模块复制到模型文件编辑窗口，如图 5-9 所示。

4）将光标指向信号源右侧的输出端，当光标变成十字符时，拖拽鼠标至示波器的输入端，释放左键，就完成了两个模块间的信号线连接，建立了一个简单模型文件编辑窗口，如图 5-9 所示。

另一种绘制模块之间连接的常用方法是，先单击信号源模块，然后按下〈Ctrl〉键并单击示波器，便会在信号源模块的输出口和示波器的输入口之间自动产生连线。

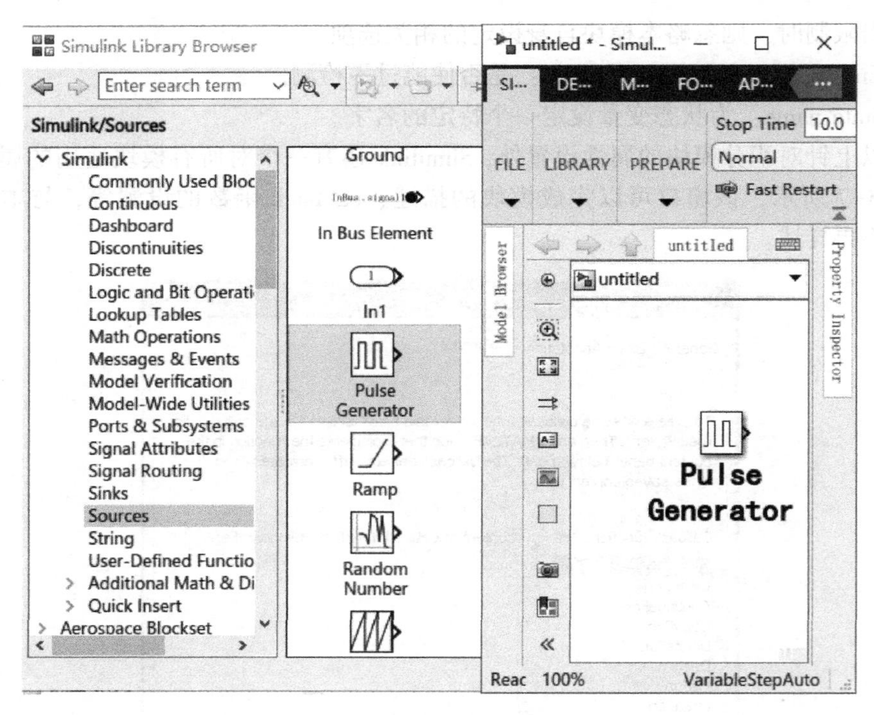

图 5-8　复制模块操作

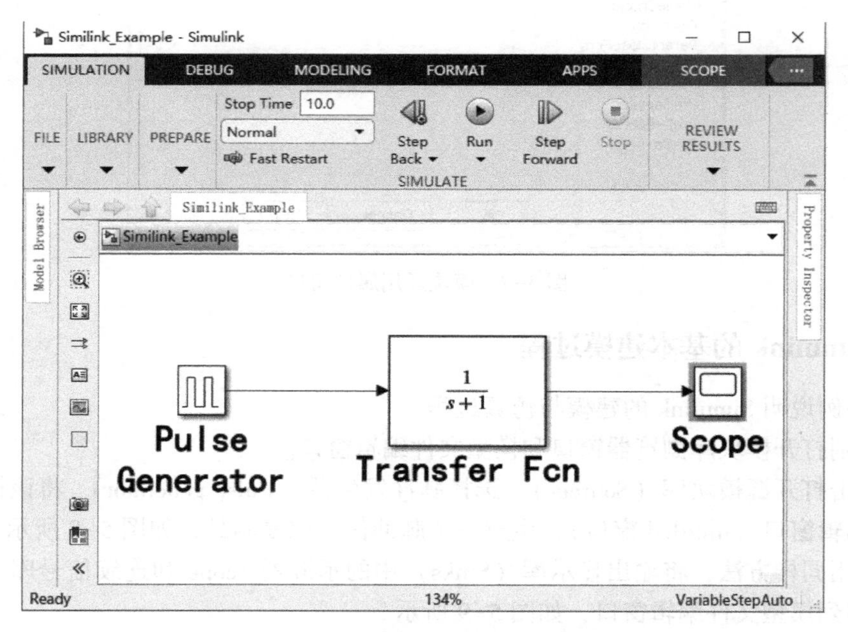

图 5-9　复制模块操作完成

5）双击示波器模块，打开示波器显示屏窗口。调整显示屏窗口，使之与模型文件窗口互不交叠，以便观察。

6）单击模型文件窗口中仿真启动图标▶，或选择菜单命令“Simulation”→“Run”，即开始仿真。在示波器显示屏窗口中，可看到黄色的波形。单击示波器上的自动刻度按钮，使得波形充满整个坐标框，如图 5-10 所示。

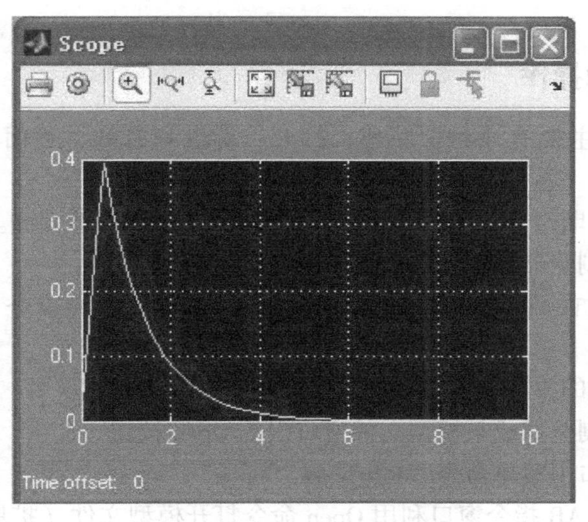

图 5-10　示波器显示仿真结果

5.1.5　示波器的设置

示波器模块（Scope）在 Simulink 软件的 Sinks 库中，通过拖拽到模块编辑窗口，双击该模块，将显示该示波器模块的属性设置对话框。在对话框中可以依次看到打印、设置、放大、x 轴局部选择、y 轴局部选择、自动刻度、存盘、打开、浮动示波器、浮动示波器锁定和浮动示波器信号选择等图标，单击其设置图标，将出现示波器设置窗口，如图 5-11 所示。设置窗口共有 4 个选项卡，分别为主要配置、时间、画面设置、数据记录。其中数据记录选项卡（见图 5-12）可以将示波器显示数据实时地存储到 MATLAB 工作区（Workspace），以便进一步进行数据分析。

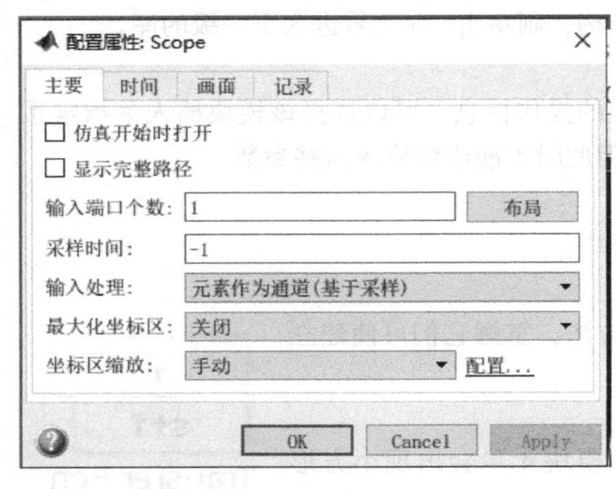

图 5-11　示波器 General 选项卡

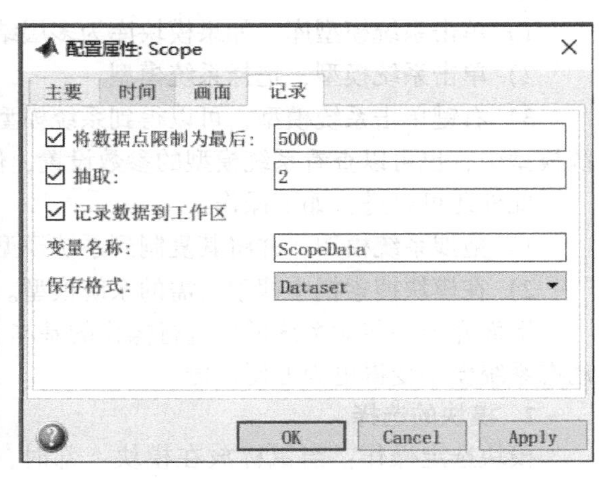

图 5-12　示波器属性设置窗口

5.2 Simulink 基本操作

5.2

5.2.1 模型文件的操作

模型文件的操作主要有 4 种：新建、打开、存盘和打印。下面列出各种操作的主要步骤。

1）新建模型文件即打开一个名为 untitled 的模型文件窗口的方法。

方法一：单击库浏览器或模型文件窗口中的 New 按钮。

方法二：选择 MATLAB 指令窗口或某模型文件窗口中的菜单命令“File”→“New”→“Model”。

2）打开模型文件的方法。

方法一：单击库浏览器或某模型文件窗口中的 Open 按钮。

方法二：选择窗口中菜单命令“File”→“Open”。

方法三：在 MATLAB 指令窗口利用 Open 命令打开模型文件（扩展名 mdl 或 slx），如果必要，还需注明路径目录，如：Open（'D:\Documents\MATLAB\diode. mdl'）。

3）存盘。Simulink 模型文件可以存为 MDL 模型文件（扩展名 mdl）或者 SLX 模型文件（扩展名 slx）。其可以通过单击 Save 按钮图标或选择菜单命令“File”→“Save”或“Save as”，选择存成不同的模型文件。

4）打印操作，即打印出需要输出的内容。

5.2.2 模块的操作

当 Simulink 库浏览器被启动之后，通过单击模块库的名称可以查看模块库中的模块。模块库中包含的系统模型显示在 Simulink 库浏览器左侧的一栏中。Simulink 库浏览器的基本操作如下：

1）单击系统模型库，如果模块库为多层结构，则单击“+”号进入下一级的库。

2）单击系统模型，选择系统模型。

3）右键单击系统模型，可以得到系统模型的操作信息，可以选择该模块插入某指定系统模型中，也可以查看系统模型的参数设置，但此时不能激活修改这些参数。

此外还可以进行如下操作：

1）拖拽系统模型，并将其复制到系统模型中。

2）在模块搜索栏中搜索所需的系统模型。

下面介绍一些对系统模型进行操作的基本方法，掌握它们可使建立动态系统模型变得更为方便快捷。

1. 模块的选择

模块选定操作：当鼠标放在模块上部时，模块 4 角会出现小方形块，说明该模块可以被选择，单击该模块，模块四周出现浅色阴影，表明该模块已经被选中。如图 5-13 所示。

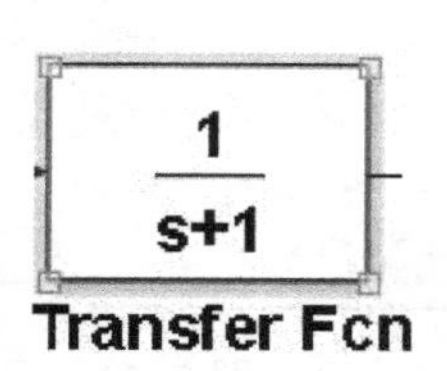

图 5-13 已经被选中的模块

当需要进行多个模块选择时，其操作方法如下。

方法一：按下〈Shift〉键的同时，依次单击所需选定的模块。

方法二：拖拽鼠标，拉出矩形框，将所有待选模块包在其中，于是矩形里所有模块（包括连接模块的信号线）均被选中，如图 5-14 所示。

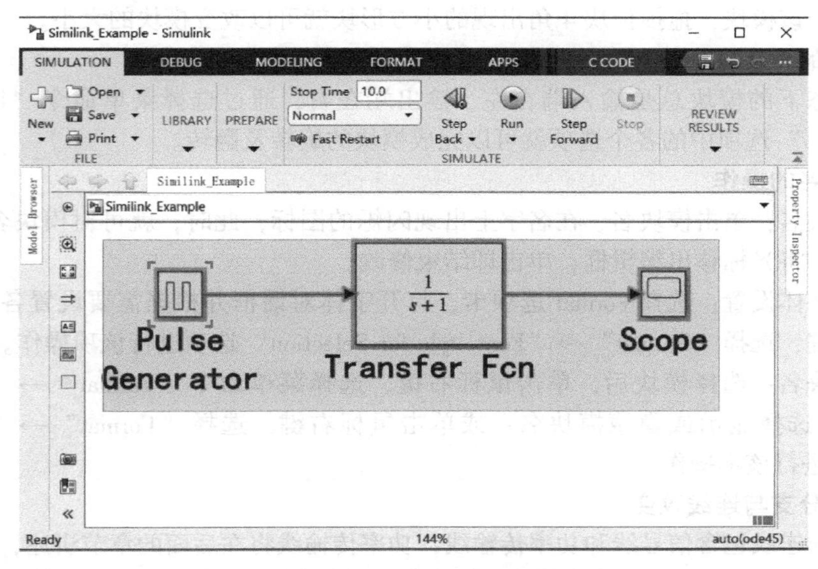

图 5-14　选择多个模块

2. 模块的复制

如果需要几个同样的模块，可以多次拖拽同一模块到系统窗口，来简单地进行模块的复制。在选中所需的模块后，使用“Edit”菜单中的“Copy”和“Paste”选项或使用快捷键〈Ctrl+C〉和〈Ctrl+V〉可完成同样的功能。它又分两种不同的情形。

不同模型文件窗口（包括库窗口在内）之间的模块复制方法如下。

方法一：在窗口选中模块，将其拖至另一模块窗口，释放鼠标。

方法二：在窗口选中模块，单击“复制”图标，然后用鼠标单击目标模块窗口中需复制模块的位置，最后单击“粘贴”图标即可。此方法也适用于同一窗口内的复制。

在同一模块窗口内的模块复制方法如下。

方法一：按下鼠标右键，拖拽鼠标到合适的地方，释放鼠标即完成。

方法二：按住〈Ctrl〉键，再按下鼠标左键或右键，拖拽鼠标到合适的地方，释放鼠标。

3. 模块的移动

方法：选中需要移动的模块，按下鼠标左键将模块拖拽至合适地方即可。

4. 模块的删除

在选中待删除模块后，可采用以下任何一种方法完成删除。

方法一：按〈Delete〉键。

方法二：使用“Edit”菜单中的“Delete”选项。

5. 模块的插入

如果用户需要在信号连线上插入一个模块，只需将这个模块移到线上就可以自动连接。

注意这个功能只支持单输入单输出模块。对于其他的模块，只能先删除连线，放置模块，然后再重新连线。

6. 模块大小的改变

首先选中该模块，拖拽模块 4 角出现的小方形块就可以改变模块的大小。

7. 模块的旋转及翻转

默认状态下的模块总是输入端在左、输出端在右，通过选择菜单命令“Diagram”→“Rotate & Filp”选项中的各个选项就可以完成模块的旋转及翻转。

8. 模块名的操作

修改模块名：单击模块名，在名字上出现闪烁的图标，此时，就可对模块名进行修改。当修改完毕，将光标移出编辑框，单击即结束修改。

模块名字体设置：选择 Format 选项卡，打开字体对话框并根据需要设置各项参数；或单击鼠标右键，选择“Format”→“Font style for Selection”选项进行该项操作。

隐藏模块名：选择模块后，单击鼠标右键，选择菜单命令“Format”→“Show block name”，可以选择显示或隐藏模块名；或单击鼠标右键，选择“Format”→“Show block name”选项进行该项操作。

9. 连线分支与连线改变

模块间的连线包含信号线和功率传输线，功率传输线将在后面的章节讲述，在此只讲述信号线。Simulink 模块中的信号总是由模块之间的连线携带并传送，在连接模块时，要注意模块的输入、输出端和各模块间的信号流向。在 Simulink 中，模块总是由输入口接收信号，由输出口发送信号。

在基本情况下，一个系统模型的输出可同时作为多个其他模块的输入，这时需要从此模块中引出若干连线，以连接多个其他模块，对信号连线进行分支操作方式如下：右键单击需要分支的信号连线（光标变成“+”字)，然后拖拽到目标模块。

（1）水平或垂直连线的产生

先将光标指向连线的起点（即某模块的输出端)，待光标变为“+”字后，按下左键并拖拽至终点（即某模块的输入端)，释放鼠标。Simulink 会根据起点和终点的位置自动配置连线，或者采用直线，或者采用折线（由水平和垂直线组成）连接。

（2）连线的移动和删除

选中待移动的线段，并将鼠标指向它，拖拽至目的地后，释放鼠标。要删除某线段，首先选中待移动线段，然后按〈Delete〉键。

（3）分支的产生

在实际模块中，一个信号往往需要分送到不同模块的多个输入端，此时就需要绘制 Branch Line（分支线)。分支线的绘制步骤如下：

将鼠标指向分支线的起点（即一已存在信号线上的某点)。按下鼠标右键，看到光标变为“+”字；或者按住〈Ctrl〉键，再按下鼠标左键或右键，拖拽鼠标，直至分支线的终点处。

（4）信号线的折曲和折点的移动

在构建框图模块时，有时需要画出折线，可以将鼠标放置在信号线的分支节点，会出现一个小圆圈“○”，按下鼠标左键，拖拽鼠标至合适处，释放鼠标，折点被移动，出现连接折线。一般情况下，尽量不要用折线。

（5）Label（信号线标识）

添加标识：双击需要添加的信号线，信号线下出现一个输入指示光标，输入标识文字，光标移出，标识即可输入。

修改标识：单击要修改的标识，原标识四周出现一个文本框，此时即可修改标识。

移动标识：单击标识，标识文本框出现后，将鼠标指向文本框，拖拽至新位置处即可。

复制标识：类似于移动标识，只是要求拖拽鼠标的同时按住〈Ctrl〉键，或者改用鼠标右键操作。

删除标识：单击标识，文本框出现后，双击标识使得整个标识被全部选中，按〈Delete〉键删除该标识。

10. 信号组合

当 Simulink 进行系统仿真时，在很多情况下，要将系统中某些模块的输出信号（一般为标题）组合成一个向量信号，并将得到的信号作为另外一个模块的输入。例如，使用示波器显示模块 Scope 显示信号时，Scope 模块只有一个输入端口；若输入是向量信号，则 Scope 模块以不同的颜色显示每个信号，能够完成信号组合的系统模型为 Signals & Systems 模块库中的 Mux 模块，Mux 模块可以将多个标量信号组合成一个向量。因此 Simulink 可以完成矩阵与向量的传递。

5.2.3　子系统的生成与操作

当 Simulink 建立系统模型进行系统仿真分析时，对于简单的动态系统仿真，可以直接建立其模型文件，然后进行仿真。然而对于复杂的系统，直接建立系统并仿真会带来诸多不便，需要对系统进行由高到低或由低到高的分层次建模仿真，这就需要进行子系统的封装。在使用 Simulink 子系统技术时，通常有如下两种子系统的生成方法：

1）已经建立好的系统模型中建立子系统，如图 5-15 所示。首先选择能够完成一定功能的一组模块，然后选择 Simulink 模块，单击鼠标右键，选择“Create subsystem from selection”选项，即可建立子系统并将这些模块封装到此子系统中，Simulink 自动生成子系统的输入、输出端口，如图 5-16 所示。

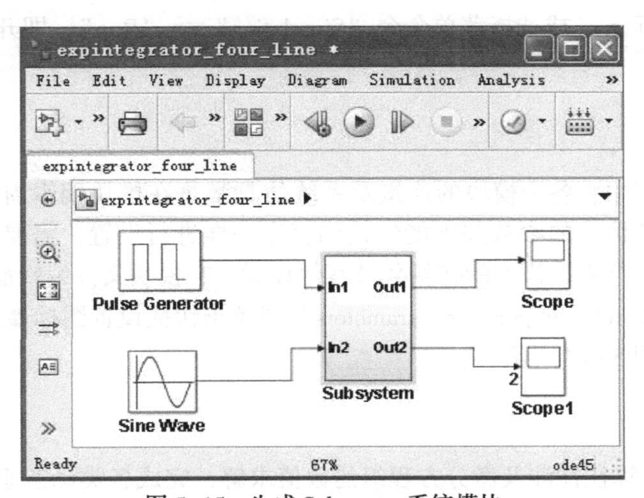

图 5-15　生成 Subsystem 系统模块

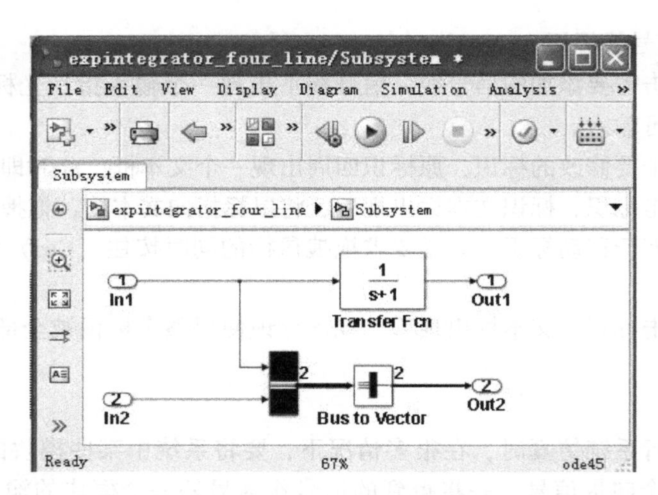

图 5-16 子系统模块

2）在建立系统模型时建立空的子系统。使用 Ports & Subsystem 模块库中的 Subsystem 模块建立子系统，首先构成系统的整体模块，然后编辑空的子系统中的模块。在使用 Simulink 子系统建立系统模型时，有一些简单的操作比较常用，下面加以举例。

子系统命名：命名方法与模块名类似。

子系统编辑：用鼠标左键双击子系统模型图标，打开子系统以对其进行编辑。

子系统的输入：使用 Sources 模块库中的 Input 输入模块（即 In1 模块）作为子系统的输入端口。

子系统的输出：使用 Sinks 模块库中的 Output 输出模块（即 Out1 模块）作为子系统的输出端口。

5.2.4 仿真运行操作

当按照信号的输入/输出关系连接各系统模型之后，双击系统模型中的各个模块，打开系统模型的参数设置对话框，设置各个模块的参数，系统模型的创建工作完毕。单击模块窗口中的仿真启动图标，或选择菜单命令“Simulation”→“Run”，即开始仿真。

5.3 仿真参数

5.3

在 Simulink 仿真中，各个模块的连接及系统仿真都是在模块编辑窗口中进行的，但是系统仿真的参数并不能像代码程序一样进行设置，需要有专门的设置窗口来进行系统模型的初始化及其他设置。在模块文件编辑窗口中选择菜单命令“Simulation”→“Model configuration parameters”或单击快捷设置图标，得到 Simulink 仿真参数设置窗口如图 5-17 所示。

5.3.1 仿真算法

Simulink 仿真计算往往涉及微分方程组的数值求解，完成各类动态系统的仿真，但是由于动态系统的形态多种多样，其系统模型参数是不同的，系统的仿真算法也是各不相同，各

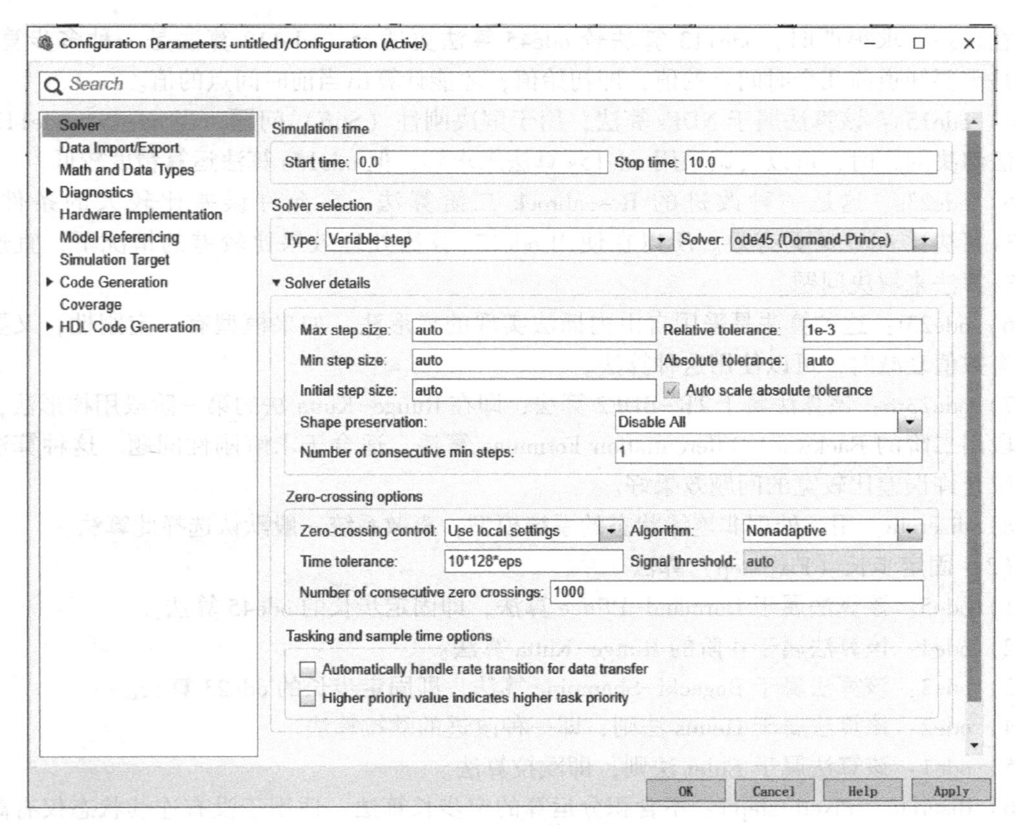

图 5-17　Simulink 仿真参数设置窗口

有千秋。对一些特定系统，只能采用特定的仿真算法才可能有效，如一些刚性系统、病态系统等。因此需针对不同类型的仿真模块，按照各种算法的不同特点、仿真性能与适应范围，正确选择算法，并确定适当的仿真参数，才能得到最佳仿真结果。在 Simulink 中，主要有可变步长和不可变步长两类算法。本书中仅仅介绍这些算法的一些特点，详情请参阅相关资料。

(1) 可变步长（Variable-step）算法

可变步长算法可以使程序每次修正仿真的步长大小，在解算模型（方程）时可以自动调整步长，并通过减小步长来提高计算的精度。并在 Diagnostion 选项卡中提供 Error Crossing Detection（零点检测）功能。可变步长类型的仿真包括如下算法。

1）ode45：这种算法特别适用于仿真线性化程度高的系统，是基于显式 Runge-Kutta 和 Dormand-Pfince 组合的算法，可以自启动，即只要知道前一时间点的解 $y(t_{n-1})$，就可以立即计算当前时间点的方程解 $y(t_n)$。对大多数仿真模型来说，使用 ode45 算法来解算模型是最佳的选择，因此在仿真软件中把 ode45 作为默认算法。

2）ode23：这是 Bogacki 和 Shampine 相结合的低阶算法，用于解决非刚性问题，在允许误差方面以及使用在 Stiffness Mode（稍带刚性）问题方面，该算法比 ode45 算法效率高。

3）ode113：这是可变阶数的 Adams-Bashforth-Moulton PECE 算法，用于解决非刚性问

题，在误差要求很严时，ode113 算法较 ode45 算法更适合。ode113 算法是一种多步算法，也就是需要知道前几个时间点的值，即初始值，才能计算出当前时间点的值。

4）ode15s：该算法属于 NDFs 算法，用于解决刚性（Stiff）问题。当 ode45、ode113 算法无法解决问题时，可以尝试采用 ode15s 算法来求解，但 ode15s 算法运算精度较低。

5）ode23s：这是一种改进的 Rosenbrock 二阶算法，在允许误差比较大的条件下，ode23s 算法比 ode15s 更有效。所以在使用 ode15s 算法处理效果比较差的情况下，宜选用 ode23s 算法来解决问题。

6）ode23t：这种算法是采用自由内插法实现的梯形法，如果模型有一定刚性，又要求解没有数值衰减时，可以使用这种算法。

7）ode23tb：该算法属于 TR-BDF2 算法，即在 Runge-Kutta 法的第一阶段用梯形法，第二阶段用二阶的 Backward Differentiation Formulas 算法，适合于求解刚性问题。这种算法对于求解允许误差比较宽的问题效果好。

8）discrete：用于处理非连续状态的系统模型，离散系统一般默认选择此算法。

（2）固定步长（Fix-step）算法

1）ode5：该算法属于 Dormand-Pfince 算法，即固定步长的 ode45 算法。

2）ode4：该算法属于 4 阶的 Runge-Kutta 算法。

3）ode3：该算法属于 Bogacki-Shampine 算法，即固定步长的 ode23 算法。

4）ode2：该算法属于 Heuns 法则，即一种改进的欧拉算法。

5）ode1：该算法属于 Euler 法则，即欧拉算法。

6）discrete（Fixed-step）：不含积分运算的定步长算法，适用于没有连续状态仅有离散状态模型问题。

5.3.2 仿真参数设置

Solver（解算器）选项卡的参数设置是仿真工作必需的步骤，如何设定参数，要根据具体问题的要求而定，解算器选项卡中参数选项的设定如图 5-18 所示。“Solver”选项为仿真算法设置窗口，选择的算法不同，窗口中的选项会发生相应的变化，最基本的参数设定包括仿真的起始时间与终止时间、仿真的步长大小与解算问题的算法等。下面简要介绍这些选项。

1）Simulink time 栏为设置仿真时间栏，在 Start time 与 Stop time 旁的文本框内分别输入仿真的起始时间与停止时间，单位是 s。

2）Solver options 栏为选择算法的操作，包括许多选项。Type 栏的下拉列表中可选择可变步长（Variable-step）算法或者固定步长（Fixed-step）算法。

当选择可变步长算法时，连续系统仿真可选择的算法有 ode45、ode23、ode113、ode15s、ode23s、ode23t、ode23tb 等几种。ode45 是默认算法。还有以下选项：

- “Max step size”——最大步长，若为 auto，则最大步长为（Stop time-Start time）/50。
- “Min step size”——最小步长。
- “Initial step size”——初始步长。
- “Relative tolerance”——设置相对容许误差限。
- “Absolute tolerance”——设置绝对容许误差限。

在变步长算法中，步长大小与信号变化快慢反向相关。容许误差限的作用是控制计算精度。当误差超过容许误差限时会自动修正步长。在迭代的每一步（不妨设是第 i 次迭代），程序都会将计算出来的值与期望值相减得出一个误差 $e(i)$，若 $e(i)$ 满足 $e(i) \leqslant \max$（相对容许误差限 $* \mid y(i) \mid$，即绝对容许误差限），则表明第 i 次迭代是正确的；否则，程序会自动将步长减小，再来验证上述不等式是否成立。重复上述过程，直到上述不等式成立为止。

当选择固定步长算法时，连续系统仿真可选择的算法有 ode1、ode2、ode3、ode4、ode5、discrete 等几种。一般情况下 ode4 为默认算法，它等效于 ode45 算法。固定步长方式可以设定 "Fixed step size" 为自动。还有以下选项：

- "Fixed step size" ——设置步长。
- "Tasking mode for periodic sample times" ——设置采样工作模式。

5.3.3　Data Import/Export 选项卡参数设置

Data Import/Export 选项卡如图 5-18 所示，主要完成系统仿真和当前工作空间的数据交换。

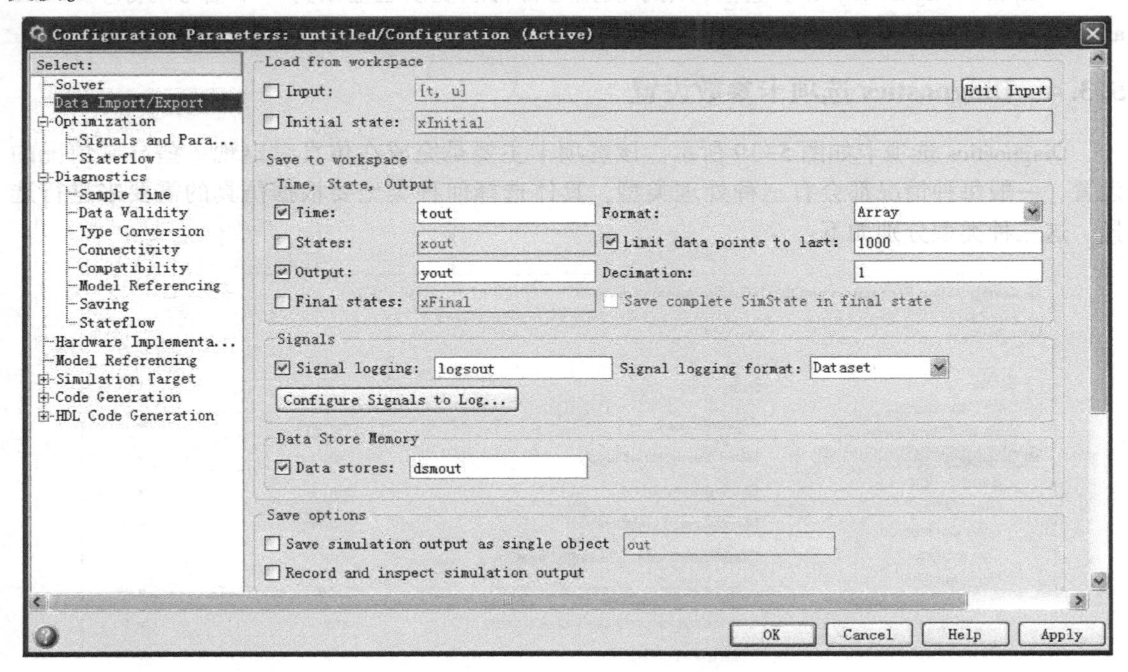

图 5-18　Data Import/Export 选项卡

1）Load from workspace 栏可以从 MATLAB 工作空间获取数据输入到系统仿真模型中，"Input" 选项是从工作空间中输入时间和信号变量。这是 Simulink 仿真模块窗中的一个重要功能。当然，模块一定要有输入模块（In1）。具体操作方法如下：选中 Input 复选框，在其后的文本框里输入数据的变量名，变量名默认为 $[\boldsymbol{t},\boldsymbol{u}]$，其中，$\boldsymbol{t}$ 是一维时间列向量，$\boldsymbol{u}$ 是与 $\boldsymbol{t}$ 相同的二维列向量。如果输入模块有 n 个，则 $\boldsymbol{u}$ 的第 1、2、…、n 列分别送往输入模块 In1、In2、…、Inn。"Initial state" 选项是输入状态变量。系统模型中的模块可以从

MATLAB 工作空间获取模块中全部模块所有状态变量的初始值，这就是初始化状态模块。在栏后的文本框里填写的含有初始化值变量（其默认名为 xInitial）的个数应与状态模块数目一致。

2）Save to workspace 栏可以将系统模型中的仿真运算结果保存到当前工作空间。Time 复选框，用于模块把 Time（变量）以指定的变量名（tout）存储在 MATLAB 工作空间。States 复选框，用于模块把状态变量以指定的变量名（xout）存储在 MATLAB 工作空间。Output 复选框，对应着模块窗口中使用的输出模块 out1 需在 MATLAB 工作空间填入输出数据变量名（输出矩阵默认名为 yout），输出矩阵每一列对应于模块的多个输出模块 out，每一行对应于一个确定时刻的输出。Final state 复选框，用于模块把状态变量的最终状态值以指定的名称（默认名为 xFinal）存储在 MATLAB 工作空间。状态变量的最终状态值还可以被模块再次调用。Format 下拉列表框中提供了三种保存数据的格式供选择：Matrix（矩阵）、Structure（结构）、Structure with time（带时间结构）。Signals 栏用于设置信号记录（Signal logging）。Data Store Memory 栏用于设置数据存储。

3）Save options 栏（变量存储选项卡）可以设置系统仿真存储时的一些要求。Save simulation output as signal object 复选框，用于设置是否将系统模型输出为一个信号对象。Record and inspect simulation output 复选框，用于设置是否输出仿真报告。

5.3.4 Diagnostics 选项卡参数设置

Diagnostics 选项卡如图 5-19 所示。该选项卡主要是完成在仿真时出现一些异常情况的设置，一般每种情况都会有三种处理类型，具体选择何种类型要根据仿真的需要来进行选择。这三种类型分别如下：

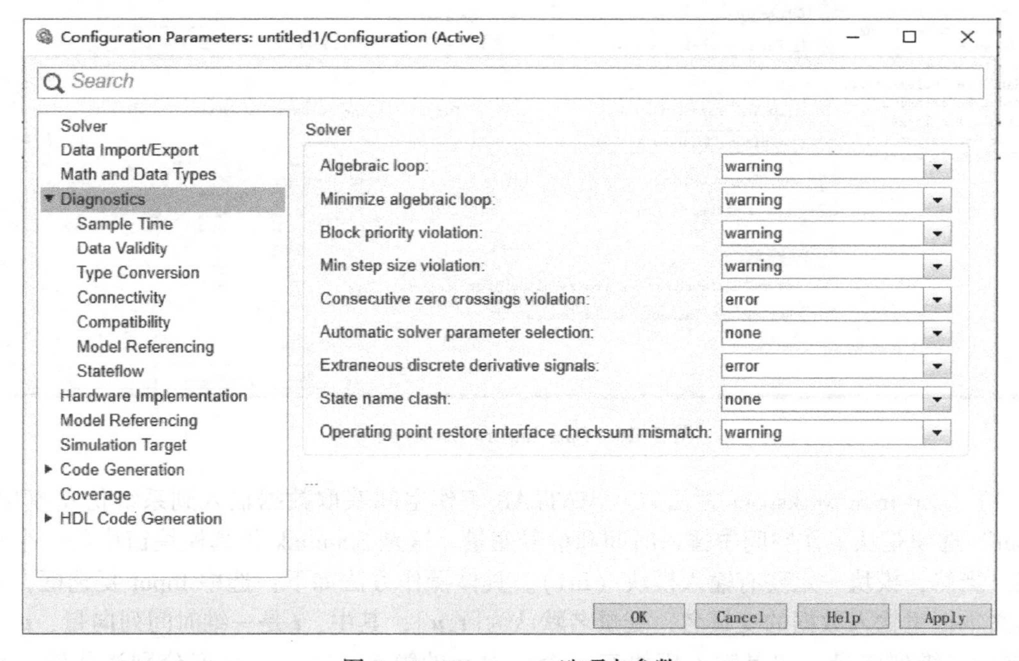

图 5-19 Diagnostics 选项卡参数

1）None表示当Simulink仿真出现异常情况时，忽略这种异常继续仿真运行。

2）Warning表示当Simulink仿真出现异常情况时，仿真继续，但系统会发出相应的警告信息。

3）Error表示当Simulink仿真出现异常情况时，仿真停止，系统发出相应的警告信息。

这里简单介绍一下常见的异常情况。

1）Algebraic loop（代数环）异常的存在将大大减慢仿真速度，进而可能导致仿真失败。对于这种异常通常采用Warning处理方式。如果已知代数环存在，而仿真性能尚可接受，则把异常情况处理方式改为None。

2）Min step size violation（最小步长欠小）异常的发生，表明微分方程解算器为达到指定精度需要更小的步长，但这是解算器所不允许的。解决办法是采用高阶的解算器以放松对步长的苛求。对于这种异常通常采用Warning或Error处理方式。

3）Unconnected block input（模块输入悬垂）异常是指构成模块中有未被使用的输入端。这种异常是建模疏忽所造成的。如果输入悬垂是“故意”所为，那么最好把该输入端与Ground（接地模块）的输出相接。处理这种异常的方式通常是Warning或Error。

4）Unconnected block output（模块输出悬垂）异常是指构成模块中有未被使用的输出端。这种异常通常无害，往往是建模疏忽造成的。如果输出悬垂是“故意”所为，那么最好把该输出端与Terminator（终端模块）相接。处理这种异常的方式通常是Warning或Error。

5）Unconnected line（信号线悬垂）异常是指构成模块中有一端未被使用的信号线。这种异常是建模疏忽造成的。处理这种异常的方式通常是Error。

6）Consistency checking（一致性检验）是专门用来调试用户自制模块的编程正确性。对于Simulink的标准模块则不必进行一致性检查，因此通常该选项设置为Off状态，以免影响运行速度。

7）Disable zero crossing detection（禁止零点穿越检测）。相当一些Simulink模块会呈现“不连续性”，如Sign（符号）模块。该模块的输入为负时，输出为-1；而当输入为正时，输出为+1。假若采用变步长算法对含有符号模块的模块进行仿真，当符号模块的输入趋近于0时，Simulink将调整积分算法的步长以使符号模块的输出在适当的时候发生改变。这个过程就称为Zero Crossing Detection（零点穿越检测）。零点穿越检测提高了仿真的准确性，但降低了仿真的速度。

5.3.5 其他选项卡

其他选项卡在本书中基本不涉及，在此仅仅简单介绍一下。

“Hardware Implement…”选项卡用于设置嵌入式设备硬件的设置。

“Model Referencing”选项卡用于设置模块变化时的信息。

“Simulation Target”选项卡用于设置状态流程图的信息。

“Code Generation”选项卡用于设置代码生成功能的信息。

“HDL Code Generation”选项卡用于设置硬件语言的信息。

5.4 S-函数

S-函数结合了 Simulink 框图系统仿真结构清晰、仿真操作明快和代码编程灵活方便的优点，是对 Simulink 仿真的一个重要补充，同时也是实现实时仿真的关键。实际上 Simulink 许多模块所包含的算法均是用 S-函数编写的，用户也可以编写自己的 S-函数，然后进行封装便可得到具有特定功能的定制模块。S-函数支持 MATLAB、C、C++、Fortran 以及 Ada 等语言，使用这些语言，按照一定的规则就可以编写出功能强大的模块。

5.4.1 S-函数概述

S-函数是 System Function（系统函数）的简称，是指采用非图形化的方式（即计算机语言，区别于 Simulink 的系统模型）描述一个功能块。可以采用 MATLAB 代码、C、C++、Fortran 或 Ada 等语言编写 S-函数。S-函数由一种特定的语法构成，用来描述并实现连续系统、离散系统以及复合系统等动态系统；S-函数能够接收来自 Simulink 解算器的相关内容并对解算器发出的命令做出适当的响应，这种交互作用类似于 Simulink 系统模型与解算器的交互作用。一个结构体系完整的 S-函数包含了大量描述动态系统所需的全部能力，所有其他的使用情况都是这个结构体系的特例。一般情况下，S-函数模块是整个 Simulink 动态系统的核心。

S-函数作为与其他语言相结合的接口，可以使用这个语言所提供的强大能力。当然，对于大多数动态系统仿真分析而言，使用 Simulink 提供的模块即可实现，而无须使用 S-函数。这也是 S-函数不为多数人所熟知的缘故。但是，当需要开发一个新的通用的模块作为一个独立的功能单元时，使用 S-函数实现则是一种相对简便的方法。由于 S-函数可以使用多种语言编写，因此可以将已有的代码结合起来，而不需要在 Simulink 中重新实现算法，从而在基本程度上实现了代码移植。另外，在 S-函数中使用文本方式输入公式、方程，非常适合于复杂动态系统的数学描述，并且在仿真过程中可以对仿真进行更精确的控制。

S-函数一旦被正确地嵌入位于 Simulink 标准模块库的 S-函数框架模块中，就可以像其他 Simulink 标准模块一样，与 Simulink 的方程解算器 Solver 交互，实现其功能。这种生产的 S-函数模块可以被“重用”于各种场合；在每种场合，该 S-函数模块又可通过不同的参数设置，实现不同的性能。

一般情况下 S-函数应用于如下场合：

1）生成研究中有可能经常反复调用的 S-函数模块。

2）生成基本硬件装置的 S-函数模块。

3）由已存在的 C 代码程序构成 S-函数模块。

4）在一组数学方程所描述的系统中，构建一个专门的 S-函数模块。

5）构建用于图像动画表现的 S-函数模块。

5.4.2 S-函数工作原理

要创建 S-函数，首先要理解 S-函数，明白 Simulink 的动作方式。

在 Simulink 中模块的仿真有两阶段：初始化阶段和仿真阶段，如图 5-20 所示。

在初始化阶段，S-函数完成的主要任务如下：

1）把模块中各种多层次的模块“平铺化”，即用基本库模块展开多层次的封装模块。

2）确定模块中各模块的执行次序。

3）为未直接指定相关参数的模块确定信号属性，即信号名称、数据类型、数值类型、维数、采样时间及参数值等。

4）配置内存。

模块初始化结束后，就进入“仿真环”过程。在一个“主时步”内要执行“仿真环”中的各运算环节，具体包括如下内容：

1）计算下一个主采样时点（当含有变采样时间模块时）。

2）计算当前主时步上的全部输出。

3）更新各模块的连续状态（通过积分）、离散状态以及导数。

4）对连续状态进行零点穿越检测。

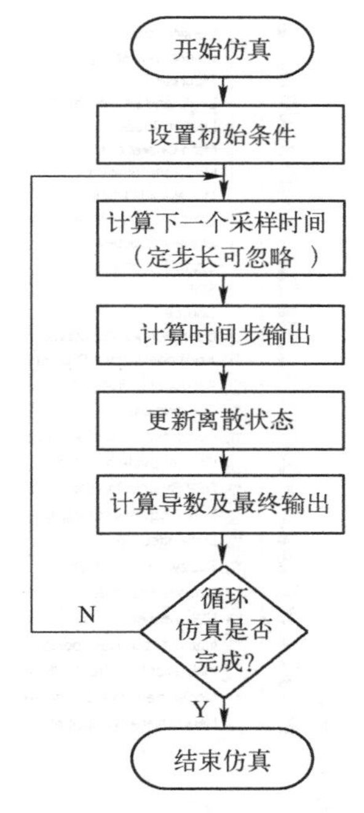

图 5-20　S-函数仿真流程

5.4.3　S-函数的模板程序

由于 S-函数是严格按照一定的格式来进行的，其循环迭代调用函数的标志步来完成相应的操作，其组成及各个阶段见表 5-7。

表 5-7　S-函数仿真的各个阶段列表

仿 真 阶 段	S-函数程序	flag
初始化	mdlInitializeSizes	flag=0
计算下一步的采样步长（仅用于变步长模块）	mdlGetTimeOfNextVarHit	flag=4
计算输出	mdlOutputs	flag=3
更新离散状态	mdlUpdate	flag=2
计算导数	mdlDerivatives	flag=1
结束仿真任务	mdlTerminate	flag=9

在进行 S-函数的编辑时应该在其模板的基础上进行设计。调用模板文件的方法有两种。第一种是在命令窗口输入：

```
>>edit sfuntmpl
```

第二种就是通过函数浏览器中选择 User-Defined Function 的 S-函数模块到模块编辑窗口，修改 S-函数的名字及一些参数，单击 Edit 图标，如图 5-21 所示，打开相应的 S-函数模板文件。

S-函数模板文件打开后是一个可编辑的 M 函数文件，如图 5-22 所示。

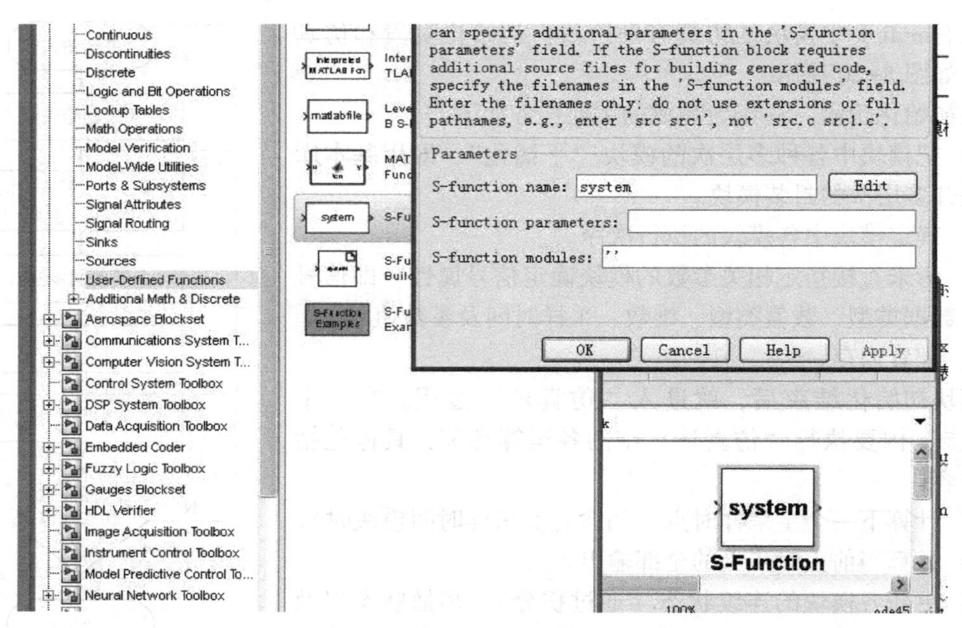

图 5-21 打开 S-函数模板文件

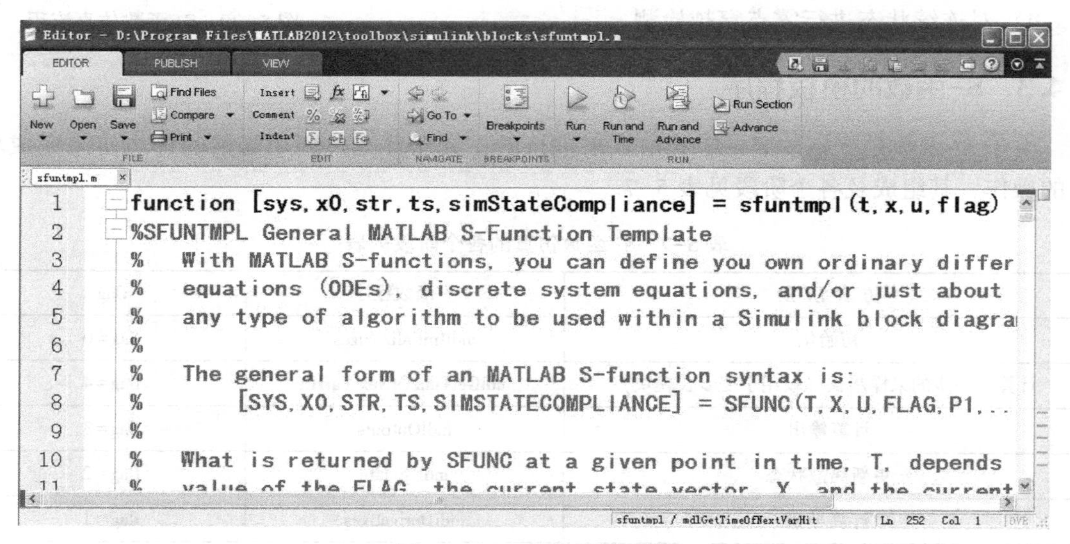

图 5-22 S-函数模板文件

S-函数格式为

function [sys,x0,str,ts,simStateCompliance]=sfuntmpl(t,x,u,flag)

其中，sfuntmpl 为用户定义的 S-函数名，这个名字可以根据需要进行设置。输入参数 Parameter是通过对话框设置参数值的变量名，若 Parameter 默认，表示 S-函数模块不需通过对话框设置参数值。

返回的参数值有 5 个：

sys 为 S-函数根据 flag 的值运算得出的解；x0 为初始状态值；str 为说明变量，在 M 文件形成的S-函数中设置为空矩阵（可省略）；ts 为两列向量，定义为取样时间及偏移量（可省略)；simStateCompliance，设置 S-函数模块应用时的状态，可以省略。

在运行 S-函数进行仿真前，应当编制 S-函数程序，因此必须知道系统在不同时刻所需要的如下信息；

1）在系统开始进行仿真时，应先知道系统有多少状态变量，其中哪些是连续变量，哪些是离散变量，以及这些变量的初始条件等信息。这些信息可通过 S-函数中设置 flag=0 获取。

2）若系统是严格连续的，则在每一步仿真，通过 flag=1 获得系统状态导数；通过 flag=3获得系统输出。

3）若系统是严格离散的，则通过 flag=2 获得系统下一个离散状态；通过 flag=3 获得系统离散状态的输出。

flag=0、1、3 对应的 3 个子程序（mdlInitialige、SizesmdlDerivatives、mdlOutputs）是 S-函数的基本组成，应当在 S-函数描述中给出。而 flag 其他取值对应的子程序则用于离散系统或比较复杂的系统。

S-函数 M 文件的基本内容如下：

```
function [sys,x0,str,ts,simStateCompliance] = sfuntmpl(t,x,u,flag)
switch flag,
%初始化例程子函数:提供状态、输入、输出、采样时间数目和初始状态的值。必须有该子函数 %
case 0,
    [sys,x0,str,ts,simStateCompliance] = mdlInitializeSizes;
% Derivatives 计算导数例程子函数:给定 t,x,u, 计算连续状态的导数,用户应该在此给出系统的连续状态方程。该子函数可以不存在 %
case 1,
   sys = mdlDerivatives(t,x,u);
% Update3 状态更新例程子函数:给定 t,x,u, 计算离散状态的更新。每个仿真步长必然调用该子函数,不论是否有意义。用户除了在此描述系统的离散状态方程外,还可以填入其他每个仿真步长都有必要执行的代码 %
case 2,
   sys = mdlUpdate(t,x,u);
% Outputs 计算输出例程子函数:给定 t,x,u, 计算输出。该子函数必须存在,用户可以在此描述系统的输出方程%
case 3,
   sys = mdlOutputs(t,x,u);
% GetTimeOfNextVarHit 计算下一个采样时间,仅在系统是变采样时间系统时调用%
case 4,
   sys = mdlGetTimeOfNextVarHit(t,x,u);
% Terminate 仿真结束时要调用的例程函数,在仿真结束时调用,用户可以在此完成结束仿真所需的必要工作%
case 9,
   sys = mdlTerminate(t,x,u);
% Unexpected flags 保留,未开放的 flag %
otherwise
   DAStudio. error('Simulink:blocks:unhandledFlag', num2str(flag));
end
```

```
% end sfuntmpl
   %============函数============
%===========mdlInitializeSizes 函数============
% Return the sizes, initial conditions, and sample times for the S-function.
function [sys,x0,str,ts,simStateCompliance]=mdlInitializeSizes
% call simsizes for a sizes structure, fill it in and convert it to a sizes array.
sizes=simsizes;
sizes.NumContStates  =0;
sizes.NumDiscStates  =0;
sizes.NumOutputs     =0;
sizes.NumInputs      =0;
sizes.DirFeedthrough=1;
sizes.NumSampleTimes=1;   % at least one sample time is needed
sys=simsizes(sizes);
% initialize the initial conditions
x0  =[];
% str is always an empty matrix
str=[];
% initialize the array of sample times
ts  =[0 0];

% Specify the block simStateCompliance. The allowed values are:
%     'UnknownSimState', < The default setting; warn and assume DefaultSimState
%     'DefaultSimState', < Same sim state as a built-in block
%     'HasNoSimState',   < No sim state
%     'DisallowSimState' < Error out when saving or restoring the model sim state
simStateCompliance='UnknownSimState';
% end mdlInitializeSizes
%========mdlDerivatives 函数============================
% Return the derivatives for the continuous states.
function sys=mdlDerivatives(t,x,u)
sys=[];
% end mdlDerivatives
%===========mdlUpdate 函数===========================
% Handle discrete state updates, sample time hits, and major time step requirements.
function sys=mdlUpdate(t,x,u)
sys=[];
% end mdlUpdate
%===========mdlOutputs 函数=======================
% Return the block outputs.
function sys=mdlOutputs(t,x,u)
sys=[];
% end mdlOutputs
% mdlGetTimeOfNextVarHit
```

```
% Return the time of the next hit for this block. Note that the result is
% absolute time.   Note that this function is only used when you specify a
% variable discrete-time sample time [-2 0] in the sample time array in
% mdlInitializeSizes.
%==========mdlGetTimeOfNextVarHit 函数====================
function sys=mdlGetTimeOfNextVarHit(t,x,u)
sampleTime=1;       %   Example, set the next hit to be one second later.
sys=t + sampleTime;
% end mdlGetTimeOfNextVarHit

%============mdlTerminate 函数======================
% Perform any end of simulation tasks.
function sys=mdlTerminate(t,x,u)
sys=[];
% end mdlTerminate
```

下面举一个例子来说明这个函数。

【例 5-1】 系统的传递函数为

$$\frac{1}{s+1}$$

可以设置其状态空间表达式为

$$\begin{cases}\dfrac{\mathrm{d}x(t)}{\mathrm{d}t}=x(t)+u(t)\\ y(t)=x(t)\end{cases}$$

按照以下步骤进行 S-函数的编辑：

1）将图 5-9 中的传递函数模块，用 S-Function 模块替代，并将模块中的函数名称改为 mysfun，最后模块界面如图 5-23 所示。

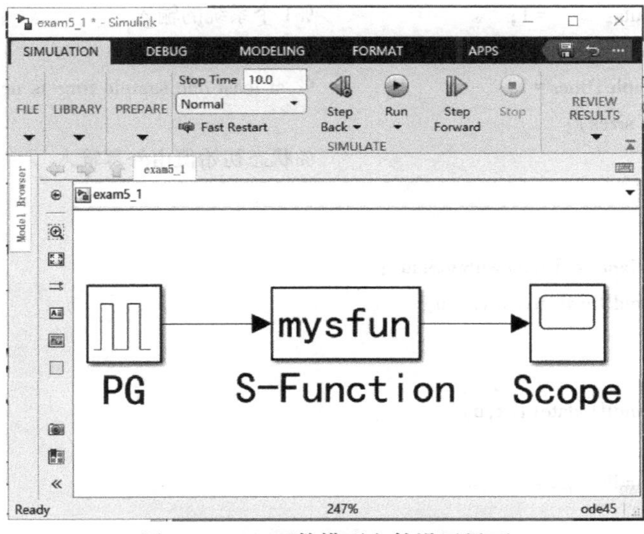

图 5-23　S-函数模型文件设置界面

2）在命令窗口输入 edit sfuntmpl，打开一个模板文件 sfuntmpl，当然也可以通过模板例程模块完成这项工作。将模板文件重新命名为 mysfun，并存储到当前的工作文件夹中。

3）如果需要增加一些额外的变量，需要在文件中增加一些变量的命名及设置，如文件中的 x_ini 初始值变量。然后将 M 文件中的变量进行相应的设置，改变相应函数体的内容（见加粗斜体字标注的部分）。其代码如下：

```
function [sys,x0,str,ts,simStateCompliance]=mysfun(t,x,u,flag,x_ini)
switch flag,
    case 0,
      [sys,x0,str,ts,simStateCompliance]=mdlInitializeSizes(x_ini);
    case 1,
      sys=mdlDerivatives(t,x,u);
    case 2,
      sys=mdlUpdate(t,x,u);
    case 3,
sys=mdlOutputs(t,x,u);
    case 4,
      sys=mdlGetTimeOfNextVarHit(t,x,u);
    case 9,
      sys=mdlTerminate(t,x,u);
   otherwise
      DAStudio.error('Simulink:blocks:unhandledFlag', num2str(flag));
end
function [sys,x0,str,ts,simStateCompliance]=mdlInitializeSizes(x_ini)
sizes=simsizes;
sizes.NumContStates   =1;                    %连续状态变量的设置
sizes.NumDiscStates   =0;
sizes.NumOutputs      =1;                    %1个系统的输出
sizes.NumInputs       =1;                    %1个系统的输入
sizes.DirFeedthrough=1;                      %直连无
sizes.NumSampleTimes=1;                      % at least one sample time is needed
sys=simsizes(sizes);
x0   =x_ini;                                 %状态初始值由外部输入
str=[];
ts=[0 0];
simStateCompliance='UnknownSimState';
function sys=mdlDerivatives(t,x,u)
dx=-x+u;
sys=dx;
function sys=mdlUpdate(t,x,u)
sys=[];
function sys=mdlOutputs(t,x,u)
sys=x;
function sys=mdlGetTimeOfNextVarHit(t,x,u)
```

```
sampleTime = 1;          %Example, set the next hit to be one second later.
sys = t + sampleTime;
function sys = mdlTerminate(t,x,u)
sys = [ ];
```

4）单击 S-函数模块，加入相应的额外参数 x_ini，如图 5-24 所示。

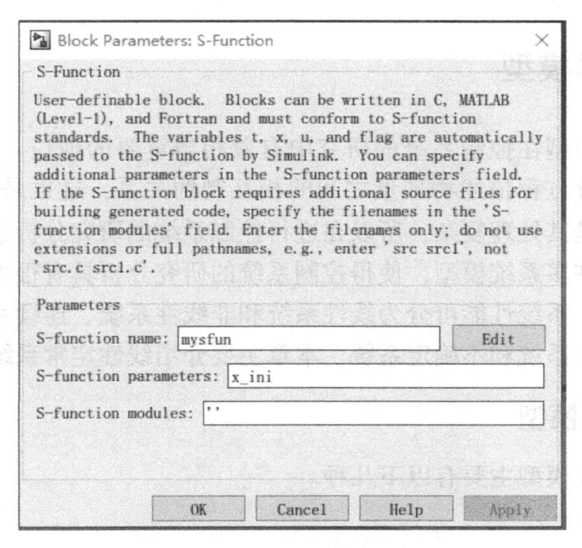

图 5-24　S-函数设置界面

5）确认系统设置编辑完毕后，在 MATLAB 工作空间，输入 x_ini 的初始值，比如 0。

6）运行该 S-函数的系统模型文件。

7）单击示波器模块，示波器显示如图 5-25 所示。

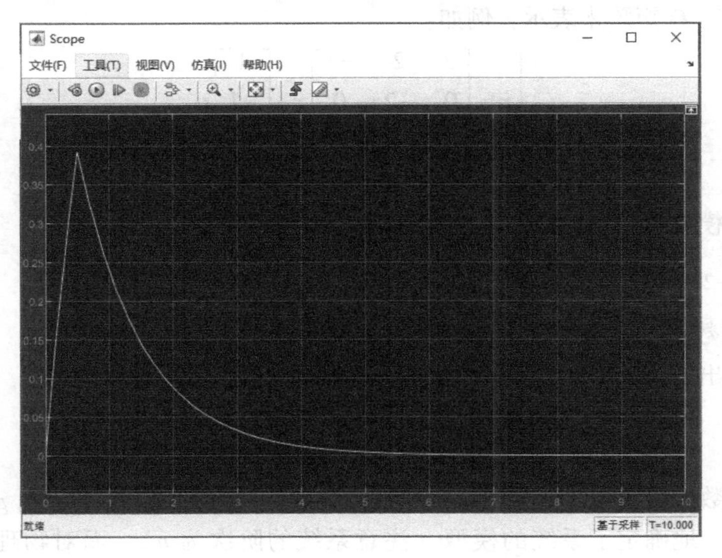

图 5-25　S-函数示波器输出界面

从结果可以看出，此处 S-函数的功能和传递函数模块是一样的。

第 6 章　MATLAB 在自动控制原理中的应用

6.1　系统的数学模型

6.1

控制系统的数学模型在控制系统的研究中有着相当重要的地位。对于动态系统，常常用微分方程描述物理量之间的相互制约关系，这也是时域的重要模型之一，但是其处理复杂，所以在进行控制系统的研究分析过程中，科学家在微分方程的基础上提出了许多系统模型，使得控制系统的研究分析具有很大便利性。

对于控制系统，按系统性能可分为线性系统和非线性系统、连续系统和离散系统、定常系统和时变系统、确定系统和不确定系统。本章主要介绍线性定常系统的仿真。

6.1.1　连续系统的模型

线性定常连续系统模型主要有以下几种。

（1）状态空间型

$$\begin{aligned}\dot{\boldsymbol{x}}&=\boldsymbol{Ax}+\boldsymbol{Bu}\\ \boldsymbol{y}&=\boldsymbol{Cx}+\boldsymbol{Du}\end{aligned} \tag{6-1}$$

如果系统是 n 阶的，输入有 nu 个，输出有 ny 个，则 $\boldsymbol{A}$ 为 $n\times n$ 阶，$\boldsymbol{B}$ 为 $n\times nu$ 阶，$\boldsymbol{C}$ 为 $ny\times n$ 阶，而 $\boldsymbol{D}$ 为 $ny\times nu$ 阶矩阵，对单输入单输出（SISO）系统，$ny=nu=1$。在 MATLAB 中可以用 $\boldsymbol{A}$、$\boldsymbol{B}$、$\boldsymbol{C}$、$\boldsymbol{D}$ 矩阵来表示，例如：

$$\begin{cases}\dot{\boldsymbol{x}}=\begin{bmatrix}2 & 2 & -1\\ 0 & -2 & 0\\ 1 & -4 & 3\end{bmatrix}\boldsymbol{x}+\begin{bmatrix}1\\ -1\\ 1\end{bmatrix}\boldsymbol{u}\\ \boldsymbol{y}=\begin{bmatrix}0 & 1 & 1\end{bmatrix}\boldsymbol{x}\end{cases}$$

其状态方程模型在 MATLAB 命令窗口中输入以下代码即可得到：

```
>>A=[-2,2,-1;0,-2,0;1,4,3];B=[1;-1;1];C=[0,1,1];D=0;
```

（2）传递函数型

单输入单输出（SISO）n 阶系统的传递函数为

$$H(s)=\frac{f(1)s^m+f(2)s^{m-1}+\cdots+f(m)s+f(m+1)}{g(1)s^n+g(2)s^{n-1}+\cdots+g(n)s+g(n+1)}=\frac{f(s)}{g(s)} \tag{6-2}$$

已知分子系数矢量 $\boldsymbol{f}=[f(1),f(2),\cdots,f(m+1)]$、分母系数矢量 $\boldsymbol{g}=[g(1),g(2),\cdots,g(n+1)]$，就唯一地确定了系统的模型（注意系统的阶次为 n）。而对物理可实现的系统，必有 $n\geqslant m$。在 MATLAB 中可以用分子、分母多项式的系数向量得到，例如：

$$H(s)=\frac{5s+1}{s^2+2s+3}$$

其传递函数模型在MATLAB命令窗口中输入以下代码即可得到：

```
>>num=[5 1];den=[1 2 3];
```

（3）零极点增益型

对传递函数分子和分母进行因式分解，可得

$$H(s)=\frac{k(s-z(1))(s-z(2))\cdots(s-z(m))}{(s-p(1))(s-p(2))\cdots(s-p(n))} \tag{6-3}$$

令$\boldsymbol{z}=[z(1),z(2),\cdots,z(m)]$为系统的零点矢量，$\boldsymbol{p}=[p(1),p(2),\cdots,p(n)]$为系统的极点矢量，$k$为系统增益，它是一个标量。可以看出，$H(s)$有$m$个零点、$n$个极点。物理可实现系统的$n\geqslant m$，系统的模型将由矢量$\boldsymbol{z}$、$\boldsymbol{p}$及增益$k$唯一确定，故称为零极点增益模型。零极点增益模型通常用于描述SISO系统，并可以推广到MISO系统。在MATLAB中可以用分子分母多项式的系数向量得到，例如：

$$H(s)=\frac{5(s-1)(s+2)}{(s-5)(s+3)(s-2)}$$

其零极点增益模型在MATLAB命令窗口中输入以下代码即可得到：

```
>>z=[1-2];p=[5-3 2];k=5;
```

（4）极点留数型

如果零极点增益模型中的极点都是单极点，将它分解为部分分式，可得

$$H(s)=\frac{r(1)}{s-p(1)}+\frac{r(2)}{s-p(2)}+\cdots+\frac{r(n)}{s-p(n)}+h \tag{6-4}$$

其中，$\boldsymbol{p}=[p(1),p(2),\cdots,p(n)]$仍为极点矢量，而$\boldsymbol{r}=[r(1),r(2),\cdots,r(n)]$为对应于各极点的留数矢量，$\boldsymbol{p}$、$\boldsymbol{r}$两个矢量及常数$h$唯一地确定了系统的模型。在MATLAB中可以用分子分母多项式的系数向量得到，例如：

$$H(s)=\frac{1}{s-5}+\frac{2}{s+3}$$

其极点留数模型在MATLAB命令窗口中输入以下代码即可得到：

```
>>r=[1 2];p=[5,-3];h=[];
```

以上4个模型中，第一个模型是由状态空间矩阵$\boldsymbol{A}$、$\boldsymbol{B}$、$\boldsymbol{C}$、$\boldsymbol{D}$的组合来描述的，系统的内部情况是通过内部状态变量来表征，对于整个仿真系统而言，该模型是一个白箱或者灰箱，既有外部特性也有内部特性，且其内部的状态变量的选择也不是唯一的，也就意味着同样一个模型可以有多种状态空间描述。后三个模型是描述系统的输入输出的外部特性，对于整个仿真系统而言，系统内部状态是不清楚的，是黑箱，模型也是唯一的。以上模型形式还有对应的离散化的连续系统模型，在此不再赘述。

6.1.2 模型转换

从前一节的叙述中，可知各种模型可以由各个系数矩阵或向量表示，在MATLAB中可以采用矩阵计算的方式来进行模型的转换，例如，传递函数型到零极点增益型，可以利用内部函数roots来求出分子多项式和分母多项式的根，然后用两个多项式的最高次项的系数进行除法运算得到系统的增益。

如传递函数：

$$H(s)=\frac{5s+1}{s^2+2s+3} \tag{6-5}$$

在命令窗口输入以下命令，就可以得到相应的零极点增益模型。

```
>>z=roots([5,1]);p=roots([1,2,3]);k=5/1;
```

MATLAB 中也提供了模型转换的函数，来完成这项工作。如上例中可以用 tf2zpk 函数得到相同结果：

```
>>[z,p,k]=tf2zpk([5,1],[1,2,3])
```

和 tf2zpk 函数类似的转换函数见表 6-1。

表 6-1 模型转换函数表

函　　数	函 数 功 能
tf2zpk	传递函数模型转换为零极点增益模型
tf2ss	传递函数模型转换为状态空间模型
residue	传递函数模型和极点留数模型相互转换，可以通过输入的变量个数来判别转换方向
zpk2tf	零极点增益模型转换为传递函数模型
zpk2ss	零极点增益模型转换为状态空间模型
ss2tf	状态空间模型转换为传递函数模型
ss2zpk	状态空间模型转换为零极点增益模型
ss2ss	状态空间模型转换为另外一种状态空间模型

6.2 控制系统工具箱和 LTI 对象

6.2

由 6.1 节可知，系统的模型可以由向量或矩阵的组合得到，而各个系统都有相应的属性，通过向量和矩阵的计算可以得到系统属性，但不能针对控制系统来全面表述该系统的属性。在 MATLAB 中，基于面向对象的设计思想，建立了专用的数据结构类型，将各种模型封装成统一的 LTI 对象，在一个名字下包含了该系统的所有属性。该数据结构和相关的函数就构成了针对控制系统的工具箱（Toolbox），其他专业或行业也有各自的工具箱。在 MATLAB 中与控制相关的基础工具箱主要有 6 个：控制系统工具箱（Control System Toolbox）、系统辨识工具箱（System Identification Toolbox）、模型预测控制工具箱（Model Predictive Control Toolbox）、鲁棒控制工具箱（Robust Control Toolbox）、神经网络工具箱（Neural Network Toolbox）和模糊逻辑工具箱（Fuzzy Logic Toolbox）。本书主要介绍控制系统工具箱的应用，各个工具箱都具有开放性和可扩展性，用户可创建自己的 M 文件。

在 MATLAB 中，专门提供了面向系统对象模型的系统设计工具，在命令窗口中输入 ltiview 和 sisotool，可以分别得到线性时不变系统浏览器（LTI Viewer，见图 6-1）和单输入单输出线性系统设计工具（SISO Design Tool，见图 6-2）。利用 LTI Viewer 可方便地获得系统的各种时域响应和频率特性等曲线，并得到系统的性能指标，SISO Design Tool 设计具有极点配置、最优控制和最小二乘估计功能。

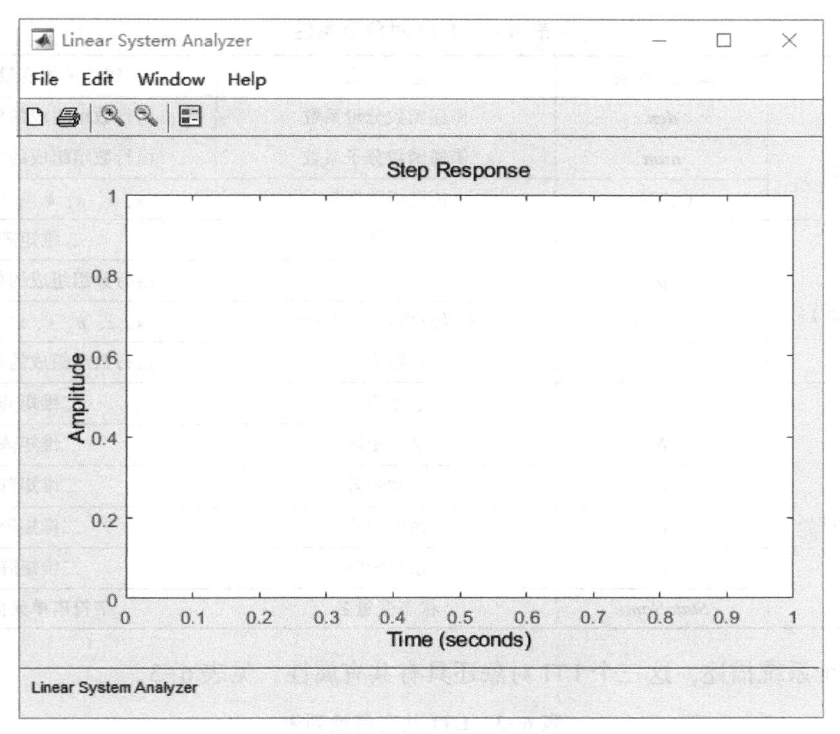

图 6-1　线性时不变系统浏览器

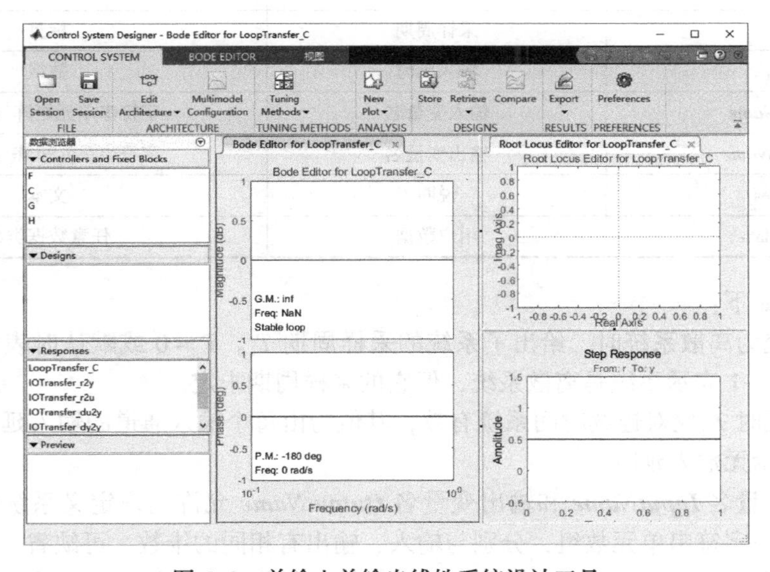

图 6-2　单输入单输出线性系统设计工具

6.2.1　LTI 对象

一个线性时不变系统可以采用不同方法来进行描述，每种方法又有几个参数矩阵，统一的 LTI 对象可以使系统的调用和计算更加方便。MATLAB 控制系统工具箱中规定的 LTI 对象包含三种子对象：tf 对象、zpk 对象和 ss 对象，具体见表 6-2。

表 6-2　LTI 对象及属性

对象名称	属性名称	意　义	属性值的变量类型
tf 对象（传递函数）	***den***	传递函数分母系数	由行数组组成的单元阵列
	num	传递函数分子系数	由行数组组成的单元阵列
	variable	传递函数变量	s、z、p、k、z^{-1}中之一
zpk 对象（零极点增益）	***k***	增益	二维矩阵
	p	极点	由行数组组成的单元阵列
	variable	零极点增益模型变量	s、z、p、k、z^{-1}中之一
	z	零点	由行数组组成的单元阵列
ss 对象（状态空间）	***a***	系数矩阵	二维矩阵
	b	系数矩阵	二维矩阵
	c	系数矩阵	二维矩阵
	d	系数矩阵	二维矩阵
	e	系数矩阵	二维矩阵
	StateName	状态变量名	字符串单元向量

作为一个系统描述，这三个 LTI 对象还具有共有属性，见表 6-3。

表 6-3　LTI 共有属性列表

属性名称	意　义	属性值的变量类型
T_s	采样周期	标量
T_d	输入延时	数组
InputName	输入变量名	字符串单元矩阵（数组）
OutputName	输出变量名	字符串单元矩阵（数组）
Notes	说明	文本
Userdata	用户数据	任意数据类型

属性说明如下：

1）当系统为离散系统时，给出了系统的采样周期 T_s。$T_s=0$ 或默认时表示系统为连续时间系统；$T_s=-1$ 表示系统是离散系统，但它的采样周期未定。

2）输入延时 T_d仅对连续时间系统有效，其值为由每个输入通道的输入延时组成的延时数组，默认表示无输入延时。

3）输入变量名 ***InputName*** 和输出变量名 ***OutputName*** 允许用户定义系统输入、输出的名称，其值为一字符串单元数组，分别与输入、输出有相同的维数，可缺省。

4）Notes 和用户数据 Userdata 用以存储模型的其他信息，常用于给出描述模型的文本信息，也可以包含用户需要的任意其他数据，可缺省。

【例 6-1】 传递函数如下：

$$H(s)=\frac{5s+1}{s^2+2s+3}$$

```
>>num=[5 1];den=[1 2 3];
>>systf=tf(num,den)          %生成传递函数 LTI 对象
```

运行结果：

```
systf=
        5 s+1
   ----------
     s^2+2 s+3
Continuous-time transfer function. num.
```

由结果可知，该系统为连续传递函数模型。

系统模型的属性和方法可以用 get 和 set 函数来读取或设置，其基本格式如下：

```
get(sys,'PropertyName',数值,…);        %获得 LTI 对象的属性
set(sys,'PropertyName',数值,…);        %设置和修改 LTI 对象的属性
```

【例 6-2】

```
>>get(systf)
          num: {[0 5 1]}
          den: {[1 2 3]}
     Variable: 's'
      ioDelay: 0
   InputDelay: 0
  OutputDelay: 0
           Ts: 0
     TimeUnit: 'seconds'
    InputName: {''}
    InputUnit: {''}
   InputGroup: [1x1 struct]
   OutputName: {''}
   OutputUnit: {''}
  OutputGroup: [1x1 struct]
         Name: ''
        Notes: {}
     UserData: []
```

上面列出了传递函数 systf 所具有的属性及其值，可以通过 set 函数改变其属性值。

【例 6-3】 输入以下语句：

```
>>set(systf,'Variable','p')
>>systf
```

得到如下结果：

```
systf=
```

```
      5 p+1
  ------------
    p^2+2 p+3
Continuous-time transfer function.
```

由结果可知，传递函数的变量由‘s’变成了‘p’。另外，可以用表6-4所列函数进行模型参数的读取。

表6-4 对象属性的获取和修改函数

函数名称及基本格式	功　　能
get(sys,‘PropertyName’,数值,…)	获得LTI对象的属性
set(sys,‘PropertyName’,数值,…)	设置和修改LTI对象的属性
ssdata,dssdata(sys)	获得变换后的状态空间模型参数
tfdata(sys)	获得变换后的传递函数模型参数
zpkdata(sys)	获得变换后的零极点增益模型参数
class	模型类型的检测

6.2.2 LTI模型对象生成及转换

LTI模型的生成都有相应的函数（见表6-5）来完成，模型对象之间的转换也可以用这些函数来完成。

表6-5 生成LTI模型的函数

函数名称及基本格式	功　　能
dss(a,b,c,d,…)	生成（或将其他模型转换为）描述状态空间模型
filt(num,den,…)	生成（或将其他模型转换为）DSP形式的离散传递函数
ss(a,b,c,d,…)	生成（或将其他模型转换为）状态空间模型
tf(num,den,…)	生成（或将其他模型转换为）传递函数模型
zpk(z,p,k,…)	生成（或将其他模型转换为）零极点增益模型

【例6-4】某零极点增益式为

$$H(s)=\frac{5(s-1)(s+2)}{(s-5)(s+3)(s-2)}$$

输入以下代码得到零极点增益模型：

```
>>z=[1 -2];p=[5 -3 2];k=5;
syszpk=zpk(z,p,k)
%得到零极点增益模型
syszpk=
        5(s-1)(s+2)
   -----------------
     (s-5)(s-2)(s+3)
Continuous-time zero/pole/gain model.
```

输入以下代码将零极点增益模型转换为状态空间模型：

```
>>sysss=ss(syszpk)
    %ss 函数将零极点增益模型转换为状态空间模型
sysss=
  a=
           x1   x2   x3
       x1   2   -1    1
       x2   0   -3    1
       x3   0    0    5

  b=
           u1
       x1   0
       x2   0
       x3   4

c=
           x1        x2      x3
     y1   1.25   -1.25    1.25

d=
         u1
     y1   0

Continuous-time state-space model.
```

6.2.3 LTI 典型对象的生成

在系统建模中，MATLAB 提供了部分函数来产生一些特定模型，其函数见表 6-6。

表 6-6　模型检测函数

函数名称及调用格式	功　能
sys=rss(N,P,M)	随机生成 *N* 阶稳定的连续状态空间模型函数
[num,den]=rmodel(N,P)	随机生成 *N* 阶稳定的连续线性模型系数函数
sys=drss(N,P)	离散时间 *N* 阶稳定随机系统生成函数
[A,B,C,D]=ord2(Wn,Z)	二阶系统生成函数
sysp=pade(sys,N)	系统时间延迟的 Pade 近似函数

【例 6-5】

```
>>sys=drss(3,4)
%得到一个离散的模型对象
sys=
```

```
a=
           x1         x2          x3
   x1   0.3325    -0.5981     -0.1902
   x2  -0.2371     0.3206     -0.5838
   x3    0.581     0.1985   -0.0008821

b=
        u1
   x1        0
   x2  -0.6669
   x3        0

c=
        x1         x2       x3
   y1  -0.08249   0.8404     0
   y2       0        0       0
   y3    -0.439   0.1001   0.49
   y4    -1.795        0  0.7394

d=
        u1
   y1   1.712
   y2       0
   y3  -2.138
   y4       0

Sample time: unspecified
Discrete-time state-space model.
```

6.2.4 LTI 典型对象模型检测

MATLAB 还提供了一些检测函数来进行系统模型对象的属性或特征的检测，该类函数见表 6-7。

表 6-7 模型检测函数

函数名称及调用格式	功 能
isct(sys)	判断 LTI 对象 sys 是否为连续时间系统。若是，返回 1；否则返回 0
isdt(sys)	判断 LTI 对象 sys 是否为离散时间系统。若是，返回 1；否则返回 0
isempty(sys)	判断 LTI 对象 sys 是否为空。若是，返回 1；否则返回 0
isproper	判断 LTI 对象 sys 是否为特定类型对象。若是，返回 1；否则返回 0
issiso(sys)	判断 LTI 对象 sys 是否为 SISO 系统。若是，返回 1；否则返回 0
size(sys)	返回系统 sys 的维数

【例 6-6】

```
>>sys=drss(3,4);
isdt(sys)
ans=
     1
```

可知 sys 系统模型对象是离散时间系统。

6.2.5 LTI 连续系统模型和离散系统模型之间的转换

MATLAB 中可以实现连续系统和离散系统（采样系统）之间的转换，主要函数见表 6-8。

表 6-8　连续系统与离散系统之间的转换函数

函数名称及调用格式	功　能
sysd=c2d(sysc,Ts,method)	连续系统转换为采样系统
sysc=d2c(sysd,method)	采样系统转换为连续系统
sys=d2d(sys,Ts)	采样系统改变采样频率

【例 6-7】

```
>>sysc=tf([5 1],[1 2 3])      %生成连续传递函数 LTI 对象
sysc=
         5s+1
    ----------
      s^2+2 s+3
Continuous-time transfer function.
>>sysd=c2d(sysc,0.1,'zoh')
%生成离散传递函数 LTI 对象,采样频率为 0.1 s,零阶保持器采样
sysd=

         0.4556 z-0.4465
    -------------------
      z^2-1.792 z+0.8187

Sample time: 0.1 seconds
Discrete-time transfer function.
```

6.3 控制系统模型的组合连接

6.3

通过模型的组合连接，简单的控制系统模型可以组成复杂的系统，在 MATLAB 中可以通过表 6-9 所示的函数来完成这项工作，这些函数有的仅适用于矩阵形式的系统模型，有的仅适用于 LTI 的系统模型对象。下面的章节中，将以 LTI 的模型仿真计算为主。

表 6-9　模型组合连接函数

函数名称及调用格式	功　能
[nc,dc]=cloop(n,d,sign)或[Ac,Bc,Cc,Dc]=cloop(A,B,C,D)	系统模型单位反馈连接，sign=1 为单位正反馈，sign=-1 为单位负反馈，sign 可省略，默认为单位负反馈
sys=series(SA,SB)	系统模型串联连接函数，两类模型都可用
sys=parallel(SA,SB)	系统模型并联连接函数，两类模型都可用
S=feedback(SA,SB,sign)	系统模型反馈连接函数，SA 为主模型，SB 为反馈模型。sign=1 为正反馈，sign=-1 为负反馈，sign 可省略，默认为负反馈
SAP=append(s1,s2,…,sn)	建立无连接的状态空间模型 SAP
connect	将 append 建立的模型的各个部分进行连接

【例 6-8】

```
>>n1=[10];d1=[1,2,0];
n2=[0.2,1];d2=[0.01,1];
[n,d]=feedback(n1,d1,n2,d2,1)      %两个系统模型的正反馈连接
n=

        0         0    0.1000    10.0000
d=

    0.0100    1.0200         0   -10.0000
```

【例 6-9】

```
>>systf=tf([10],[1,2,0]);
syszpk=zpk([1 -2],[5 -3 2],5);
sysf=feedback(systf,syszpk)      %两个 LTI 系统模型反馈连接

sysf=
                         10(s-2)(s-5)(s+3)
     -------------------------------------------------
     (s+4.115)(s+2)(s-0.7087)(s^2-7.406s+17.14)

Continuous-time zero/pole/gain model.
```

对于复杂系统的任意组合，在 MATLAB 中则采用集成的软件包，让机器自动完成复杂的组合，人们只要输入各环节的 LTI 模型和相应的连接矩阵与输入矩阵，指定输出变量，软件包会自动判别输入的模型表述方式，进行相应的运算并最后给出组合后系统的状态方程。在求解过程中，主要涉及 append( )函数和 connect( )函数。

【例 6-10】 某系统的组成如图 6-3 所示。

系统 2 的状态参数矩阵为

```
A=[-9,7;1,3];
```

```
B=[1,2;0.02,-1];
C=[3,5;0.05,1];
D=[0.6,5;0.2,1];
```

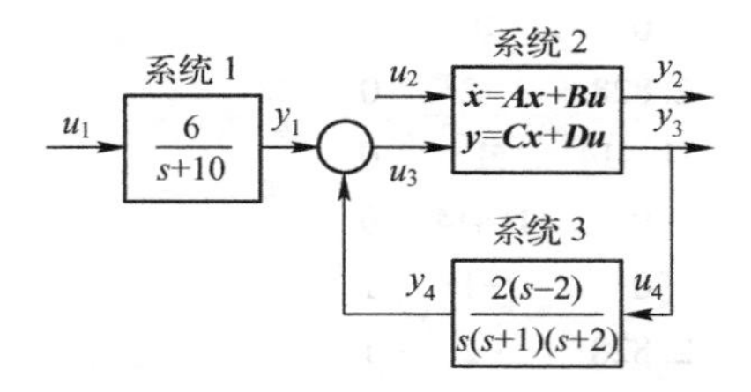

图 6-3　系统组成结构图

采用以下 5 个步骤来完成复杂模型的建立：

1）对框图中的各个环节进行编号，建立它们的对象模型。如图 6-3 所示。

2）利用 append( )函数命令建立无连接的状态空间模型。

```
sap=append(s1,s2,…,sn)
```

3）按规定写出系统的互联矩阵 $\boldsymbol{Q}$。

互联矩阵 $\boldsymbol{Q}$ 中的每一行由组合系统的一个输入编号和构成该输入的其他输出编号组成，其中该行的第一个元素为该输入的编号，接下来的元素则由构成该输入的其他子框的输出编号组成，如果为负反馈，则编号应取负号。本例中 $\boldsymbol{Q}$=[3 1 -4;4 3 0]。

4）选择组合系统中需保留的对外输入和输出端的编号并列出。

本例中 ***inputs***=[i1,i2,…],***outputs***=[j1,j2,…]。

5）用 connect 命令生成组合后的系统。

最终形成以下 M 文件代码：

```
%生成系统 1 的 LTI 对象
sys1=tf(6,[1 10],'inputname','u1');
%生成系统 2 的 LTI 对象
%输入系统 2 的参数
A=[-9,7;1,3];
B=[1,2;0.02,-1];
C=[3,5;0.05,1];
D=[0.6,5;0.2,1];
sys2=ss(A,B,C,D,'inputname',{'u2' 'u3'},'outputname',{'y1' 'y2'});
%生成系统 3 的 LTI 对象
sys3=zpk(2,[0,-1,1],2);
sys=append(sys1,sys2,sys3);%得到扩展系统
Q=[3 1 -4;4 3 0];%连接矩阵
inputs=[1 2];outputs=[2 3];%输入、输出
sysc=connect(sys,Q,inputs,outputs)%系统连接得到复杂系统模型
```

运行后得到以下结果：

```
sysc =
a =
        x1     x2    x3     x4       x5     x6
  x1   -10     0     0      0        0      0
  x2    6     -9     7      2.828   -2      0
  x3   -3      1     3     -1.414    1      0
  x4    0      0     0      0        1.414  0
  x5    0      0     0      0       -1      1
  x6    6      0.1   2      2.828   -2      1

b =
        u1    u2
  x1    2     0
  x2    0     1
  x3    0     0.02
  x4    0     0
  x5    0     0
  x6    0     0.4

c =
        x1    x2     x3    x4      x5    x6
  y1    15    3      5     7.071   -5    0
  y2    3     0.05   1     1.414   -1    0

d =
        u1    u2
  y1    0     0.6
  y2    0     0.2
Continuous-time state-space model.
```

前面介绍的这些函数都是在 M 文件中得到系统模型，在 MATLAB 中，也可以利用Simulink 的模块文件编辑的方式来完成这项工作，然后再进行调用，但是要注意端口设置。例 6-10 的系统模型文件如图 6-4 所示。

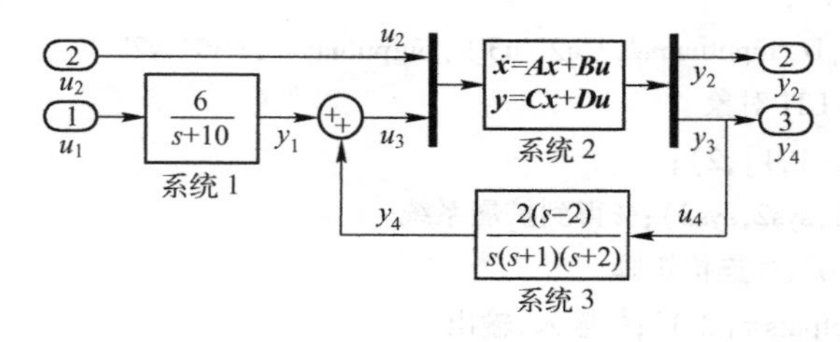

图 6-4　复杂组成系统模型文件图

6.4

6.4　控制系统分析函数

6.4.1　控制系统时域分析函数

1. 阶跃响应函数

功能：给定系统数学模型，求系统的单位阶跃响应。

调用格式见表 6-10。其输入可以是 LTI 的模型对象，也可以是矩阵描述的传递函数、状态空间方程等模型，以后章节不再赘述。

表 6-10　系统的阶跃响应函数

函数名称及调用格式	功　能
step(sys)	求系统的阶跃响应并绘图，时间向量 t 的范围自动设定
step(sys,t)	时间向量 t 的范围由人工设定，等间隔
[y,t]=step(sys)	返回变量格式。返回输出变量 y、时间向量 t，不绘图
[y,t,x]=step(sys)	返回变量格式。包括状态变量 x，不绘图

【例 6-11】

```
>>sys=tf([4],[1 1 4]);
step(sys)%绘制阶跃响应曲线(见图 6-5)
```

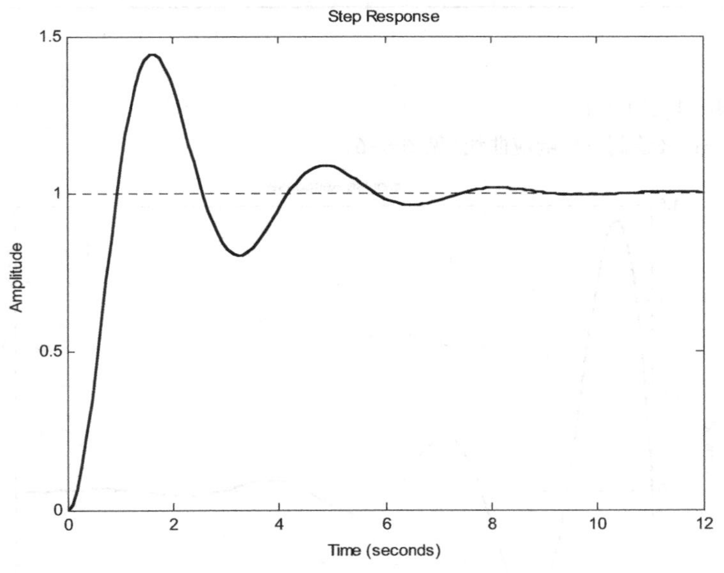

图 6-5　阶跃响应曲线图

```
>>[y,t,x]=step(sys);
MAX=max(y)%计算峰值
tp=spline(y,t,MAX)%求峰值时间
```

```
MAX=

    1.4432

tp=

    1.6579

tp=

1.6579
```

2. 脉冲响应函数

功能：给定系统数学模型，求系统的单位脉冲响应。

调用格式见表 6-11。

表 6-11 系统的脉冲响应函数

函数名称及调用格式	功 能
impulse(sys)	求系统的脉冲响应并绘图，时间向量 t 的范围自动设定
impulse(sys,t)	时间向量 t 的范围由人工设定，等间隔
[y,t]=impulse(sys)	返回变量格式。返回输出变量 y、时间向量 t，不绘图
[y,t,x]=impulse(sys)	返回变量格式。包括状态变量 x，不绘图

【例 6-12】

```
>>sys=tf([4],[1 1 4]);
impulse(sys)%绘制脉冲响应曲线(见图 6-6)
```

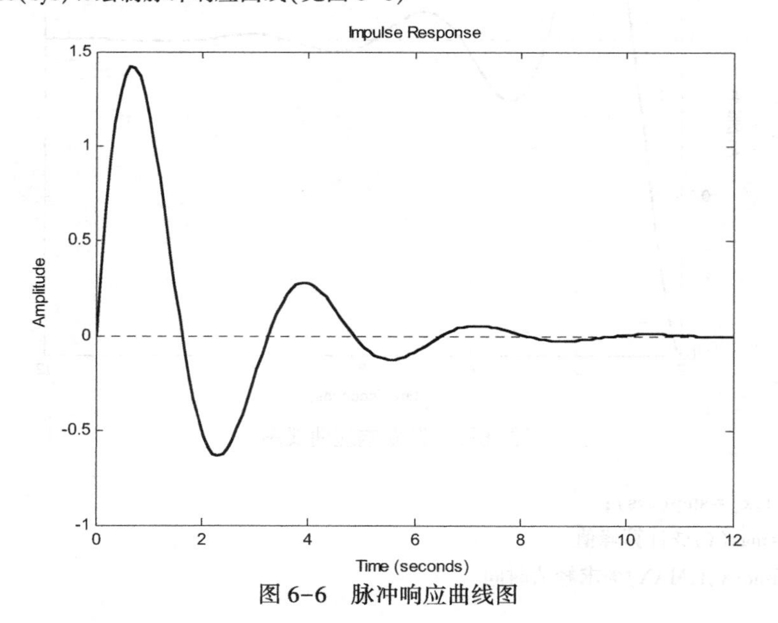

图 6-6 脉冲响应曲线图

```
>>[y,t,x]=impulse(sys);%计算误差面积
trapz(t,y)
ans=
    1.0002
```

3. 根轨迹分析函数

功能：给定系统的开环模型，绘制根轨迹图或计算根轨迹变量。

调用格式见表6-12。

表6-12　系统的根轨迹分析函数

函数名称及调用格式	功　能
rlocus(sys)	根据传递函数模型绘制系统的根轨迹图，增益 k 为机器自适应产生的从 $0\to\infty$ 的增益向量
rlocus(sys,k)	k 为人工给定的增益向量
r=rlocus(sys,k)	返回变量格式，不绘图。r 为返回的闭环根矩阵
[r,k]=rlocus(sys)	返回变量格式，不绘图。k 为返回增益值

【例6-13】

```
>>sys=tf([1],[1,2,10,0]);
rlocus(sys)%绘制根轨迹曲线(见图6-7)
```

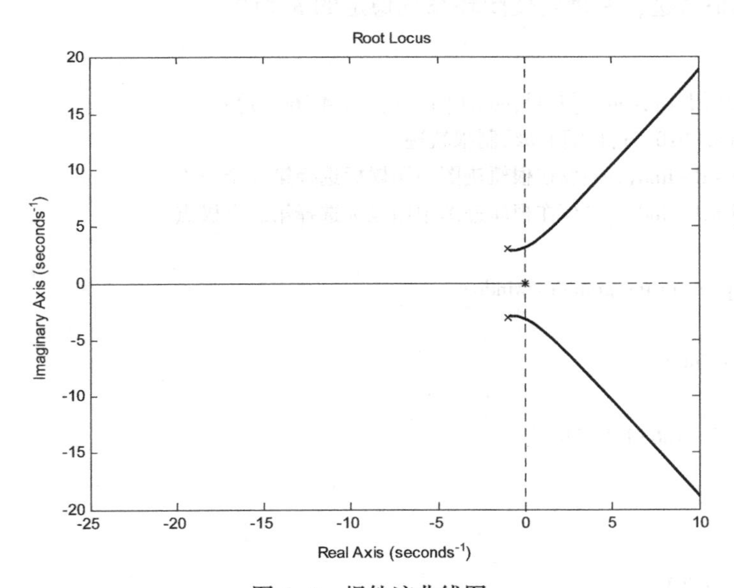

图6-7　根轨迹曲线图

```
>>[r,k]=rlocus(sys);%得到根轨迹的极点和增益的向量
kg=spline(real(r(2,1:end-1)),k(1:end-1),0)
```

```
%求临界稳定时的系统参数,end-1把无穷大增益元素从k增益序列中删除

kg=
    20.0000
```

4. 其他分析函数

功能：进行系统根轨迹的坐标点或零极点分布的分析。

调用格式见表6-13。

表6-13 其他常用根轨迹分析函数

函数名称及调用格式	功　能
[k,p]=rlocfind(sys)	在已经绘出的根轨迹图上，用鼠标选择闭环极点的位置后，返回对应闭环极点的根轨迹增益值 k 和对应的 n 个闭环根，并在图上标注十字。使用该命令前，需要用 rlocus( ) 指令绘出根轨迹图
[k,p]=rlocfind(sys,p)	右变量 p 为根轨迹上某点坐标值，返回对应该点的根轨迹增益值 k 和对应的 n 个闭环根
pzmap(sys)	绘出零极点在 s 平面上的位置，零点标记为‘o’，极点标记为‘×’
[p,z]=pzmap(sys)	返回零极点值，不绘图

【例6-14】

非最小相位系统的开环传递函数为

$$G(s)=\frac{K_g(s+1)}{s(s-1)(s^2+4s+16)}$$

试绘制该系统的根轨迹，并确定使闭环系统稳定的 K_g 范围。

代码如下：

```
>>sys=tf([1 1],conv([1 0],conv([1 -1],[1 4 16])));
rlocus(sys,[0:0.01:100])%绘制根轨迹
[k1,p1]=rlocfind(sys)%在根轨迹图中用鼠标选择第一个极点
[k2,p2]=rlocfind(sys)%在根轨迹图中用鼠标选择第二个极点

Select a point in the graphics window

selected_point=

        0.0166+1.5373i

k1=

      22.8961

p1=

      -1.5118+2.7256i
```

```
   -1.5118-2.7256i
   0.0118+1.5351i
   0.0118-1.5351i

Select a point in the graphics window

selected_point=

                 0.0024+2.5932i

k2=

   36.1019

p2=

   0.0142+2.5862i
   0.0142-2.5862i
   -1.5142+1.7621i
   -1.5142-1.7621i
```

绘制的图形如图 6-8 所示，由结果可以看出，系统增益大致的稳定区间为 22~36。

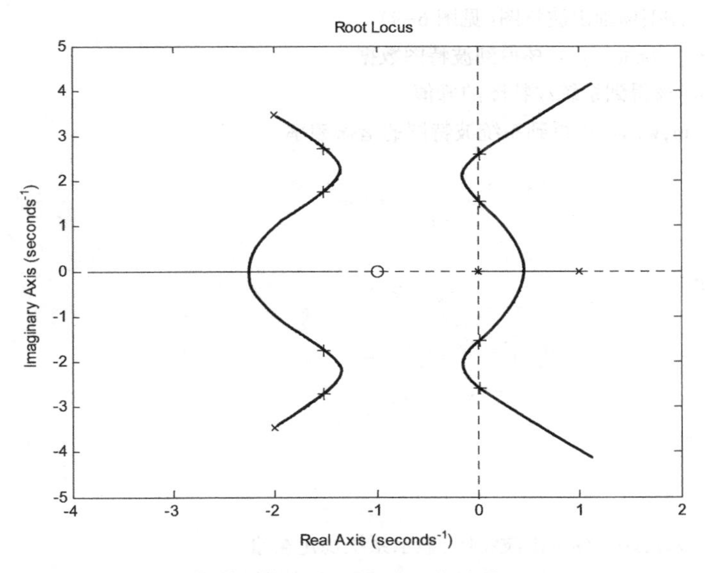

图 6-8　rlocfind 选择极点效果图

6.4.2　控制系统频域分析函数

1. 波特图函数

功能：进行系统模型对数频率特性绘图及数据分析。

调用格式见表 6-14。

表 6-14 系统频域波特图分析函数

函数名称及调用格式	功 能
bode(sys)	对给定开环系统模型绘制波特图，频率向量 ω 自动给出。当开环模型以状态空间模型给出时须指定第几个输入
bode(sys,w)	对给定开环系统模型绘制波特图，频率向量 ω 由人工给出。单位为 rad/s，可以由命令 logspace 得到对数等分的 ω 值
[m,p,w]=bode(sys)	返回变量式，不绘图。其中，m 为频率特性的幅值变量；p 为频率特性 $G(j\omega)$ 的辐角向量，单位为（°）；ω 为频率向量
margin(sys)	对给定开环系统的数学模型绘制波特图，并在图上标注幅值裕度 G_m 和对应的频率 ω_g、相位裕度 P_m 和对应的频率 ω_p。幅值裕度 G_m 单位为 dB
[Gm,Pm,wg,wp]=margin(sys)	返回变量格式，不绘图。返回幅值裕度 G_m 和对应的频率 ω_g、相位裕度 P_m 和对应的频率 ω_p
[Gm,Pm,wg,wp]=margin(sys,w)	给定频率特性的参数（幅值 m、相位 p 和频率 ω），由插值法计算幅值裕度 G_m 和对应的频率 ω_g、相位裕度 P_m 和对应的频率 ω_p

【例 6-15】控制系统的开环传递函数为

$$G(s)=\frac{10}{s^2+2s+10}$$

画出波特图，并确定谐振峰值的大小 M_r 与谐振频率 ω_r。

代码如下：

```
>>sys=tf([10],[1 2 10]);
bode(sys),grid;%画出波特图(见图 6-9)
>>[m,p,w]=bode(sys);%得到波特图数据
mr=max(m)%得到系统波特图的峰值
wr=spline(m,w,mr)%得到系统波特图的谐振频率

mr=

    1.6667

wr=

   2.8284
```

【例 6-16】

```
>>margin(sys),grid;%画出波特图,显示系统稳定裕量
    [gm1,pm1,wg1,wp1]=margin(sys)%画出波特图(见图 6-10),求出系统稳定裕量

gm1=

     Inf
```

```
pm1 =

    53.1445

wg1 =

    Inf
```

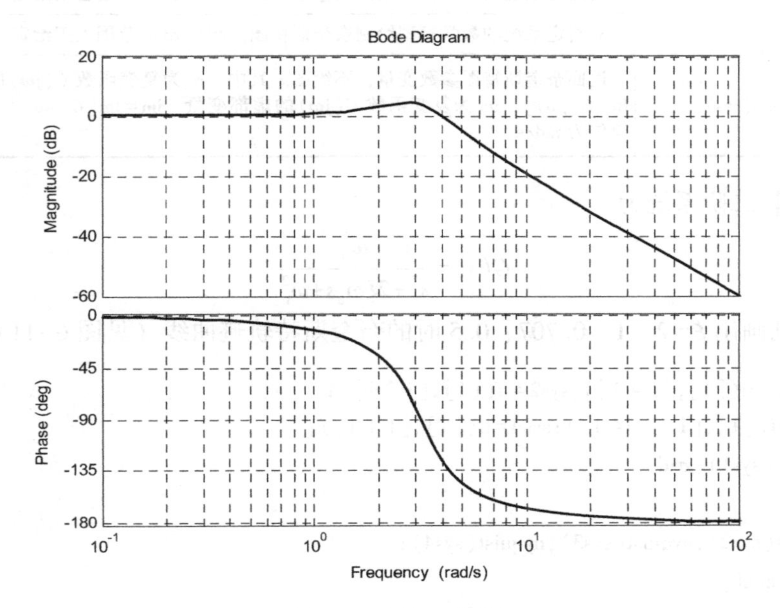

图 6-9　系统波特图

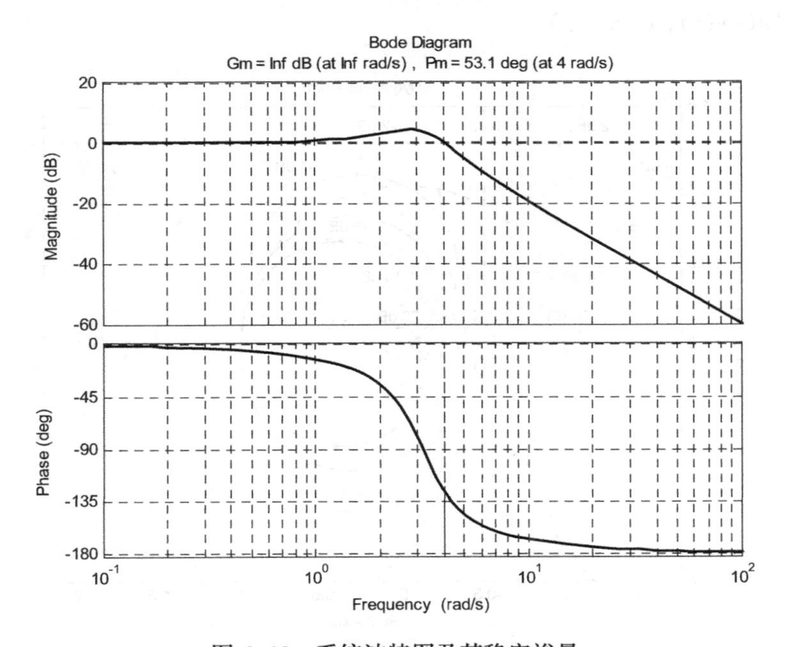

图 6-10　系统波特图及其稳定裕量

2. 奈奎斯特函数

功能：奈奎斯特轨迹曲线绘图及数据分析函数，即极坐标图。

调用格式见表 6-15。

表 6-15 奈奎斯特分析函数

函数名称及调用格式	功　能
nyquist(sys)	对给定系统的数学模型绘制奈奎斯特图。频率 ω 的范围自动给定
nyquist(sys,w)	对给定系统的数学模型绘制奈奎斯特图。频率 ω 的范围人工给定
[re,im,w]=nyquist(sys)	返回奈奎斯特图参数变量，不绘图。其中，re 为复变函数 $G(j\omega)$ 的实部变量，re=Re[$G(j\omega)$]；im 为复变函数 $G(j\omega)$ 的虚部变量，im=Im[$G(j\omega)$]；ω 为频率向量，单位为 rad/s

【例 6-17】 二阶系统为

$$G(s)=\frac{\omega_n^2}{s^2+2\xi\omega_n s+\omega_n^2}$$

令 $\omega_n=1$，分别画出 $\xi=2$、1、0.707、0.5 时的奈奎斯特轨迹曲线（见图 6-11）。

```
>>sys1=tf([1],[1 4 1]);sys2=tf([1],[1 2 1]);
sys3=tf([1],[1 1.414 1]);sys4=tf([1],[1 1 1]);
nyquist(sys1);grid;
hold on
nyquist(sys2);nyquist(sys3);nyquist(sys4);
axis('equal');
x=0:0.1:2*pi;
    plot(sin(x),cos(x),':')
```

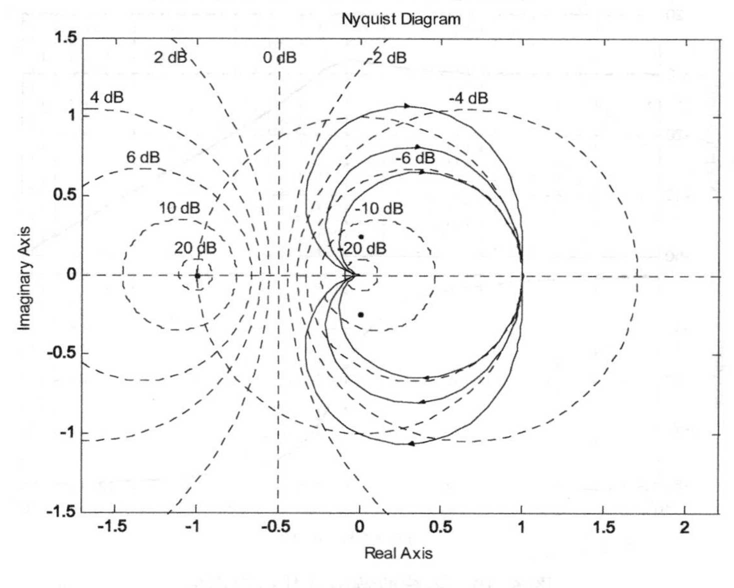

图 6-11 系统奈奎斯特图

3. 尼科尔斯函数

功能：尼科尔斯轨迹曲线绘图及数据分析函数。

调用格式见表 6-16。

表 6-16 尼科尔斯分析函数

函数名称及调用格式	功 能
nichols(sys)	对给定系统的数学模型绘制尼科尔斯图。频率 ω 的范围自动给定
nichols(sys,w)	对给定系统的数学模型绘制尼科尔斯图。频率 ω 的范围人工给定
[re,im,w]=nichols(sys)	返回尼科尔斯图参数变量，不绘图。其中，re 为复变函数 $G(j\omega)$ 的实部变量，re=Re[$G(j\omega)$]；im 为复变函数 $G(j\omega)$ 的虚部变量，im=Im[$G(j\omega)$]；ω 为频率向量，单位为 rad/s

【例 6-18】 二阶系统为

$$\frac{4s-18}{s^2+3s+22}$$

画出尼科尔斯曲线（见图 6-12）。

```
>>sys=tf([4 -18],[1 3 22]);
nichols(sys); ngrid
```

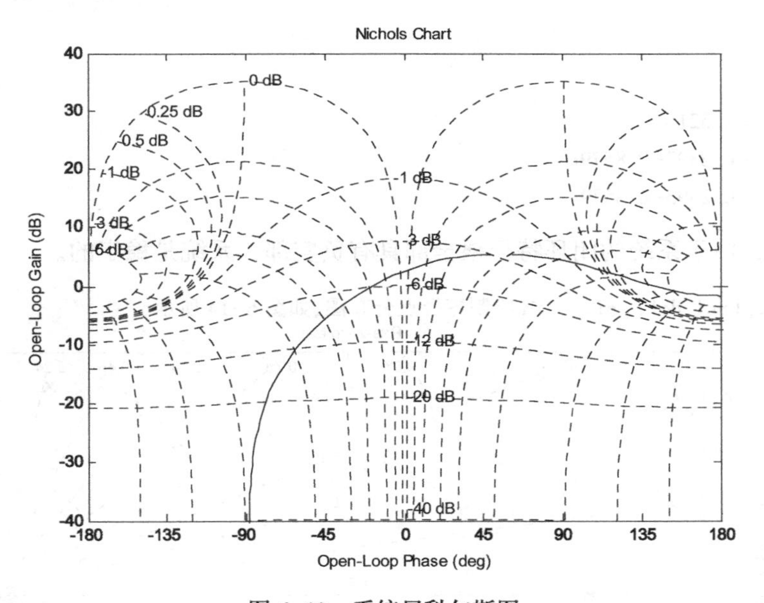

图 6-12 系统尼科尔斯图

6.5 控制系统分析及校正

6.5

借助于 MATLAB，控制系统的稳定性分析和校正十分方便，本节将在上几节介绍的函数的基础上，举几个例子说明对系统从时域和频域进行稳定性分析及校正。

6.5.1 控制系统时域稳定性分析

1. 时域稳定性分析

系统的稳定性取决于系统特征根的实部正负，对于系统的传递函数模型，特征方程的根全部具有负实部，则系统是稳定的。可以利用特征方程式多项式向量求根函数 roots(p)求取系统对应的特征根，也可以通过零极点绘图函数 pzmap(sys)绘图，以图形可视方式显示系统的稳定性。

【例 6-19】 控制系统结构图如图 6-13 所示，试分别确定 $k=2$、10 时系统的稳定性。

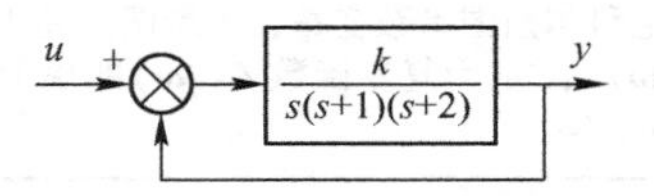

图 6-13　控制系统结构图

```
>>dz=[0,-1,-2];
do=poly(dz);
no1=[2];
[nc1,dc1]=cloop(no1,do);
roots(dc1)

ans=

        -2.5214
        -0.2393+0.8579i
        -0.2393-0.8579i
```

当 $k=2$ 时，由于系统的闭环特征根全部具有负实部，系统是稳定的。

```
>>pzmap(nc1,dc1),grid        %绘制零极点分布图,如图 6-14 所示
```

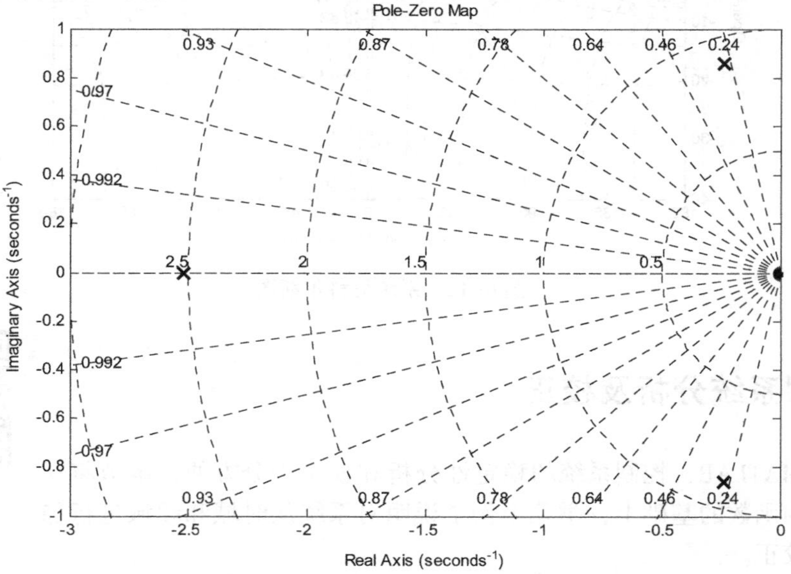

图 6-14　稳定系统的零极点分布图

```
>>no2=[10];
[nc2,dc2]=cloop(no2,do);
roots(dc2)

ans=
      -3.3089
      0.1545+1.7316i
      0.1545-1.7316i
```

当 $k=10$ 时，由于系统有一对共轭复数根的实部为正值，系统不稳定。

```
>>pzmap(nc2,dc2),grid      %绘制零极点分布图,如图 6-15 所示
```

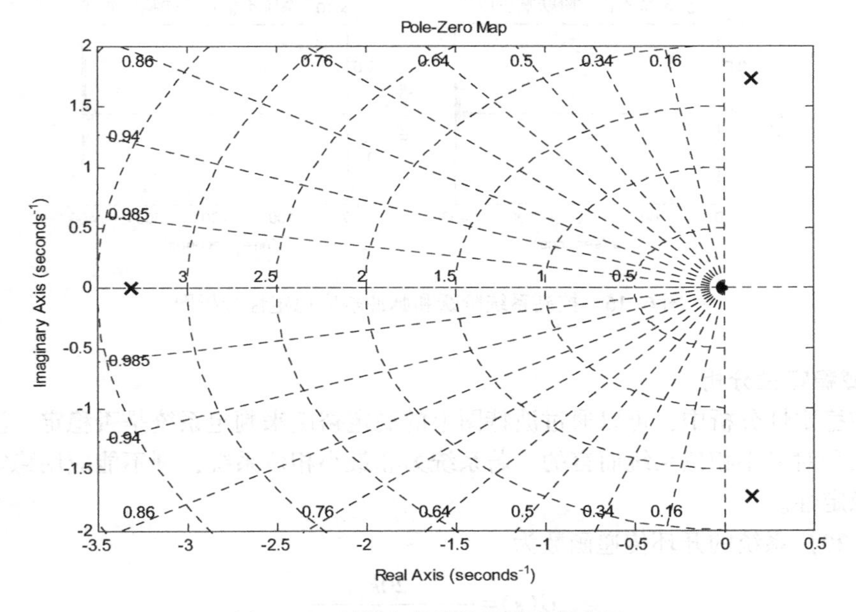

图 6-15　不稳定系统的零极点分布图

也可以通过系统的阶跃和脉冲响应曲线（见图 6-16）验证该结论。

```
>>syss=feedback(zpk([],[0,-1,-2],2),1);
sysns=feedback(zpk([],[0,-1,-2],10),1);
subplot(2,2,1)
step(syss)
title('系统稳定阶跃响应曲线')
subplot(2,2,3)
step(sysns)
title('系统不稳定阶跃响应曲线')
subplot(2,2,2)
impulse(syss)
title('系统稳定脉冲响应曲线')
subplot(2,2,4)
```

```
impulse(sysns)
title('系统不稳定脉冲响应曲线')
```

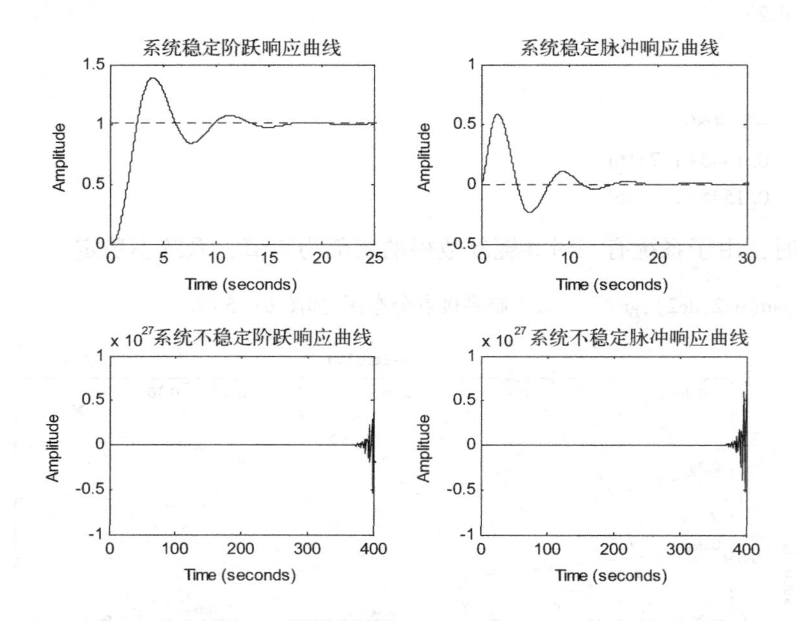

图6-16　控制系统阶跃和脉冲响应稳定性分析图

2. 频域稳定性分析

在频域稳定性分析中，可以通过波特图上的稳定裕度来判定系统是否稳定。注意，稳定裕度的定义是对最小相位系统而言的。若系统为非最小相位系统，则不能应用稳定裕度来判别系统的稳定性。

【例6-20】 系统的开环传递函数为

$$G(s)=\frac{20k}{s(s+2)(s+10)}$$

试分析系统的稳定性。设 $k=1$，则

```
>>sys=zpk([],[0,-2,-10],20)
margin(sys),grid   %绘制基于波特图的稳定裕度图,如图6-17所示

sys=

              20
     ---------------
      s(s+2)(s+10)
Continuous-time zero/pole/gain model.
```

通过上述运算，得到系统临界增益值为 $k=12$，则当 $k<12$ 时，系统的幅值裕度 $G_m>0$ dB，相位裕度 $P_m>0°$，系统是稳定的；当 $k>12$ 时，系统的幅值裕度 $G_m<0$ dB，相位裕度 $P_m<0°$，系统不稳定。

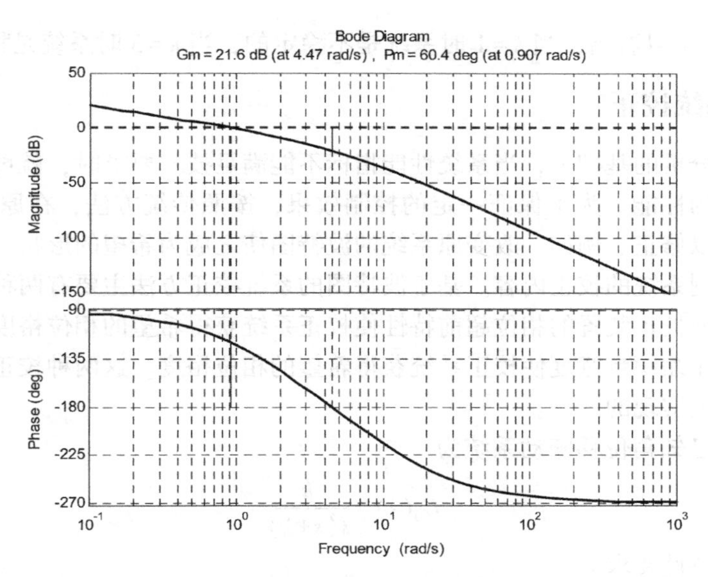

图 6-17　控制系统频率分析稳定裕度图

【例 6-21】 非最小相位系统的开环传递函数为

$$G(s)=\frac{k(0.5s+1)}{s(s-1)}$$

试在频域确定系统的稳定性。

```
>>sys1=tf(1*[0.5,1],conv([1,0],[1,-1]));
sys3=tf(3*[0.5,1],conv([1,0],[1,-1]));
w=0.5:0.1:10;
nyquist(sys1,sys3,w);grid;    %绘制基于奈奎斯特曲线的稳定裕度图,如图 6-18 所示
axis('equal')
```

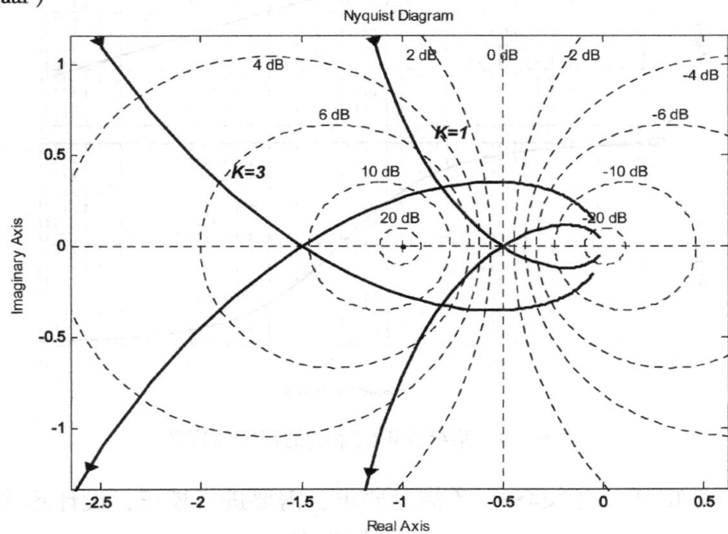

图 6-18　控制系统频率分析稳定裕度图

从图 6-18 中可以看出，当 $k=1$ 时系统是不稳定的，当 $k=3$ 时系统是稳定的。

6.5.2 控制系统校正

在控制系统分析的基础上，当系统性能指标不能满足技术要求时，就可以对系统进行校正，以改善系统的性能。为了保证一定的控制效果，按照传统方法，在原系统特性的基础上，将原特性加以修正。例如，改变原系统的波特图使之成为希望的形状即满足要求的性能指标，就属于控制系统的校正内容。基于波特图的系统校正方法主要有两种：一种是相位超前校正，通过超前校正装置的相位超前特性使校正系统获得希望的相位裕度；另一种是相位滞后校正，通过压缩频带宽度使校正系统获得希望的相位裕度。这两种校正方法都是在系统串联校正的基础上实现的。

【例 6-22】 已知角位移随动系统为

$$G_0(s)=\frac{k}{s(s+1)}$$

系统的开环特性要求为

1）$r(t)=t$ 时，ess≤0.1 rad；

2）$\omega_c \geqslant 4.41\ \mathrm{s}^{-1}$，$\gamma_c \geqslant 45°$。

用频率法设计超前校正装置。

解：为满足稳态性能，令 $k=10$，画出开环系统的波特图。

```
>>sys=tf([10],[1,1,0]);
margin(sys);grid;  %绘制系统校正前系统的稳定裕度图,如图 6-19 所示
```

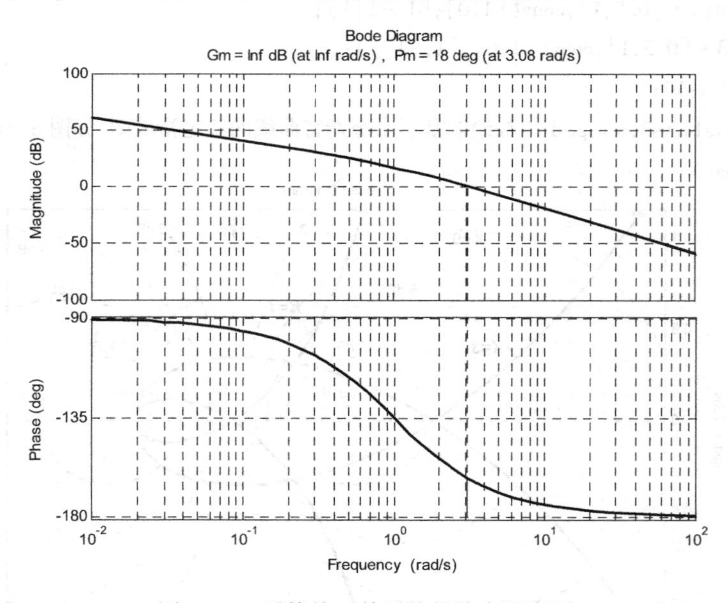

图 6-19　系统校正前系统的稳定裕度图

由图 6-18 中可知 $P_m=18°<45°$，不满足要求，需要进行校正，设计超前校正装置为

$$G_c(s)=\frac{1+0.45s}{1+0.11s}$$

画出超前校正装置的波特图，如图 6-20 所示。

```
>>sys_er_f=tf([0.45,1],[0.11,1]);
bode(sys_er_f),grid;
```

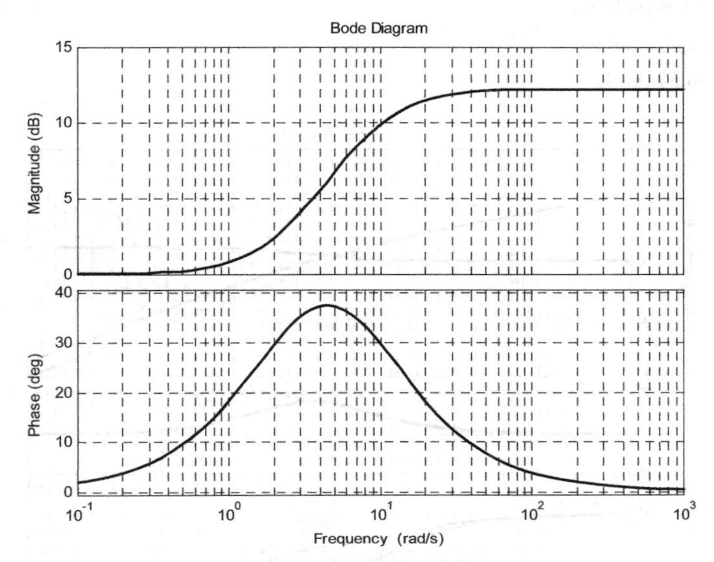

图 6-20　系统校正超前校正环节的波特图

将校正系统和原系统进行串联，再进行稳定裕度分析，其结果如图 6-21 所示。

```
>>sys_sum=sys * sys_er_f;
margin(sys_sum),grid;
```

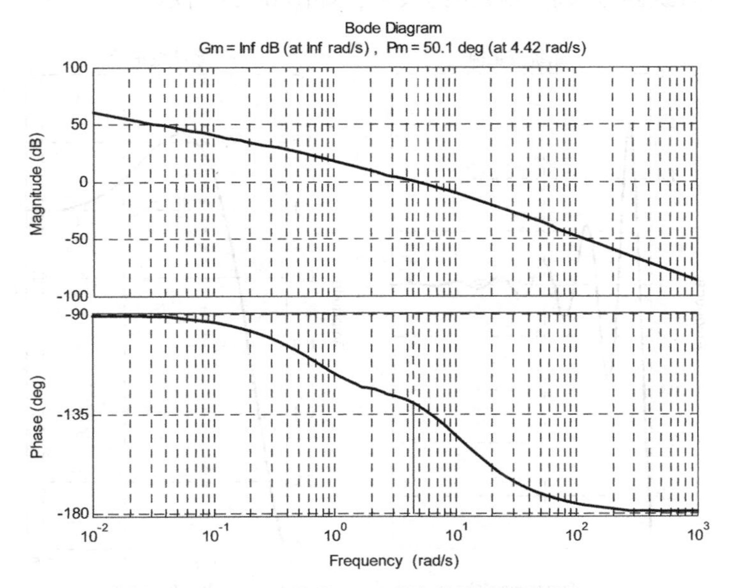

图 6-21　系统校正后系统的稳定裕度图

可以将三个波特图绘制在一起进行比较，如图 6-22 所示。

```
>>sys=tf([10],[1,1,0]);%原来的系统模型
sys_er_f=tf([0.45,1],[0.11,1]);%超前校正环节
sys_sum=sys*sys_er_f;%校正后的系统模型
bode(sys);grid;hold on
bode(sys_er_f),grid;
bode(sys_sum),grid;
```

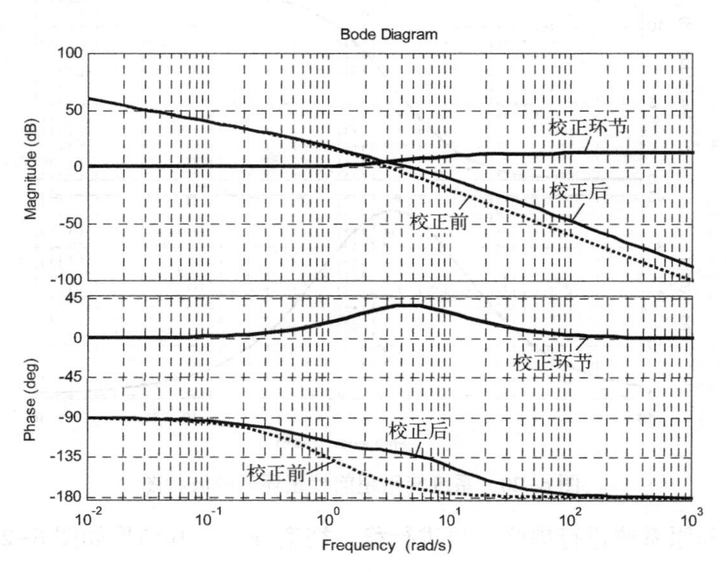

图 6-22　系统校正前后比较图

也可以用单位阶跃函数来验证校正的效果，如图 6-23 所示。

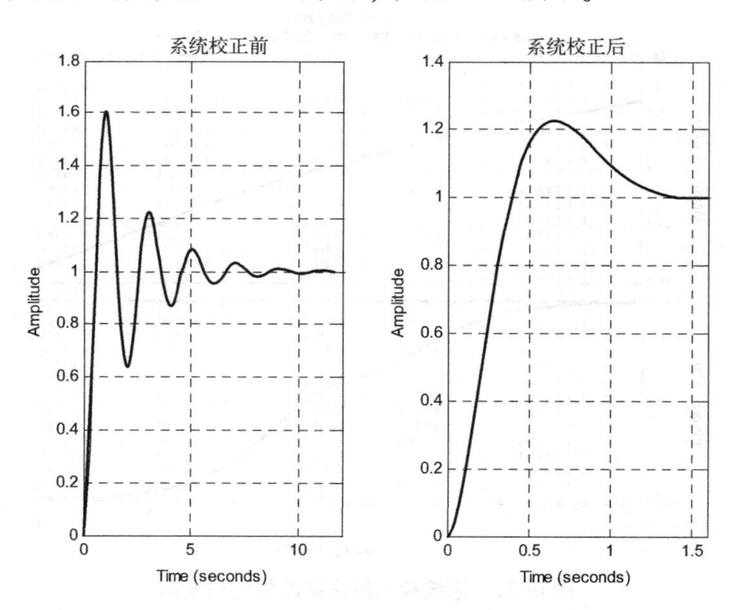

图 6-23　系统校正前后效果比较图

```
>>subplot(1,2,1)
step(feedback(sys,1));grid;
title('系统校正前')
subplot(1,2,2)
step(feedback(sys_sum,1));grid;
title('系统校正后')
```

6.6　现代控制论的应用

6.6

6.6.1　线性系统的标准型及能观能控的分解

1. 特征值标准型

函数：[v,diag]=eig(A)

功能：用于将矩阵 ***A*** 化为对角线性标准型，即特征值标准型。矩阵 ***A*** 为系统矩阵，返回变量 ***v*** 是变换矩阵，***diag*** 为求得的特征值标准型矩阵。

【例 6-23】 将下列线性系统转化为特征值标准型：

$$\begin{cases}\begin{bmatrix}\dot{x}_1\\ \dot{x}_2\\ \dot{x}_3\end{bmatrix}=\begin{bmatrix}2 & -1 & -1\\ 0 & -1 & 0\\ 0 & 2 & 1\end{bmatrix}\begin{bmatrix}x_1\\ x_2\\ x_3\end{bmatrix}+\begin{bmatrix}7\\ 2\\ 3\end{bmatrix}u\\ y=\begin{bmatrix}1 & 2 & 1\end{bmatrix}\begin{bmatrix}x_1\\ x_2\\ x_3\end{bmatrix}\end{cases}$$

```
>>a=[2 -1 -1;0 -1 0;0 2 1];
b=[7;2;3];c=[1 2 1];
[v,A]=eig(a),B=inv(v)*b,C=c*v

v=

    1.0000    0.7071         0
         0         0    0.7071
         0    0.7071   -0.7071

A=

    2    0    0
    0    1    0
    0    0   -1

B=
```

```
        2.0000
        7.0711
        2.8284

C=

        1.0000      1.4142      0.7071
```

$\boldsymbol{A}$、$\boldsymbol{B}$、$\boldsymbol{C}$ 即为系统变换后新的系统模型参数。

2. 约当标准型

函数：[v,j]=jordan(A)

功能：用于将矩阵 $\boldsymbol{A}$ 化为约当标准型。矩阵 $\boldsymbol{A}$ 为系统矩阵，返回变量 $\boldsymbol{v}$ 是变换矩阵，$\boldsymbol{j}$ 为求得的约当标准型矩阵。

【例 6-24】 将下列系统转换为约当标准型：

$$\begin{bmatrix}\dot{x}_1\\ \dot{x}_2\\ \dot{x}_3\end{bmatrix}=\begin{bmatrix}0 & 1 & 0\\ 0 & 0 & 1\\ 8 & -12 & 6\end{bmatrix}\begin{bmatrix}x_1\\ x_2\\ x_3\end{bmatrix}+\begin{bmatrix}6\\ 1\\ 5\end{bmatrix}u$$

```
>>a=[0 1 0;0 0 1;8 -12 6];
[v,aa]=jordan(a)

v=

     4    -2    1
     8     0    0
    16     8    0

aa=

     2   1   0
     0   2   1
     0   0   2
```

3. 能控能观标准型

从能控和能观的角度来说，现代控制理论将其分为能控Ⅰ型、能控Ⅱ型和能观Ⅰ型、能观Ⅱ型。MATLAB 中也提供了相关的函数。

(1) 能控能观的判定Ⅰ

函数 1：Uc=gram(sys,'c')

功能：根据式 (6-6) 计算能控矩阵对$(\boldsymbol{A},\boldsymbol{B})$的格拉姆矩阵。如果 $\mathrm{rank}(\boldsymbol{U}_{\mathrm{C}})=n$，则系统是状态完全能控的。

$$\boldsymbol{U}_{\mathrm{C}}=\int \mathrm{e}^{\boldsymbol{A}^{\mathrm{T}}t}\boldsymbol{C}\boldsymbol{C}\mathrm{e}^{\boldsymbol{A}t}\mathrm{d}t \tag{6-6}$$

函数 2：Uo=gram(sys,'o')

功能：根据式（6-7）计算能观矩阵对$(\boldsymbol{A},\boldsymbol{B})$的格拉姆矩阵。如果 $\mathrm{rank}(\boldsymbol{U}_0)=n$，则系统是状态完全能观的。

$$\boldsymbol{U}_0=\int \mathrm{e}^{\boldsymbol{A}^{\mathrm{T}}t}\boldsymbol{C}^{\mathrm{T}}\boldsymbol{C}\mathrm{e}^{\boldsymbol{A}t}\mathrm{d}t \tag{6-7}$$

（2）能控能观的判定Ⅱ

函数 1：Uc=ctrb(A,B)

功能：构造能控判别矩阵为

$$\boldsymbol{U}_{\mathrm{C}}=[\boldsymbol{A}\quad \boldsymbol{AB}\quad \cdots\quad \boldsymbol{A}^{n-1}\boldsymbol{B}] \tag{6-8}$$

如果 $\mathrm{rank}(\boldsymbol{U}_{\mathrm{C}})=n$，则系统是状态完全能控的。

函数 2：Uo=obsv(A′,C′)

功能：构造能观判别矩阵为

$$\boldsymbol{U}_0=[\boldsymbol{C}^{\mathrm{T}}\quad \boldsymbol{A}^{\mathrm{T}}\boldsymbol{C}^{\mathrm{T}}\quad \cdots\quad \boldsymbol{A}^{(n-1)\mathrm{T}}\boldsymbol{C}^{\mathrm{T}}]^{\mathrm{T}} \tag{6-9}$$

如果 $\mathrm{rank}(\boldsymbol{U}_0)=n$，则系统是状态完全能观的。

【例 6-25】 系统的状态空间方程如下所示，判断其能观能控性。

$$\begin{cases}\dot{\boldsymbol{x}}=\begin{bmatrix}2 & 2 & -1\\ 0 & -2 & 0\\ 1 & -4 & 3\end{bmatrix}\boldsymbol{x}+\begin{bmatrix}1\\ -1\\ 1\end{bmatrix}u\\ y=[1\quad -1\quad 1]\boldsymbol{x}\end{cases}$$

```
>>A=[-2,2,-1;0,-2,0;1,4,3];B=[0;0;1];C=[1,-1,1];D=0;%系数矩阵赋值
s1=ss(A,B,C,D);                                    %生成 LTI 模型
rA=rank(A)                                         %求状态方程系数矩阵的秩

rA=
    3

%矩阵的秩为 3,系统是满秩的
>>uc=ctrb(A,B)
uc=
    0  -1  -1
    0   0   0
    1   3   8
>>rank(uc)
ans=
    2
%秩为 2≠3,系统不可控
>>uo=obsv(A,C)
uo=
     1   -1   1
    -1    8   2
     4  -10   7
>>rank(uo)
```

```
ans =
     3
%秩为 3,系统可观
```

4. 能控能观分解函数

函数 1：[Ac,Bc,Cc,Tc,K]=ctrbf(A,B,C)

功能：线性系统的能控性分解。将系统分解为

$$\hat{\boldsymbol{A}}=\boldsymbol{T}_{\mathrm{C}}\boldsymbol{A}\boldsymbol{T}_{\mathrm{C}}^{\mathrm{T}}=\begin{bmatrix}\hat{\boldsymbol{A}}_{\mathrm{nC}} & \mathbf{0}\\ \hat{\boldsymbol{A}}_{21} & \hat{\boldsymbol{A}}_{\mathrm{C}}\end{bmatrix}$$

$$\hat{\boldsymbol{B}}=\boldsymbol{T}_{\mathrm{C}}\boldsymbol{B}\begin{bmatrix}\mathbf{0}\\ \hat{\boldsymbol{B}}_{\mathrm{C}}\end{bmatrix}$$

$$\hat{\boldsymbol{C}}=\boldsymbol{C}\boldsymbol{T}_{\mathrm{C}}^{\mathrm{T}}=[\hat{\boldsymbol{C}}_{\mathrm{nC}}\quad \hat{\boldsymbol{C}}_{\mathrm{C}}]$$

能控子空间为

$$\sum[\hat{\boldsymbol{A}}_{\mathrm{C}},\hat{\boldsymbol{B}}_{\mathrm{C}},\hat{\boldsymbol{C}}_{\mathrm{C}}]$$

返回矩阵 $\boldsymbol{T}_{\mathrm{C}}$ 为变换矩阵，向量 $\boldsymbol{K}$ 的元素指明既能控又能观状态。

函数 2：[Ao,Bo,Co,To,K]=obsvf(A,B,C)

功能：线性系统的能观性分解。将系统分解为

$$\hat{\boldsymbol{A}}=\boldsymbol{T}_{\mathrm{O}}\boldsymbol{A}\boldsymbol{T}_{\mathrm{O}}^{\mathrm{T}}=\begin{bmatrix}\hat{\boldsymbol{A}}_{\mathrm{nO}} & \hat{\boldsymbol{A}}_{12}\\ \mathbf{0} & \hat{\boldsymbol{A}}_{\mathrm{O}}\end{bmatrix}$$

$$\hat{\boldsymbol{B}}=\boldsymbol{T}_{\mathrm{O}}\boldsymbol{B}=\begin{bmatrix}\hat{\boldsymbol{B}}_{\mathrm{nO}}\\ \hat{\boldsymbol{B}}_{\mathrm{O}}\end{bmatrix}$$

$$\hat{\boldsymbol{C}}=\boldsymbol{C}\boldsymbol{T}_{\mathrm{O}}^{\mathrm{T}}=[\mathbf{0}\quad \hat{\boldsymbol{C}}_{\mathrm{O}}]$$

能观子空间为

$$\sum[\hat{\boldsymbol{A}}_{\mathrm{O}},\hat{\boldsymbol{B}}_{\mathrm{O}},\hat{\boldsymbol{C}}_{\mathrm{O}}]$$

返回矩阵 $\boldsymbol{T}_{\mathrm{O}}$ 为变换矩阵，向量 $\boldsymbol{K}$ 的元素指明既能控又能观状态。

【例 6-26】对下列系统模型进行能控子空间分解，并判别该系统的能控性。

$$\begin{cases}\dot{\boldsymbol{x}}=\begin{bmatrix}0 & 0 & -1\\ 1 & 0 & -3\\ 0 & 1 & -3\end{bmatrix}\boldsymbol{x}+\begin{bmatrix}1\\ 1\\ 0\end{bmatrix}u\\ y=[0\quad 1\quad -2]\boldsymbol{x}\end{cases}$$

```
>>a=[0 0 -1;1 0 -3;0 1 -3];
b=[1;1;0];c=[0 1 -2];
rank(ctrb(a,b))
ans =

     2
```

```
%可见系统不满秩,系统状态不是完全能控的。进行能控子空间分解
>>[ac,bc,cc,Tc,k]=ctrbf(a,b,c)
ac=
    -1.0000  -0.0000  0.0000
     2.1213  -2.5000  0.8660
     1.2247  -2.5981  0.5000
bc=
     0
     0
     1.4142
cc=
    1.7321    -1.2247    0.7071
Tc=
    -0.5774  0.5774  -0.5774
    -0.4082  0.4082   0.8165
     0.7071  0.7071   0
k=
    1    1    0
%既能控又能观状态为k(3),不能控但能观状态为k(1),能控但不能观状态为k(2)
%能控子空间为
as=ac(2:3,2:3)
as=

    -2.5000    0.8660
    -2.5981    0.5000
bs=bc(2:3)
bs=

    0.0000
    1.4142
cs=cc(2:3)
cs=

    -1.2247    0.7071
```

6.6.2　控制系统李雅普诺夫稳定性分析

MATLAB 的控制工具箱提供了用于李雅普诺夫稳定性分析的李雅普诺夫函数命令。

函数：P=lyap(A,Q)

功能：李雅普诺夫矩阵方程求解函数。

李雅普诺夫矩阵方程为

$$\boldsymbol{A}^{\mathrm{T}}\boldsymbol{P}+\boldsymbol{P}\boldsymbol{A}=-\boldsymbol{Q} \tag{6-10}$$

式中，$\boldsymbol{A}$ 为状态空间模型的系统矩阵；$\boldsymbol{Q}$ 为任意给定的正定实对称矩阵；$\boldsymbol{P}$ 为李雅普诺夫矩

阵方程的解矩阵，即实对称矩阵。由李雅普诺夫第二方法，线性定常系统稳定的充分必要条件如下：对于系统 $\boldsymbol{A}$，任意给定实对称正定矩阵 $\boldsymbol{Q}$，如果存在一个实对称正定矩阵 $\boldsymbol{P}$，则系统对于平衡点 $\boldsymbol{x}=\mathbf{0}$ 是大范围渐近稳定的；否则，系统是不稳定的。

【例 6-27】系统状态方程如下所示，用李雅普诺夫第二方法判别系统的稳定性。

$$\begin{cases}\dot{\boldsymbol{x}}=\begin{bmatrix}1 & -3.5 & 4.5\\ 2 & -4.5 & 4.5\\ -1 & 1.5 & -2.5\end{bmatrix}\boldsymbol{x}+\begin{bmatrix}-0.5\\ 0.5\\ 0.5\end{bmatrix}u\\ y=[1\quad 0\quad 1]\boldsymbol{x}\end{cases}$$

```
>>a=[1 -3.5 4.5;2 -4.5 4.5;-1 1.5 -2.5];
q=eye(3,3);
p=lyap(a,q)

p=
    1.4825    0.5825    0.0125
    0.5825    0.6825    0.3125
    0.0125    0.3125    0.3825
```

矩阵 $\boldsymbol{P}$ 的定号性计算即矩阵的正定性判断。根据正定矩阵的定义可以进行以下计算：

```
>>LyapP1=det(p(1,1))
LyapP2=det(p(1:2,1:2))
LyapP3=det(p)

LyapP1=

        1.4825

LyapP2=

        0.6725

LyapP3=

        0.1169
```

通过上述运算，可得矩阵 $\boldsymbol{P}$ 是正定的，所以该系统对于平衡点 $\boldsymbol{x}=\mathbf{0}$ 是大范围渐近稳定的。

6.6.3 现代控制系统的校正

状态空间方程相关的系统校正方法有极点配置法和状态观测器法。

1. 极点配置法

函数 1：place( )

格式：K=place(A,B,P)

功能：给定满足能控性的系统矩阵参数 $\boldsymbol{A}$、$\boldsymbol{B}$，并且给定所配置的 n 个闭环极点向量 $\boldsymbol{P}$，$\boldsymbol{P}=[p_1,p_2,\cdots,p_n]$，根据式 $(\boldsymbol{A}-\boldsymbol{BK})$，计算状态反馈矩阵 $\boldsymbol{K}$。

函数 2：acker( )

格式：K=acker(A,B,P)

功能：应用 Ackermann 极点配置算法，实现极点配置所需的状态反馈矩阵 $\boldsymbol{K}$。

【例 6-28】 已知系统的传递函数为

$$G(s)=\frac{1}{s^3+18s^2+72s}$$

希望极点为 $\lambda_1=-10$，$\lambda_{2,3}=-2\pm j2$，试设计状态反馈矩阵 $\boldsymbol{K}$。

```
>>num=[1];den=[1 18 72 0];
[a,b,c,d]=tf2ss(num,den)
a=
    -18   -72   0
     1     0    0
     0     1    0
b=
    1
    0
    0
c=
    0     0     1
d=
    0
```

判别系统的能控性：

```
>>rank(ctrb(a,b))
ans=
    3
%系统满秩,系统状态是完全能控的,可以通过状态反馈进行极点配置
>>p=[-10 -2+2*i -2-2*i];
k=place(a,b,p)

k=

    -4.0000   -24.0000    80.0000
>>aa=a-b*k

aa=
```

```
    -14.0000   -48.0000   -80.0000
     1.0000        0          0
        0       1.0000        0
>>sys_eig=eig(aa)%系统的特征值

sys_eig=

        -10.0000
        -2.0000+2.0000i
        -2.0000-2.0000i
```

这就是所配置的闭环极点。

校正后系统的零极点增益式如下：

```
>>zpkp=zpk(ss(aa,b,c,d))%转换后的零极点增益式
zpkp=
                  1
        -----------------
          (s+10)(s^2+4s+8)
```

2. 状态观测器法

观测器的系数矩阵（$A-K_CC$）的计算是状态反馈矩阵（$A-BK$）的转置计算，即观测器方程的对偶系统的状态反馈，因此，MATLAB 中的函数 place( ) 和 acker( ) 同样可以用于状态观测器反馈矩阵 K_C 的计算。

【例 6-29】 线性系统为

$$\begin{cases}\dot{x}=\begin{bmatrix}0 & 1\\ -2 & -3\end{bmatrix}x+\begin{bmatrix}0\\1\end{bmatrix}u\\ y=\begin{bmatrix}2 & 0\end{bmatrix}x\end{cases}$$

给定观测器极点为 $\lambda_{1,2}=-10$，计算观测器反馈矩阵 K。

```
>>a=[0 1;-2 -3];b=[0;1];
c=[2 0];d=[0];
rank(obsv(a,c))

ans=

    2
%满秩,可以构造状态观测器。计算状态观测器的反馈矩阵
>>kc=place(a',c',[-10 -10])
Error using place(line 79)
The "place" command cannot place poles with multiplicity greater
than rank(B).
```

观测器极点为重根时，提示出错信息。另取近似重根-10±0.0001 计算：

```
>>c=place(a',c',[-10.0001 -9.9999])

c=

    8.5000    23.5000
```

也可以用 acker( ) 函数计算，但是该函数只适用 SISO 系统，例如

```
>>kca=acker(a',c',[-10 -10])'

kca=

    8.5000
    23.5000
```

无重根的错误信息出现。

第 7 章　MATLAB 在过程控制中的应用

过程控制通常是指石油、化工、电力、冶金、轻工、建材、制药等工业部门生产过程的自动化控制技术，其通过检测控制仪表、自动化设备与装置实现整个过程的最优化运行，以期达到各种最优的性能和经济指标。其控制对象广泛而且复杂，一般包含温度、压力、流量、液位（或物位）、成分、物性（氢离子浓度即 pH）等可调节的物理、化学参量。这些参量一般具有惯性大、滞后大、非线性特性等特点，生产工艺复杂。本章仅介绍 MATLAB 在过程控制中最基本的应用。

7.1　过程控制中常用的仿真模块

7.1.1

7.1.1　延迟特性的处理及模块介绍

过程控制的对象大多是大设备、大存储容量、大惯性及阻力，使系统的被调量不可能立即响应而有延迟。如果滞后比较明显则称为大惯性环节或大滞后环节，在工程实际中可以用纯滞后的环节来代替。滞后环节的传递函数为 e^{-st}，这样的表达形式在进行仿真计算时比较困难，在实际的计算中往往需要进行近似处理，在 MATLAB 中主要有以下三种方法来完成延迟特性近似或设置。

1. 有理函数近似法

这种方法通过 pade( ) 函数将滞后环节转换为有理函数，其基本格式如下：

```
[num,den]=pade(T,n)   或   [A,B,C,D]=pade(T,n)
```

其中，T 为延迟时间常数，n 为要求拟合的阶数。

【例 7-1】

```
>>[n,d]=pade(4.5,4);
sys=tf(n,d)


sys=
        s^4-4.444 s^3+8.889 s^2-9.218 s+4.097
      -------------------------------------
        s^4+4.444 s^3+8.889 s^2+9.218 s+4.097
```

2. LTI 模式参数设置法

可以在 LTI 对象的模型中设置滞后参数。

【例 7-2】 将下列纯滞后系统设置成带有输出纯滞后的 LTI 模型，在 LTI 模型还可以设置输入延时属性。

$$G_o(s)=\frac{1}{20s+1}e^{-25s}$$

```
>>sys=tf(1,[20,1],'OutputDelay',25)
sys=
                        1
  exp(-25 * s) * ----------
                     20 s+1
```

3. Simulink 滞后模块

可以在 Simulink 中调用 LTI 对象的模型设置滞后参数，如图 7-1 所示。

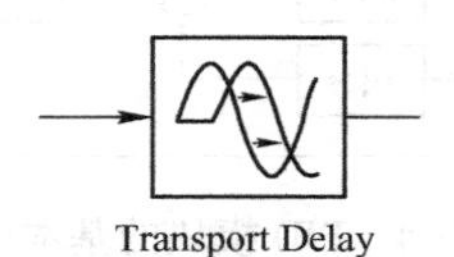

图 7-1　传输延时模块

其属性设置窗口如图 7-2 所示。

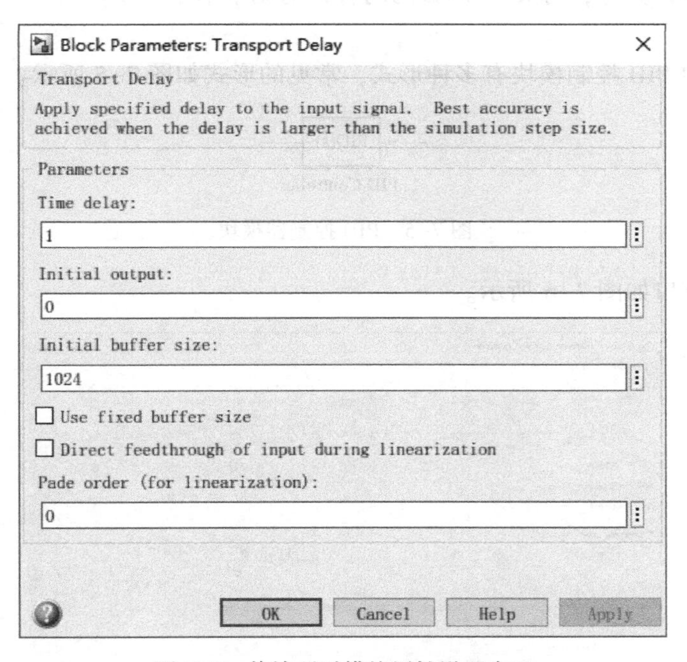

图 7-2　传输延时模块属性设置窗口

例 7-2 中的系统模型可以用 Simulink 模型文件进行设置，其结果如图 7-3 所示。

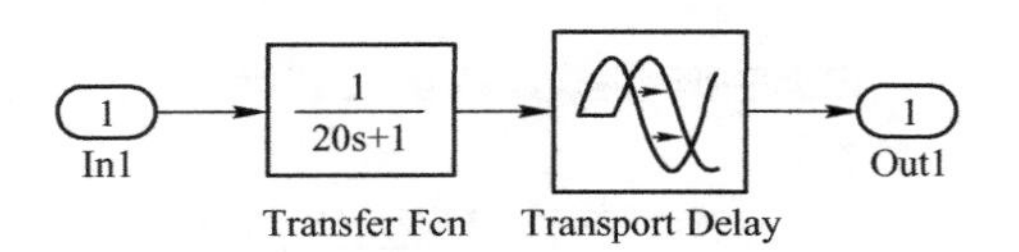

图 7-3　滞后系统模型文件传输延时模块组合

7.1.2 PID 控制器及模块介绍

7.1.2

PID 控制器是控制系统中最为常用的控制器，尤其在常规的过程控制方面更是如此，人们在此基础上还设计了很多 PID 控制器的工程设计方法。PID 模块的基本构成如图 7-4 所示。

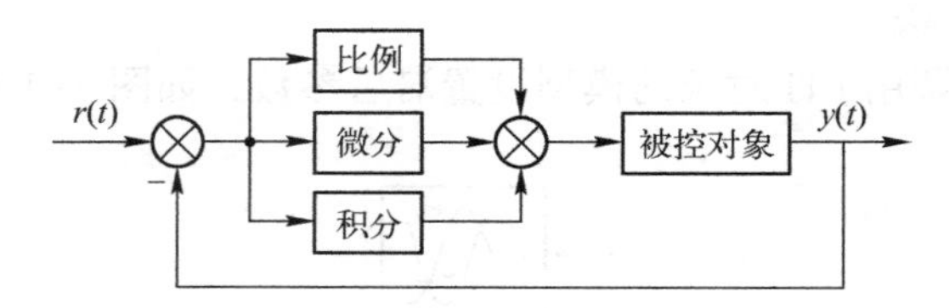

图 7-4 PID 模块的基本构成

PID 控制器中 P、I、D 三个参数既能独立调整又相互影响，原理简单且易于实现，具有一定的自适应性和鲁棒性。在 MATLAB 中也有多种方法实现该 PID 算法，如 S-函数、PID 模块、解微分方程计算等，有关 S-函数的内容，请见本书第 5 章。

1. PID 模块

在 Simulink 中 PID 控制模块有多种形式，常见的形式如图 7-5 所示。

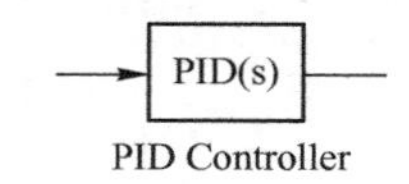

图 7-5 PID 控制器模块

其属性设置窗口如图 7-6 所示。

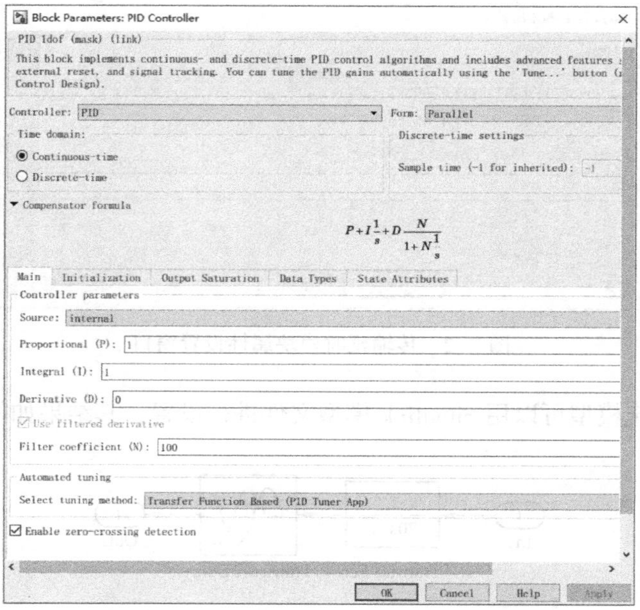

图 7-6 PID 模块属性设置窗口

2. PID 系统函数

也可以将 PID 的计算式变成常见的传递函数形式，如下式：

$$D(s)=\frac{U(s)}{E(s)}=K_c\left(1+\frac{1}{T_i s}+T_d s\right) \tag{7-1}$$

【例 7-3】 系统控制对象模型如下所示，利用 PID 控制器进行阶跃响应的分析。

$$G(s)=\frac{10}{s(s+1)}$$

```
>>G0=tf([10],[1 1 0]);
Kc=1; Ti=1; Td=[0.1:0.2:1];
t=0:0.1:10;
figure;  hold on
for i=1:length(Td)
Gc=tf(Kc*[Ti*Td(i),Ti,1],[Ti,0]);
G=feedback(G0*Gc,1);
step(G,t),grid
end
```

阶跃响应曲线如图 7-7 所示。

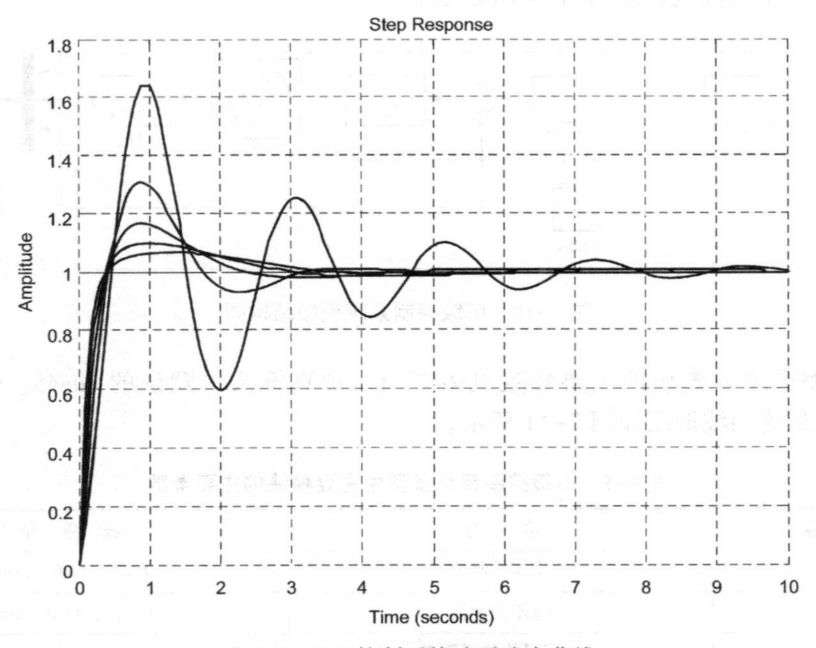

图 7-7　PID 控制系统阶跃响应曲线

上述仿真计算也可以由 Simulink 实现，如图 7-8 所示。

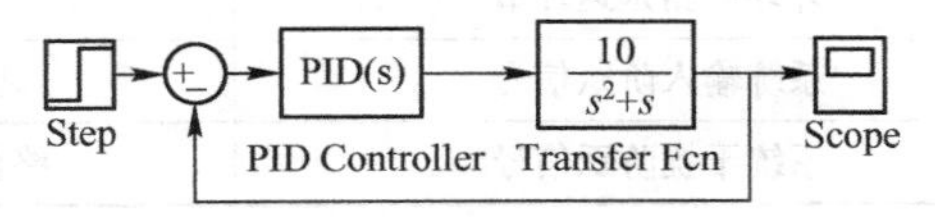

图 7-8　PID 控制系统阶跃响应模型文件

7.2 MATLAB 在过程控制中的具体应用

7.2.1 串级控制系统仿真

在单回路控制系统满足不了生产工艺高要求的情况下，串级过程控制系统便应运而生。串级过程控制系统与电力拖动自动控制系统中的电流、转速双闭环调速系统相同，其系统特点与分析方法也基本相似。串级控制系统的一般结构如图 7-9 所示。

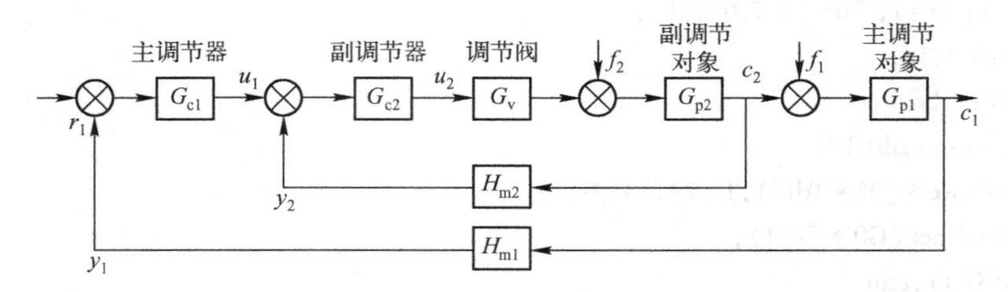

图 7-9 串级控制系统的一般结构

【例 7-4】串级控制系统如图 7-10 所示。

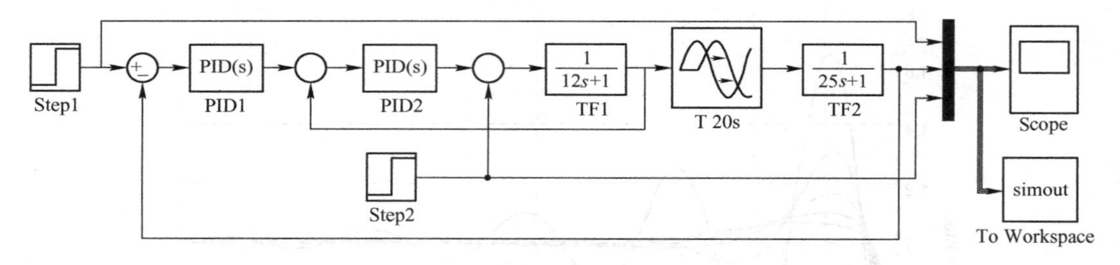

图 7-10 串级控制系统模型结构图

系统模型中主要模块的主要参数见表 7-1。仿真算法为默认的 ode45，仿真时间为 1000 s。系统最终的波形图如图 7-11 所示。

表 7-1 串级控制系统模型中主要模块的主要参数

模 块	功 能	设 置 值
PID1	外环控制器	$P=2$，$I=0$，$D=0$
PID2	内环控制器	$P=18$，$I=0$，$D=0$
TF1	内环回路传递函数	**num**=[1]，**den**=[12 1]
TF2	外环回路传递函数	**num**=[1]，**den**=[25 1]
Delay1	外环回路延迟环节	20 s
Step1	系统输入阶跃信号	终值为 1，开始时间为 0 s
Step2	系统干扰阶跃信号	终值为 1，开始时间为 500 s

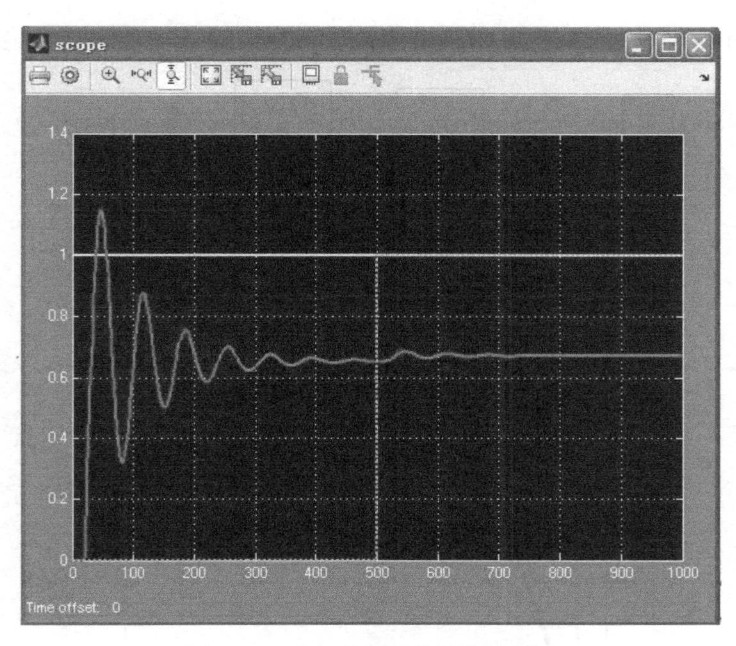

图 7-11　串级控制系统最终波形图

7.2.2　大林算法仿真

原有某系统的传递函数模型如下：

$$G(s)=\frac{2.49e^{-4.5t}}{11.7s+1} \tag{7-2}$$

设采样周期为 0.5 min，设计大林算法控制器，闭环系统所期望的传递函数模型为

$$\Phi(s)=\frac{2.49e^{-4.5t}}{0.7s+1} \tag{7-3}$$

通过以下计算可以得到大林算法的控制器：

```
gs=tf([2.49],[11.7,1],'inputdelay',4.5)
sys=tf([2.49],[0.7,1],'inputdelay',4.5);
ts=0.5;
gz=c2d(gs,ts,'zoh');
sysz=c2d(sys,ts,'zoh');
gcz=1/gz * sysz/(1-sysz);
[n1,d1]=tfdata(gcz,'v')
```

可以得到如下控制器 $D(z)$：

$$\begin{aligned}D(z)&=\frac{U(z)}{E(z)}=\frac{n_1(z)}{d_1(z)}\\&=\frac{1.271z^{-12}-1.8401z^{-11}+0.5962z^{-10}}{0.1024z^{-12}-0.102z^{-11}+0.025z^{-10}-0.1324z^{-1}+0.0648}\end{aligned}$$

在 MATLAB 中对接入该控制器的阶跃响应和未接入控制器的阶跃响应进行比较，如

图 7-12 和图 7-13 所示。

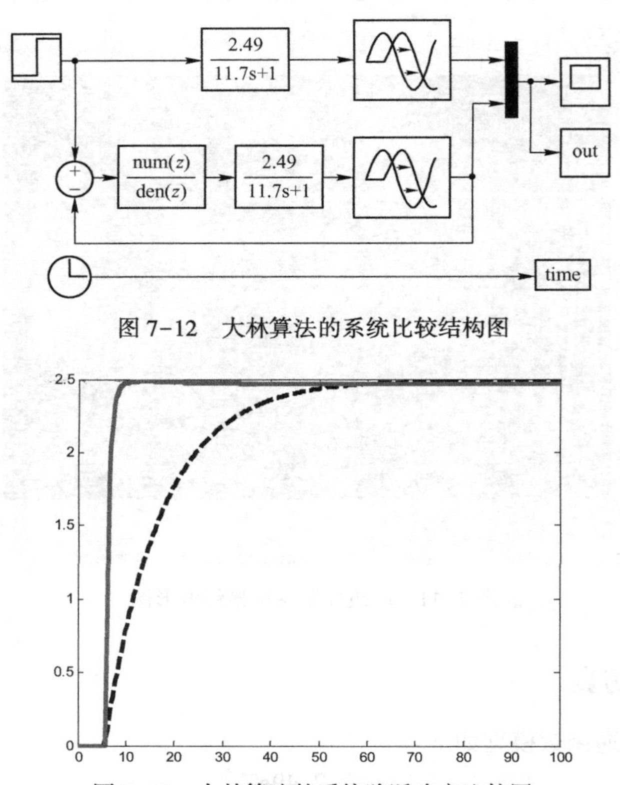

图 7-12　大林算法的系统比较结构图

图 7-13　大林算法的系统阶跃响应比较图

由图 7-13 中可以看出，系统动态特性得到了较大的改善。

7.2.3　前馈控制 MATLAB 计算及仿真

前馈控制是按照扰动量的变化进行控制的。当系统出现干扰时，前馈控制器直接根据干扰信号的变化，求出相应的控制量，以抵消或减小这个干扰，从而较好地解决了在反馈控制中，只有当干扰已经影响到系统的输出后再进行动作的控制滞后问题。这种前馈控制在一些特定的工作场合得到很好的应用。其基本结构如图 7-14 所示。

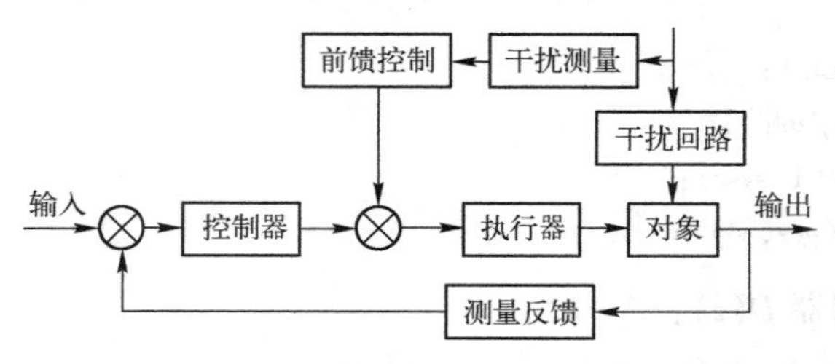

图 7-14　前馈控制的基本结构

【**例 7-5**】前馈控制系统如图 7-15 所示。

系统模型中主要模块的主要参数见表 7-2。仿真算法为默认的 ode45，仿真时间为 1000 s。系统最终的波形图如图 7-16 所示。

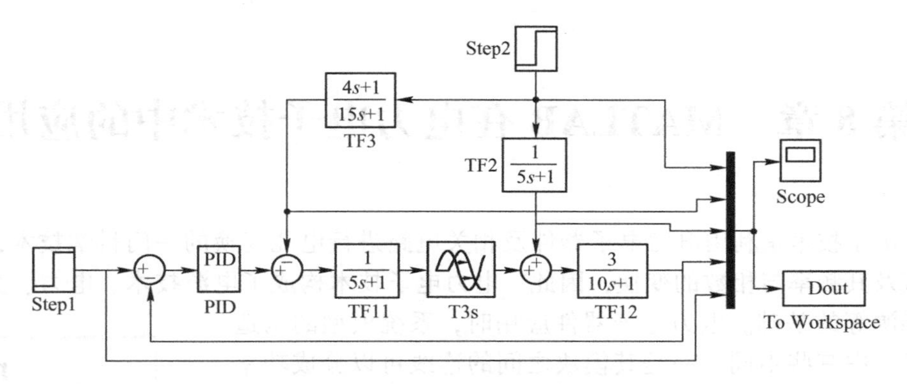

图 7-15　前馈控制系统模型结构图

表 7-2　前馈控制系统模型中主要模块的主要参数

模　　块	功　　能	设 置 值
PID	控制器	$P=0.3$，$I=0.01$，$D=0$
TF11	主回路传递函数 1	***num***=[1]，***den***=[5 1]
TF12	主回路传递函数 2	***num***=[3]，***den***=[10 1]
T3s	主回路延迟环节	3 s
TF2	干扰回路传递函数	***num***=[1]，***den***=[5 1]
TF3	前馈控制回路传递函数	***num***=[4 1]，***den***=[15 1]
Trans2	干扰回路传递函数	***num***=[ ]，***den***=[ ]
Step1	系统输入阶跃信号	终值为 1，开始时间为 0 s
Step2	系统干扰阶跃信号	终值为 1，开始时间为 500 s

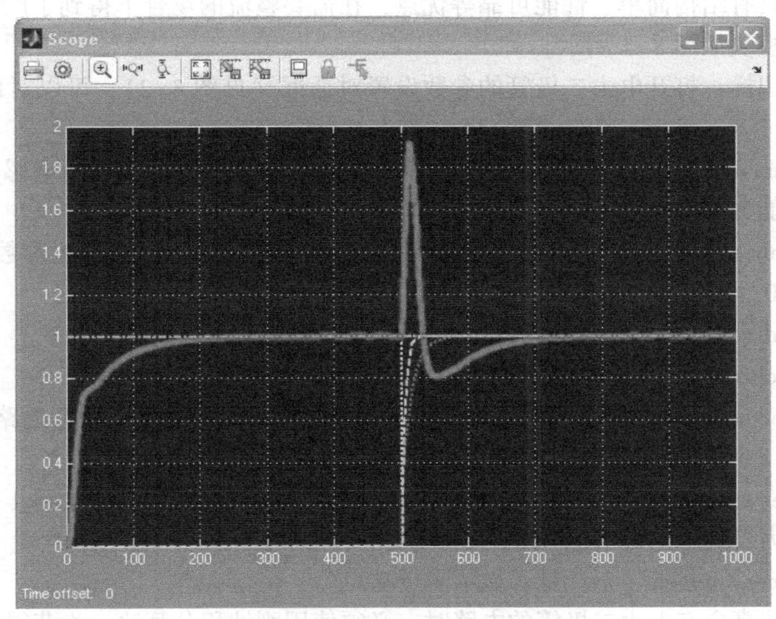

图 7-16　前馈控制系统最终波形图

第 8 章　MATLAB 在电力电子技术中的应用

电力电子技术是利用电力电子器件及相关电路进行电能变换的一门科学技术，包括电压、电流及其频率与相数的变换，因此，电力电子技术构成了电源技术、电力、交直流调速、新能源等的基础。电力电子器件应用时，系统模型的构造和前面章节中有些不同，一是其模块之间的连线可以分成功率连线和信号连线，两者代表的意义不同，一般不能直接相连，应当通过万用表、电压/电流表或特殊输出端等得到功率模块或回路的信号；二是功率信号的分析是利用专门的功能模块实现的。模块中功率信号的输入/输出端口为小的空心方框（▫|），而信号的输入/输出端口则是小方向箭头（▶），如图 8-1 所示。

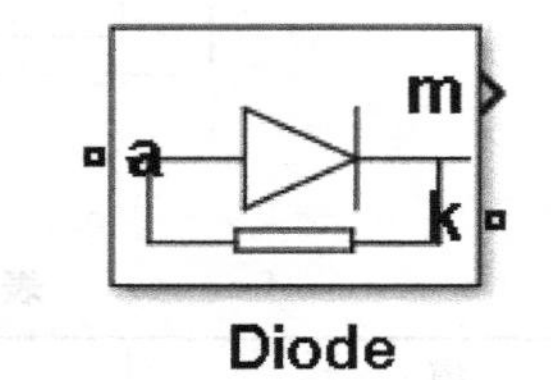

图 8-1　电力二极管模块

8.1　电力电子器件

8.1

电力电子器件是实现现代功率变换器件的核心器件，是自动化和电气工程专业的基础，本节简单介绍一些常用的功率器件及其设置。

8.1.1　电力二极管

电力二极管是一种具有单向导电性的半导体器件，即正向导电、反向阻断。它属于不可控器件，但因具有结构简单、性能可靠等优点，在需要整流的场合下得到了广泛应用。其在 MATLAB 中的模块如图 8-1 所示。

双击模块图标，打开电力二极管的参数设置对话框（见图 8-2），可以对以下参数进行设置。

1）Resistance Ron（Ohms）：电力二极管元件内电阻，单位为 Ω，当电感参数设置为 0 时，内电阻不能为 0。

2）Inductance Lon（H）：电力二极管元件内电感，单位为 H，当电阻参数设置为 0 时，内电感不能为 0。

3）Forward voltage Vf（V）：电力二极管元件正向管压降 Vf，单位为 V。

4）Initial current Ic（A）：初始电流，单位为 A，通常将 Ic 设为 0。

5）Snubber resistance Rs（Ohms）：缓冲电阻，单位为 Ω，为消除缓冲电路，可将 Rs 参数设置为 inf。

6）Snubber capacitance Cs（F）：缓冲电容，单位为 F，为消除缓冲电路，可将缓冲电容 Cs 设置为 0；为得到纯电阻 Rs，可将 Cs 参数设置为 inf。

7）Show measurement port：是否显示测量端口。

另外，在仿真含有电力二极管的电路时，必须使用刚性积分算法。为获得较快的仿真速度可使用 ode23tb 或者 ode15s 算法。

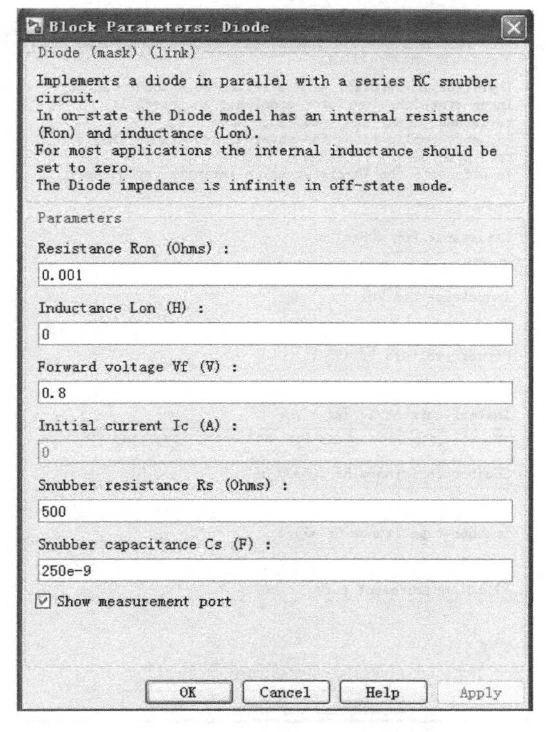

图 8-2　电力二极管模块参数设置对话框

8.1.2　晶闸管

晶闸管仿真模块如图 8-3 所示。

双击晶闸管模块图标，打开晶闸管的参数设置对话框（见图 8-4），可以对以下参数进行设置。

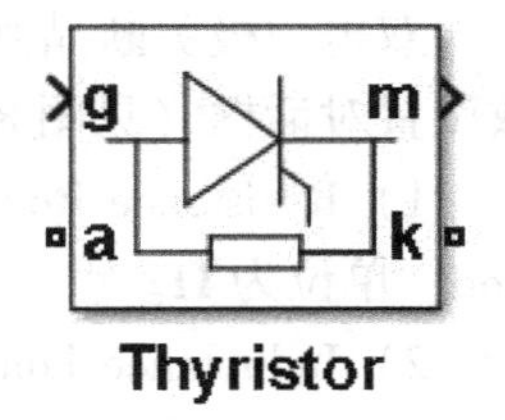

图 8-3　晶闸管模块

1）Resistance Ron（Ohms）：晶闸管元件内电阻 Ron，单位为 Ω，当电感参数设置为 0 时，内电阻不能为 0。

2）Inductance Lon（H）：晶闸管元件内电感 Lon，单位为 H，当电阻参数设置为 0 时，内电感不能为 0。

3）Forward voltage Vf（V）：晶闸管元件的正向电压降 Vf，单位为 V。

4）Initial current Ic（A）：初始电流 Ic，单位为 A，通常将 Ic 设为 0。

5）Snubber resistance Rs（Ohms）：缓冲电阻 Rs，单位为 Ω，为消除缓冲电路，可将 Rs 参数设置为 inf。

6）Snubber capacitance Cs（F）：缓冲电容 Cs，单位为 F，为消除缓冲电路，可将缓冲电容 Cs 设置为 0；为得到纯电阻 Rs，可将 Cs 参数设置为 inf。

7）Show measurement port：是否显示测量端口。

在仿真含有晶闸管的电路时，必须使用刚性积分法。为获得较快的仿真速度可使用 ode15s 算法。

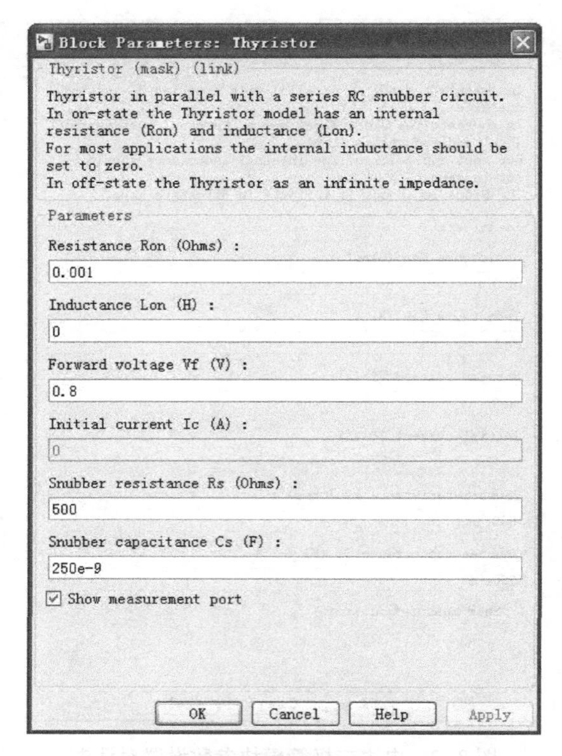

图 8-4　晶闸管模块参数设置对话框

8.1.3　门极关断晶闸管

门极关断（GTO）晶闸管仿真模块如图 8-5 所示。

双击门极关断晶闸管模块图标，打开门极关断晶闸管的参数设置对话框（见图 8-6），可以对以下参数进行设置。

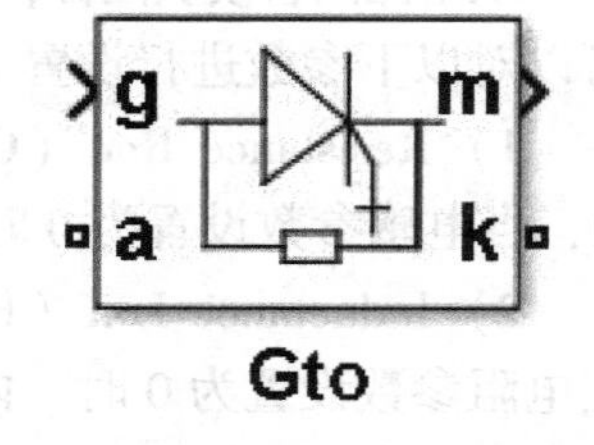

图 8-5　门极关断晶闸管模块

1）Resistance Ron（Ohms）：门极关断晶闸管元件内电阻 Ron，单位为 Ω。

2）Inductance Lon（H）：门极关断晶闸管元件内电感 Lon，单位为 H，电感不能为 0。

3）Forward voltage Vf（V）：门极关断晶闸管元件的正向管压降 Vf，单位为 V。

4）Current 10% fall time Tf（s）：电流下降到 10%的时间，单位为 s。

5）Current tail time Tt（s）：电流拖尾时间 Tt，单位为 s。

6）Initial current Ic（A）：初始电流 Ic，单位为 A，与晶闸管元件初始电流的设置相同，通常将 Ic 设为 0。

7）Sunbber resistance Rs（Ohms）：缓冲电阻 Rs，为消除缓冲电路，可将 Rs 参数设置为 inf。

8）Sunbber capacitance Cs（F）：缓冲电容 Cs，单位为 F，为消除缓冲电路，可将缓冲电容设置为 0；为得到纯电阻，可将 Cs 参数设置为 inf。

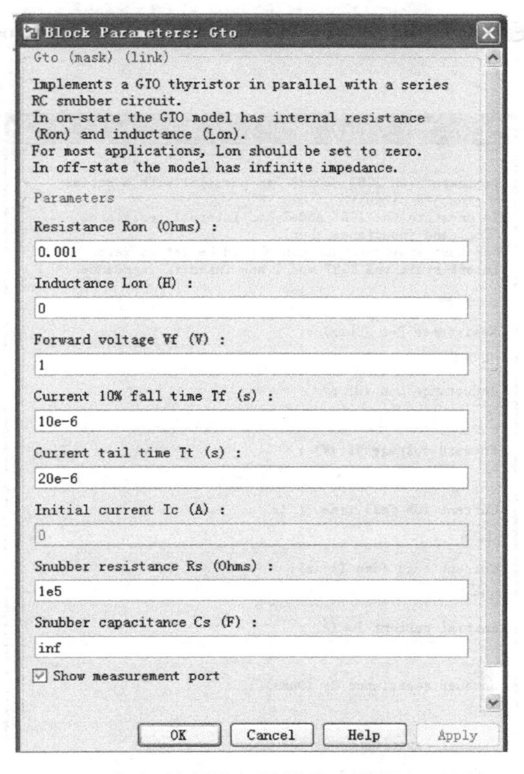

图 8-6　门极关断晶闸管模块参数设置对话框

9）Show measurement port：是否显示测量端口。

仿真含有门极关断晶闸管的电路时，必须使用刚性积分算法。

8.1.4　绝缘栅双极性晶体管

绝缘栅双极性晶体管（IGBT）仿真模块如图 8-7 所示。

双击绝缘栅双极性晶体管模块图标，打开绝缘栅双极性晶体管的参数设置对话框（见图 8-8），可以对以下参数进行设置。

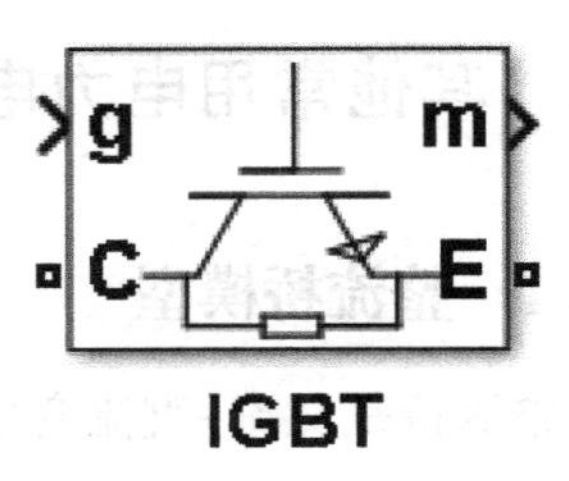

图 8-7　绝缘栅双极性晶体管模块

1）Resistance Ron（Ohms）：内电阻 Ron。

2）Inductance Lon（H）：电感 Lon。

3）Forward voltage Vf（V）：正向管压降 Vf。

4）Current 10% fall time Tf（s）：电流下降到 10%的时间 Tf。

5）Current tail time Tt（s）：电流拖尾时间 Tt。

6）Initial current Ic（A）：初始电流 Ic。

7）Sunbber resistance Rs（Ohms）：缓冲电阻 Rs。

8）Sunbber capacitance Cs（F）：缓冲电容 Cs。

9）Show measurement port：是否显示测量端口。

以上参数的含义和设置方法与门极关断晶闸管元件相同。仿真含有绝缘栅双极性晶体管元件的电路时，也必须使用刚性积分算法，通常可使用 ode23tb 或 ode15 s 算法，以获得较快的仿真速度。

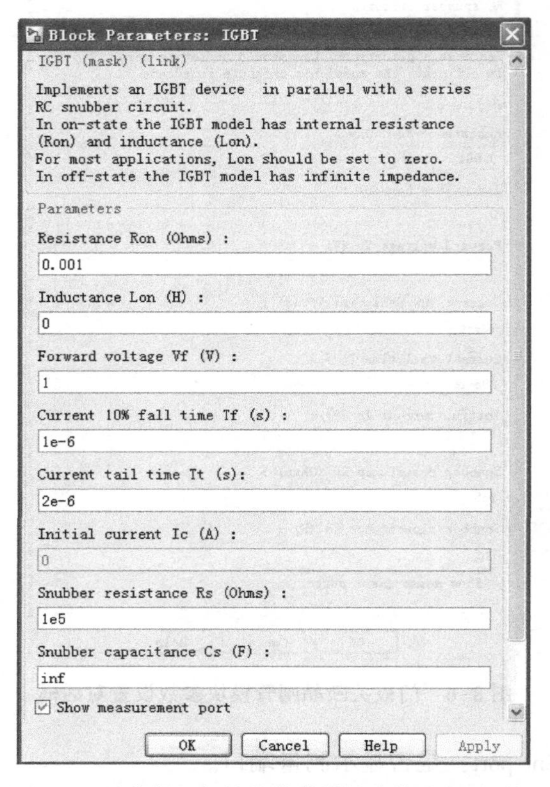

图 8-8　绝缘栅双极性晶体管模块参数设置对话框

在 MATLAB 的 SimPowerSystems 工具箱中还提供了其他电力电子器件模块，如 Ideal Switch（理想的开关管）、MOSFET（场效应晶体管）等。

8.2　其他常用电力电子仿真模块

8.2

8.2.1　整流桥模型

整流桥是交流-直流变换的核心单元，在 MATLAB 中的 SimPowerSystems 工具箱中定制了 Universal Bridge（通用整流桥模块），如图 8-9 所示。

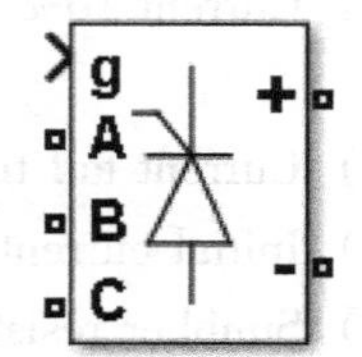

图 8-9　通用整流桥模块

该模块可以选择 1、2、3 个桥臂（Number of Bridge arms），如果选择 3 个桥臂，模块有 4 个输入端子和 2 个输出端子，其功能如下。

1）A、B、C 端子：分别为三相交流电源的相电压输入端子。

2）Pulses 端子：为触发脉冲的输入端子，如果桥臂选择为电力二极管，则无此端子。

3）+、-端子：分别为整流器的输出和输入端子，在建模时需要构成回路。

其参数设置对话框如图 8-10 所示，可以对以下参数进行设置。

1）Number of bridge arms：桥臂数量，可以选择 1、2、3 个桥臂，构成不同形式的整流器。

2）Snubber resistance Rs（Ohms）：缓冲电阻 Rs。

3）Snubber capacitance Cs（F）：缓冲电容 Cs，单位为 F，为消除缓冲电路，可将缓冲电容设置为 0；为得到纯电阻，可将电容参数设置为 inf。

4）Power electronic device：选择组成桥臂的电力电子器件。

5）Resistance Ron（Ohms）：晶闸管的内电阻 Ron，单位为 Ω。

6）Inductance Lon（H）：晶闸管的内电感 Lon，单位为 H，电感不能设置为 0。

7）Forward voltage Vf（V）：晶闸管的正向电压降 Vf，单位为 V。

8）Measurements：测量可以选择以下 5 种形式。选择之后需要通过 Multimeter（万用表模块）显示。

- None（无）。
- Device voltage（装置电压）。
- Device currents（装置电流）。
- UBA UBC UCA UDC（三相线电压与输出平均电压）。
- All voltages and currents（所有电压、电流）。

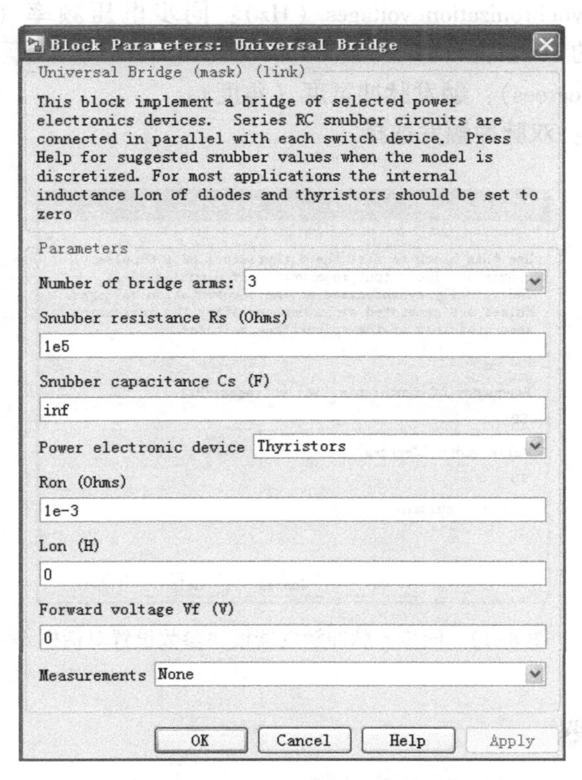

图 8-10　通用整流桥模块参数设置对话框

8.2.2 同步脉冲触发器

同步脉冲触发器模块用于触发三相全控整流桥的 6 个晶闸管，同步 6 脉冲触发器可以给出双脉冲，双脉冲间隔为 60°，触发器输出的 1~6 号脉冲依次送给三相全控整流桥对应编号的 6 个晶闸管。如果三相整流桥模块使用 SimPowerSystems 工具箱中电力电子库的 Universal Bridge（通用整流桥模块），则同步脉冲触发器的输出端直接与三相整流桥的脉冲输入端相连接。同步脉冲触发器包括同步电源和同步 6 脉冲触发器两个部分。同步 6 脉冲触发器模型的构建是通过 Extras Control Blocks（附加控制模块）中 Control Blocks 的 Synchronized 6-pulse Generator（同步 6 脉冲触发器）来实现的，同步 6 脉冲触发器模块如图 8-11 所示。

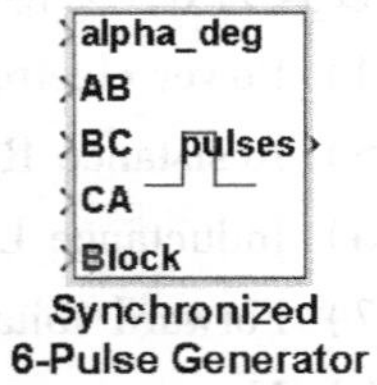

alpha_deg
AB
BC pulses
CA
Block
Synchronized
6-Pulse Generator

图 8-11　同步 6 脉冲触发器模块

同步 6 脉冲触发器有 5 个输入和 1 个输出端子，各部分功能如下。

1）Alpha_deg：此端子为脉冲触发角控制信号输入。

2）AB、BC、CA：三相电源的三相线电压输入。

3）Block：触发角控制器端，输入为 0 时开放触发器，输入大于 0 时封锁触发器。

4）Pulse：6 脉冲输出信号。

同步 6 脉冲触发器的参数设置对话框如图 8-12 所示，可以对以下参数进行设置。

1）Frequency of synchronization voltages（Hz）：同步电压频率（Hz）在国内一般为 50 Hz，不是系统默认的 60 Hz。

2）Pulse width（degrees）：触发脉冲宽度（角度）。

3）Double pulsing：双脉冲触发选择。

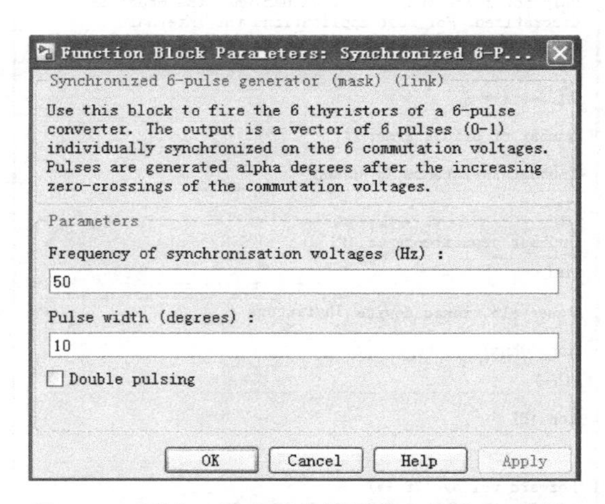

图 8-12　同步 6 脉冲触发器模块参数设置对话框

8.2.3 PWM 发生器

PWM 发生器模块是建立基于 PWM 技术逆变器的控制核心部分。MATLAB 在 SimPower-

Systems 工具箱的 Extras 库中 Control Blocks 子库下提供了 PWM Generator（PWM 发生器），模型如图 8-13 所示。

PWM 发生器有一个输入端子和一个输出端子，其功能如下。

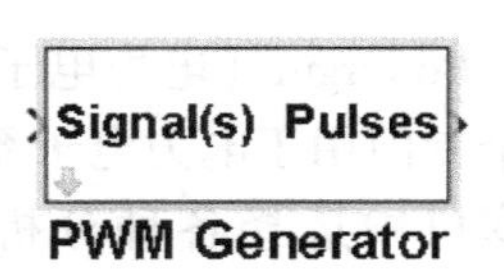

图 8-13 PWM 发生器模块

1）Signal（s）：当选择为调制信号内部产生模式时，无须连接此端子；当选择为调制信号外部产生模式时，此端子需要连接用户定义的调制信号。

2）Pulses：根据选择主电路桥臂形式，定制产生 2、4、6、12 路 PWM 脉冲。

PWM 发生器模块的参数设置对话框如图 8-14 所示，可以对以下参数进行设置。

1）Generator Mode：根据仿真系统的主电路构成，可以分别选择为 1-arm bridge（2 pulses）、2-arm bridge（4 pulses）、3-arm bridge（6 pulses）、double 3-arm bridge（6 pulses）。

2）Carrier frequency（Hz）：载波频率，就是前面所提到的调制三角波频率，单位为 Hz。

3）Internal generation of modulating signal（s）：调制信号内、外产生方式选择信号。

4）Modulation index（0<m<1）：调制索引值 m，在调制信号内产生方式下可选，其范围为 0~1，大小决定输出信号的幅值。

5）Frequency of output voltage（Hz）：输出电压的频率设定，单位为 Hz，在调制信号内产生方式下可选。

6）Phase of output voltage（degrees）：输出电压初始相位值设定，在调制信号内产生方式下可选。

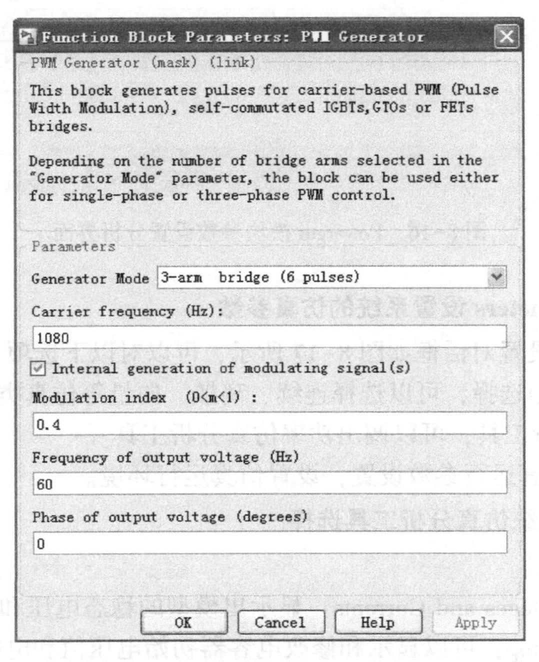

图 8-14 PWM 发生器模块参数设置对话框

8.2.4 Powergui

Powergui（电力电子系统设置分析）模块是 Simulink 提供的一个专门用于电力电子系统分析的工具，用户可以在该模块的属性窗口中选择各种分析方法和设置一些高级的参数。模型如图 8-15 所示。该模块功能强大，需针对具体的系统来完成相应的设置，本书仅介绍其基本用法。

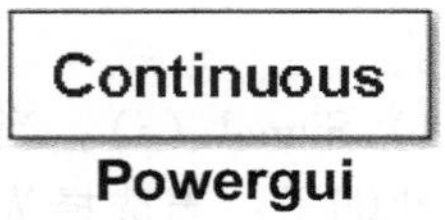

Continuous

Powergui

图 8-15 Powergui 模块

Powergui 模块参数设置分析界面如图 8-16 所示，其主要分为两大部分。

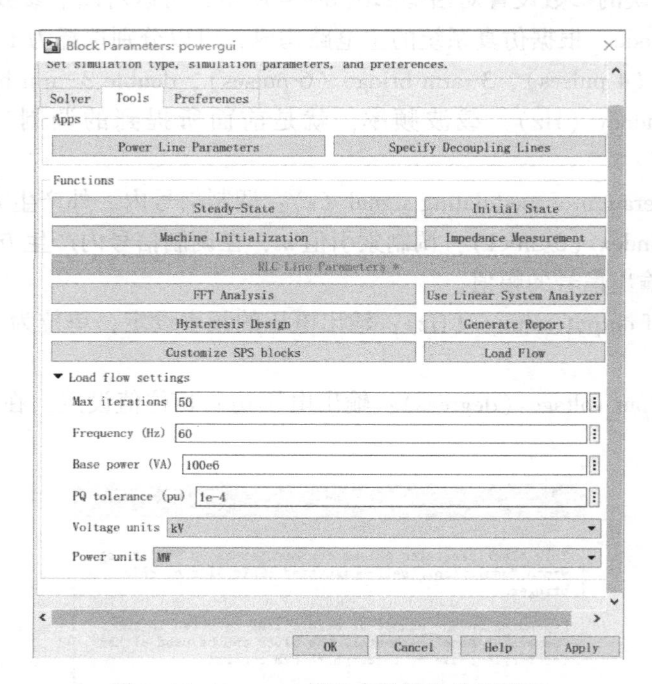

图 8-16 Powergui 模块参数设置分析界面

1. Configure parameters 设置系统的仿真参数

Powergui 模块参数设置对话框如图 8-17 所示，可以对以下选项卡进行设置。

1）Solver：仿真类型选择，可以选择连续、离散、向量等仿真类型及相关参数。

2）Tools：系统分析工具，可以调出功率仿真分析工具。

3）Preferences：仿真运行参数设置，设置仿真运行环境。

2. Analysis tools 系统仿真分析工具选择

其包括以下分析工具。

1）Steady-State Voltages and Currents：显示出模型的稳态电压和电流及峰值等。

2）Initial States Setting：可以显示和修改电容器初始电压值和电抗器的初始电流值。

3）Load Flow：完成负载流和三相电网及电力设备潮流分析初始化，保证系统稳态启动。仿真算法采用 Newton-Raphson 方法。

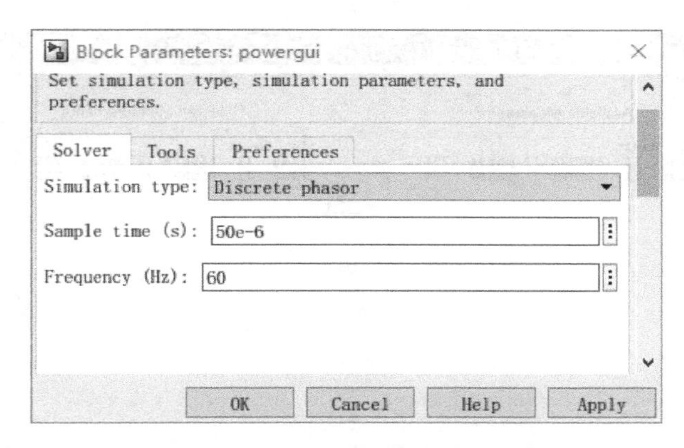

图 8-17　Powergui 模块参数设置对话框

4）Machine Initialization：三相电网及电机等的初始化，仿真在稳定状态下进行。

5）Use LTI Viewer：自动打开 LTI Viewer 界面来产生时域和频域响应。

6）Impedance vs Frequency Measurement：显示阻抗测量模块定义的阻抗和频率。

7）FFT Analysis：完成对信号的傅里叶分析并存储。

8）Generate Report：生成稳态变量、初始状态和负载流的报告。

9）Hysteresis Design Tool：设计一个饱和变压器模块和三相变压器模块（2 或 3 个绕组）。

10）Computer RLC Line Parameters：根据电力塔架地理信息及导体特点，计算架空输电线的 R、L、C 参数。

8.2.5　Multimeter

Multimeter（万用表）模块用来测量模型中仿真模块的电流和电压、选择电力电子系统模块中的测量参数。此方法相当于在模块内部连接一个电压或电流测量模块。该模块如图 8-18 所示。

Multimeter 模块参数设置对话框如图 8-19 所示，可以对以下参数进行设置。

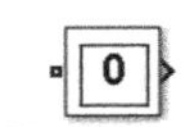

图 8-18　Multimeter 模块

1）Available Measurements：显示 Multimeter 模块在本系统模型中可以测量的参数列表，单击 Update 按钮更新列表。列表中的测量数据由已经被选择的各个模块中的测量选项进行设置，并自动在列表中显示测量的参数类型等信息，如电压、电流等。

2）Selected Measurements：列表显示已经被选择测量输出的参数。

3）Plot Selected Measurements：是否图形显示测量的参数，当仿真结束时，图像也就产生了。

4）Output Type：参数数据输出类型选择，可以选择复数（Complex）、数据的实部或虚部（Real-Imag）、数据的幅值-角度（Magnitude-Angle）、Magnitude（幅值）等数据类型。

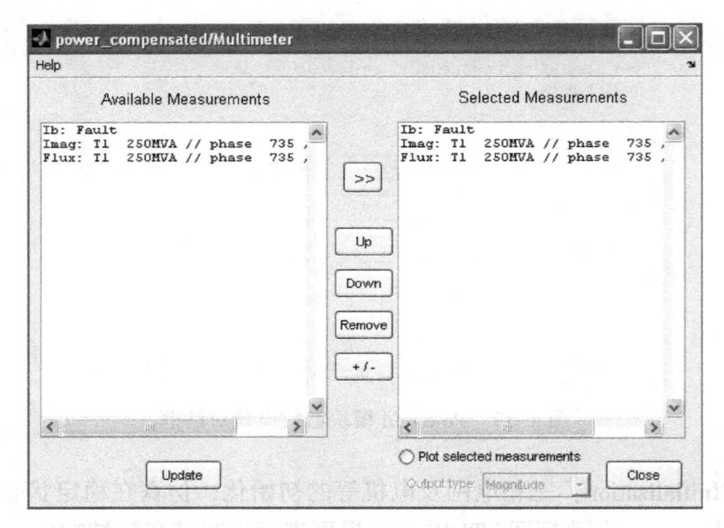

图 8-19　Multimeter 模块参数设置对话框

8.3　MATLAB 在电力电子技术中的具体应用

8.3

8.3.1　交流电压信号叠加模型

本例中将两个不同制式的电压信号叠加在一起，然后进行波形显示及分析。系统组成如图 8-20 所示。

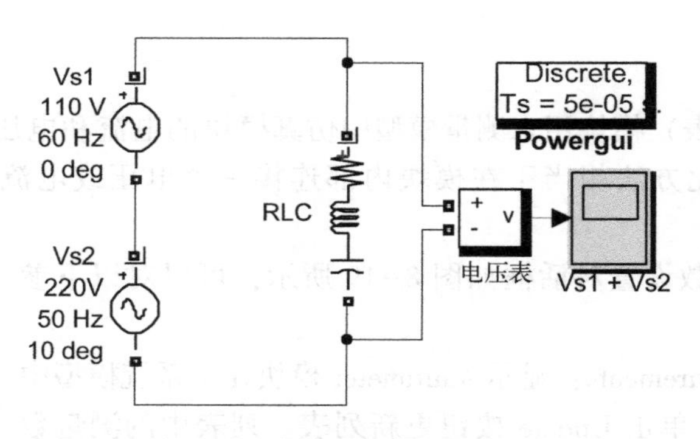

图 8-20　交流电压信号叠加模型

系统模型中主要模块的主要参数见表 8-1。仿真算法为默认的 Discrete，仿真时间为 0.5 s。系统最终的波形图如图 8-21 所示。

表 8-1　交流电压信号叠加模型中主要模块的主要参数

模　块	功　能	设 置 值
Vs1	交流电压源 1	电压为 110 V，频率为 60 Hz，相位为 0°
Vs1	交流电压源 2	电压为 220 V，频率为 50 Hz，相位为 10°
RLC	系统 *RLC* 负载	串行连接，电阻 $R=100\,\Omega$，电感 $L=1\,H$，电容 $C=50\,\mu F$
Powergui	系统设置分析模块	离散仿真，tustin 法，采样频率为 50e-6

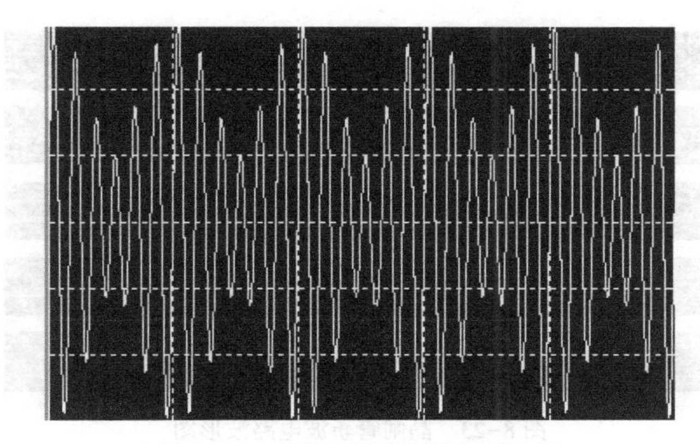

图 8-21　交流电压信号叠加波形图

8.3.2　晶闸管斩波电路模型

本例通过脉冲发生器产生脉冲，控制晶闸管的通断，调整交流电压源的供电电压，然后进行波形显示及分析。系统组成如图 8-22 所示。

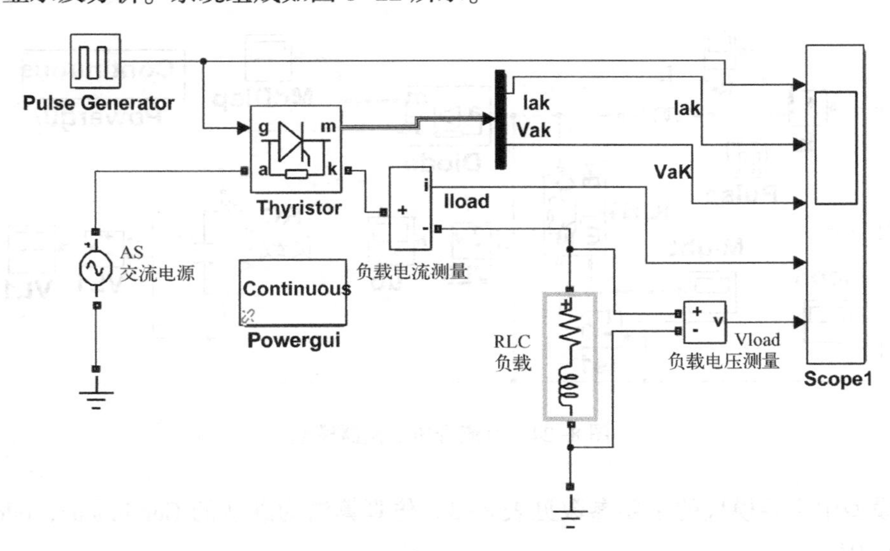

图 8-22　晶闸管斩波电路模型

系统模型中主要模块的主要参数见表 8-2。仿真算法为默认的 Continuous，ode15 s，仿真时间为 0.1 s。系统最终的波形图如图 8-23 所示。

表 8-2　晶闸管斩波电路模型中主要模块的主要参数

模　　块	功　　能	设 置 值
AS	交流电压源	电压为 220 V，频率为 50 Hz，相位为 0°
RLC	系统 *RLC* 负载	*RL* 串行连接，电阻 $R=1\,\Omega$，电感 $L=0.01\,\mathrm{H}$
Pulse	脉冲发生器	幅值为 10，周期为 0.02 s，脉冲宽度为 10%
Thyristor	晶闸管	默认值，内阻为 0.001 Ω，缓冲电阻为 20 Ω
Powergui	系统设置分析模块	连续仿真

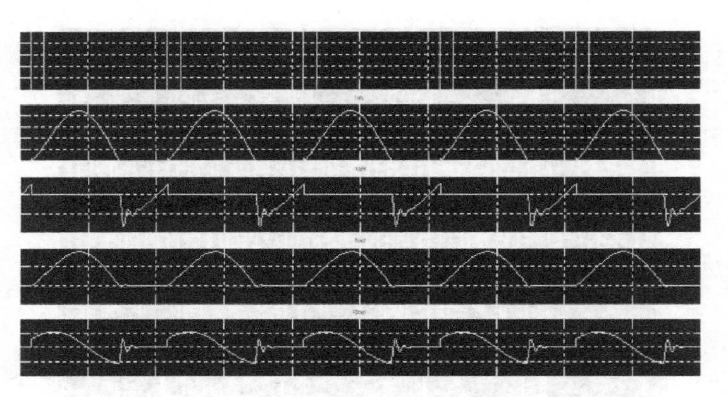

图 8-23　晶闸管斩波电路波形图

8.3.3　直流升压变换器模型

直流升压变换器（Boost）是通过 IGBT 斩波电路，实现直流电压的提升，其电压的幅值由脉冲的宽度确定。本例的系统组成如图 8-24 所示。

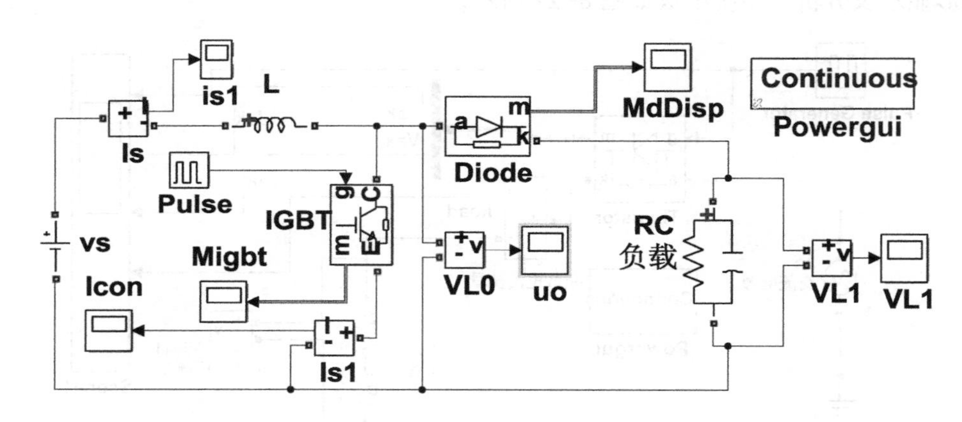

图 8-24　直流升压变换器模型

系统模型中主要模块的主要参数见表 8-3。仿真算法为默认的 Continuous，ode15 s，仿真时间为 0.01 s。

表 8-3　直流升压变换器模型中主要模块的主要参数

模　　块	功　　能	设 置 值
VS	直流电压源	电压为 24 V
RC	系统 *RC* 负载	*RC* 并行连接，电阻 $R=10\,\Omega$，电容 $C=50\,\mu F$
Pulse	脉冲发生器	幅值为 10，周期为 0.02 s，脉冲宽度为 80%
IGBT	IGBT	默认值，内阻为 0.001 Ω，缓冲电阻为 10 kΩ
Diode	电力二极管	默认值，内阻为 0.001 Ω，缓冲电阻为 500 Ω
L	线路电抗	电感量 $L=0.1\,mH$
Powergui	系统设置分析模块	连续仿真

系统最终的波形图如图 8-25~图 8-30 所示。

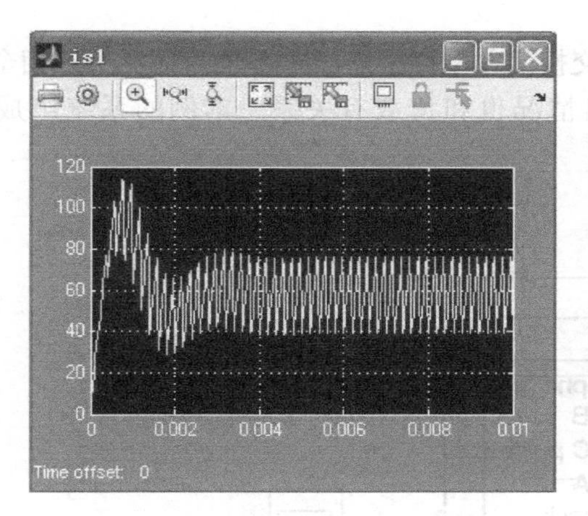

图 8-25　低压电源侧 is1 的电流波形

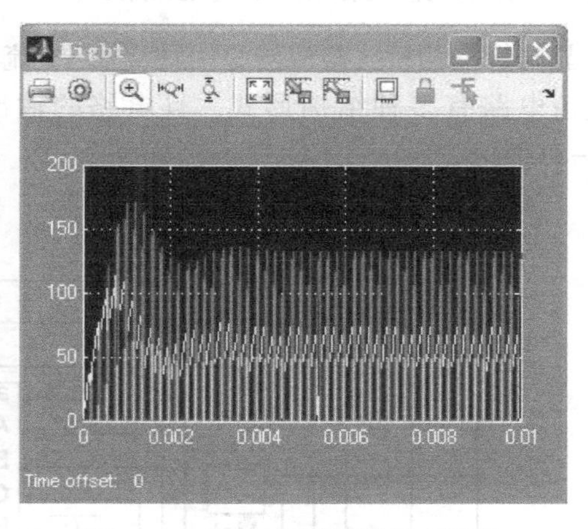

图 8-26　IGBT 测量端子输出波形

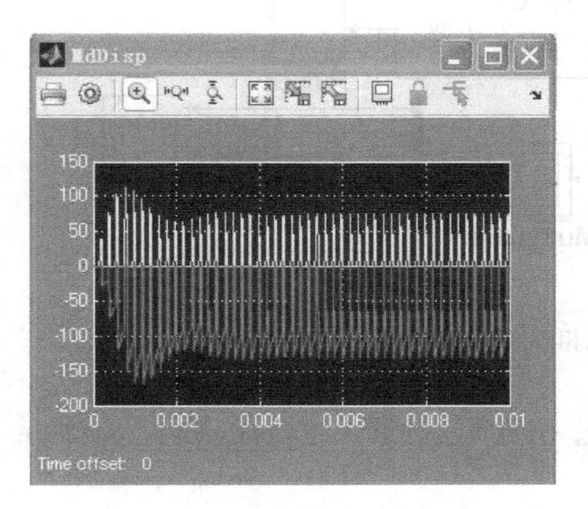

图 8-27　电力二极管测量端子输出波形

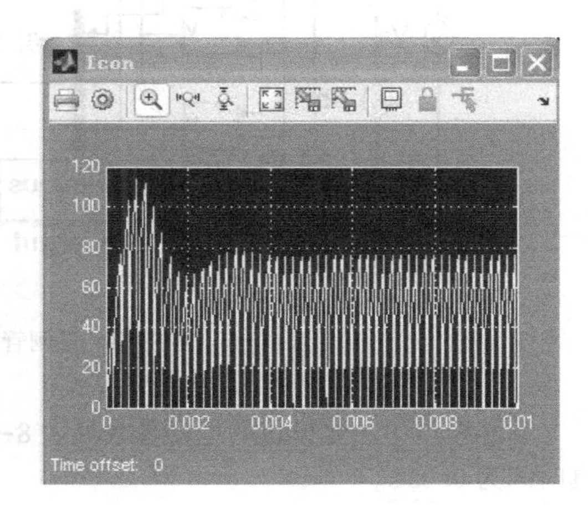

图 8-28　IGBT 流过的电流波形

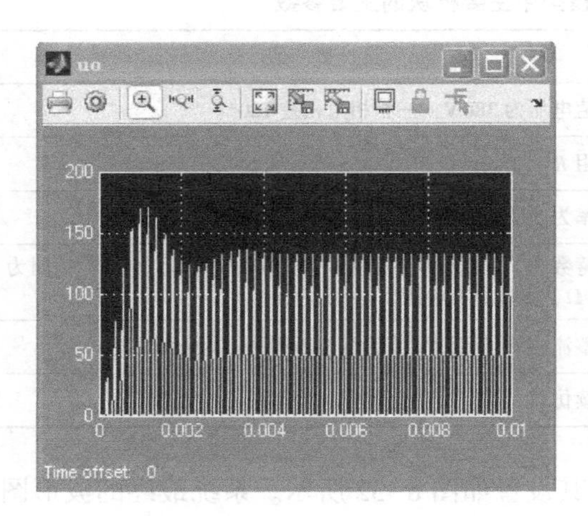

图 8-29　IGBT 两端的电压波形

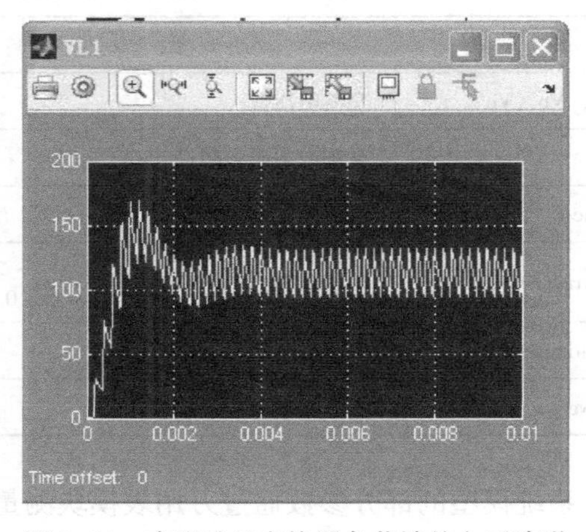

图 8-30　直流升压变换器负载端的电压波形

8.3.4 晶闸管三相桥式整流器模型

晶闸管三相桥式整流器是一种交流-直流交换的典型变换器，应用较为广泛。三相全桥式整流电路有多种结构形式，且电路的输出情况也和负载有关系。本例的系统组成如图 8-31 所示。

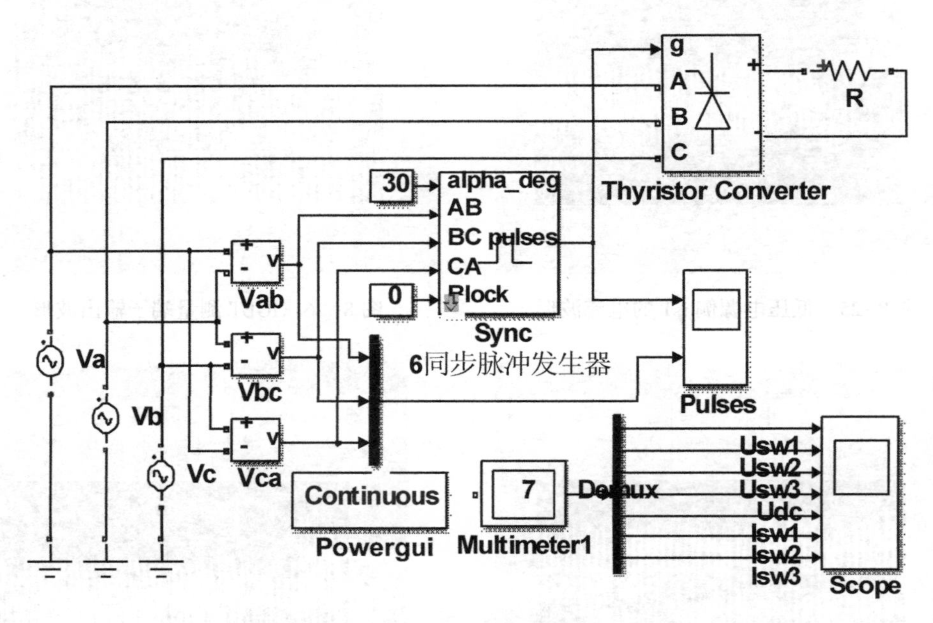

图 8-31　晶闸管三相桥式整流器模型

系统模型中主要模块的主要参数见表 8-4。仿真算法为默认的 Continuous，ode23tb，仿真时间为 0.05 s。

表 8-4　晶闸管三相桥式整流器模型中主要模块的主要参数

模　块	功　能	设 置 值
Va，Vb，Vc	交流电压源	峰值电压为 380 V，三相相角相差 120°
R	系统纯电阻负载	电阻 $R=2\,\Omega$
Sync	同步 6 脉冲发生器	频率为 50 Hz，脉冲宽度为 30%，触发相角为 30°
Thyristor Converter	晶闸管整流电路	桥臂数为 3，桥臂器件为晶闸管，缓冲电阻为 500 Ω，内阻为 0.001 Ω，测量所有电压、电流
Multimeter1	万用表	在整流模块设置测量值后可按照图 8-32 所示设置
Powergui	系统设置分析模块	连续仿真

系统模型的部分参数通过万用表模块测量，其设置如图 8-32 所示。系统最终的波形图如图 8-33 和图 8-34 所示。

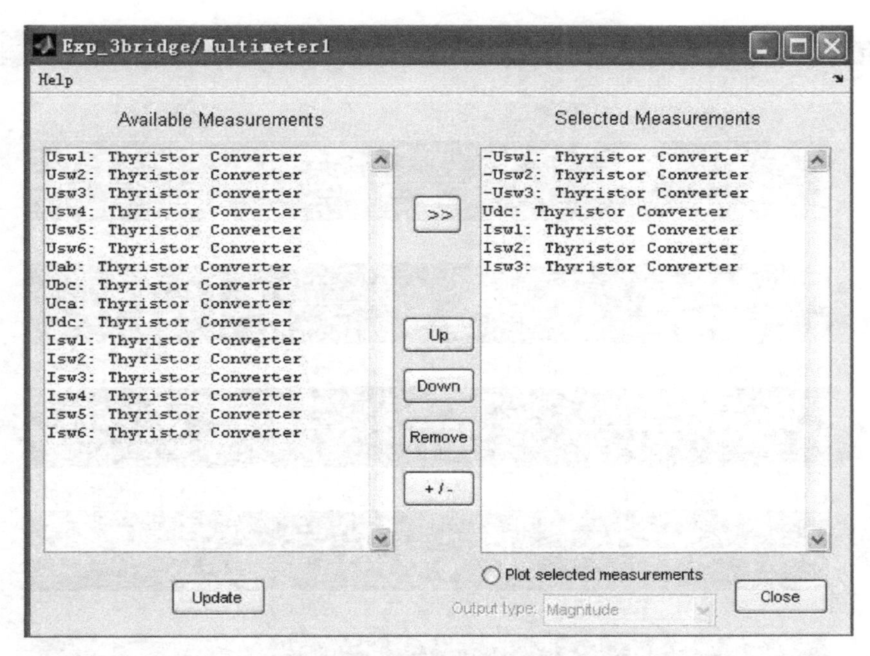

图 8-32 晶闸管三相桥式整流器模型万用表设置界面

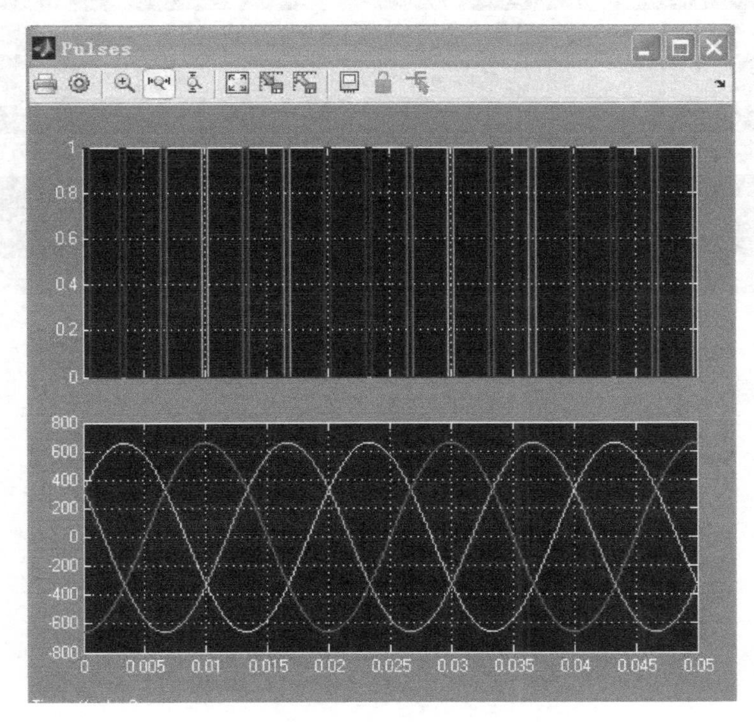

图 8-33 三相线电压信号和 6 脉冲信号

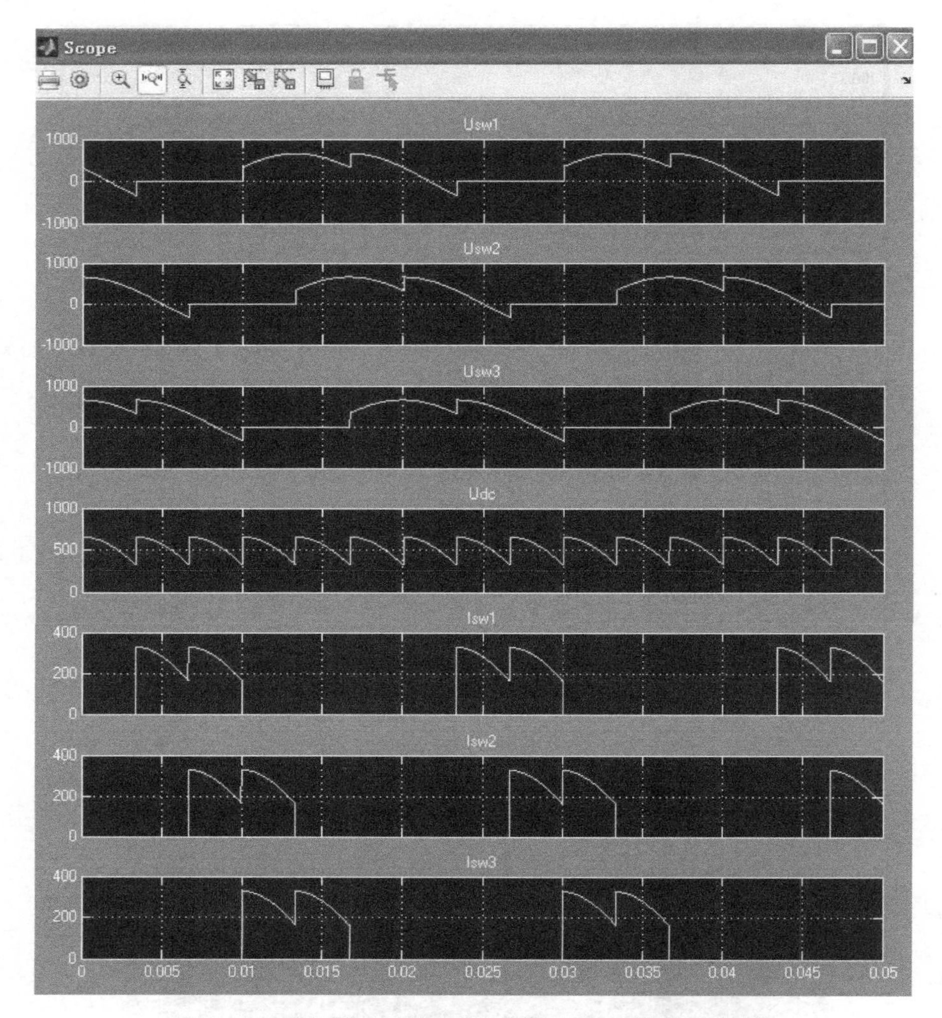

图 8-34 晶闸管三相桥式整流器模型万用表测量的波形

第 9 章　MATLAB 在交直流调速中的应用

交直流调速系统是常见的控制系统，其设计的原则为系统的动、静态的特性满足生产、生活的要求。本章将结合几个例子简单介绍 MATLAB 对交直流系统的仿真。

9.1　交直流调速基本模块

9.1

9.1.1　直流电动机模块

直流电动机是一种将直流电能转换成机械能的装置，具有起动转矩大、调速范围宽等优点。其在 SimPowerSystems 工具箱下的模块如图 9-1 所示。

模型的端子功能如下。

1）F+和 F-：此端子为直流电动机励磁电路控制端子，分别连接励磁电源的正极和负极。

2）A+和 A-：电动机电枢回路控制端。

3）TL：电动机的负载转矩信号输入端。

4）m：电动机信号的测试端，包括转速、电枢电流、励磁电流和电磁转矩。

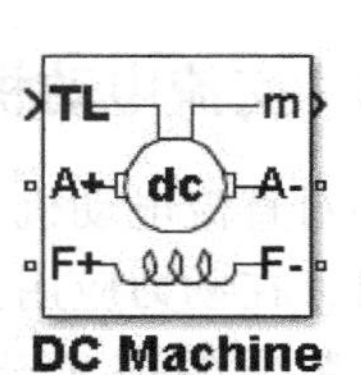

图 9-1　直流电动机模块

其参数设置对话框如图 9-2 所示。

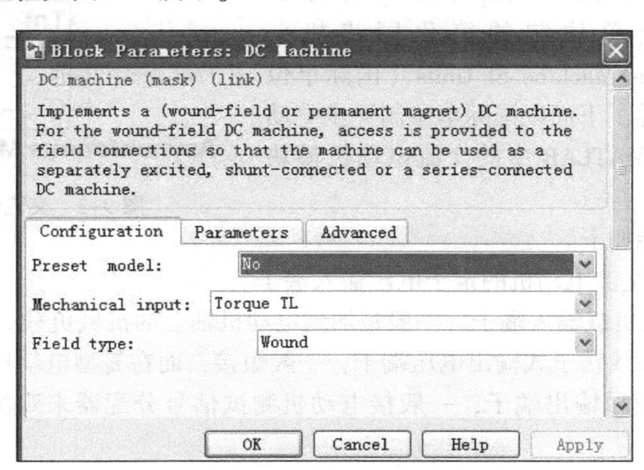

图 9-2　直流电动机模块参数设置对话框

参数设置界面有 3 个选项卡，每个选项卡设置不同的参数。

1. Configuration 直流电动机模块配置选项卡

1）Preset model：选择标准的预置的电动机模型，其参数默认。

2）Mechanical input：电动机的输入，相当于电动机的负载。

3）Field type：选择是绕线转子式还是永磁式电动机。

2. Parameters 直流电动机参数设置选项卡

可以设置参数如下。

1）Armature resistance and inductance [Ra（ohms）La（H）]：电枢电阻（Ω）和电感（H）。

2）Field resistance and inductance [Rf（ohms）Lf（H）]：励磁回路电阻（Ω）和电感（H）。

3）Field-armature mutual inductance Laf（H）：电枢与励磁回路互感（H）。

4）Total inertia J（kg. m^2）：电动机转动惯量（kg · m^2）。

5）Viscous friction coefficient Bm（N. m. s）：黏滞摩擦系数（N · m · s）。

6）Coulomb friction torque Tf（N. m）：静摩擦转矩（N · m）。

7）Initial speed（rad/s）：初始速度。

3. Advanced 高级参数选项卡

设置采样时间，一般设置成-1，按照 Powergui 的设置进行仿真。

9.1.2 交流电动机模块

相对直流电动机，交流电动机应用更加广泛，同时交流电动机又分为同步电动机和异步电动机，在动力应用方面交流异步电动机应用更为广泛。交流电动机的数学模型要比直流电动机的数学模型复杂得多，对交流电动机的建模与仿真更为复杂。在 MATLAB 推出的 SimPowerSystems 工具箱中定制封装了一系列交直流电动机模型，交流电动机模型主要有 Asynchronous Machine Pu Units（单位制的异步电动机）、Asynchronous Machine SI Units（国际单位制的异步电动机）、Simplified Synchronous Machine Pu Units（单位制的简化同步机）、Simplified Synchronous Machine SI Units（国际单位制的简化同步机）等。下面以国际单位制异步电动机为例介绍，其在 MATLAB 中的交流电动机模块如图 9-3 所示。

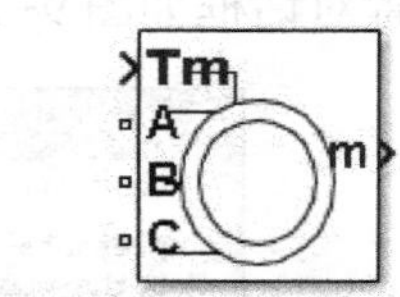

图 9-3 交流电动机模块

模型的端子功能如下。

1）A，B，C：交流电动机的定子电压输入端子。

2）Tm：电动机负载输入端子，一般是加到电动机轴上的机械负载。

3）a，b，c：绕线转子式输出电压端子，一般短接，而在笼型电动机此为输出端子。

4）m：电动机信号输出端子，一般接电动机测试信号分配器来观测电动机内部信号，或引出反馈信号。

参数设置对话框如图 9-4 所示，界面中有 3 个选项卡，每个选项卡设置不同的参数。

1. Configuration 交流电动机模块配置选项卡

1）Preset model：选择标准的预置的电动机模型，其参数默认。

2）Mechanical input：电动机的输入，相当于电动机的负载。

3）Rotor type：转子类型，可以选择绕线转子式、笼型、双笼型等。

4）Reference frame：参考坐标系选择，可以选择转子、静止、同步旋转坐标系。

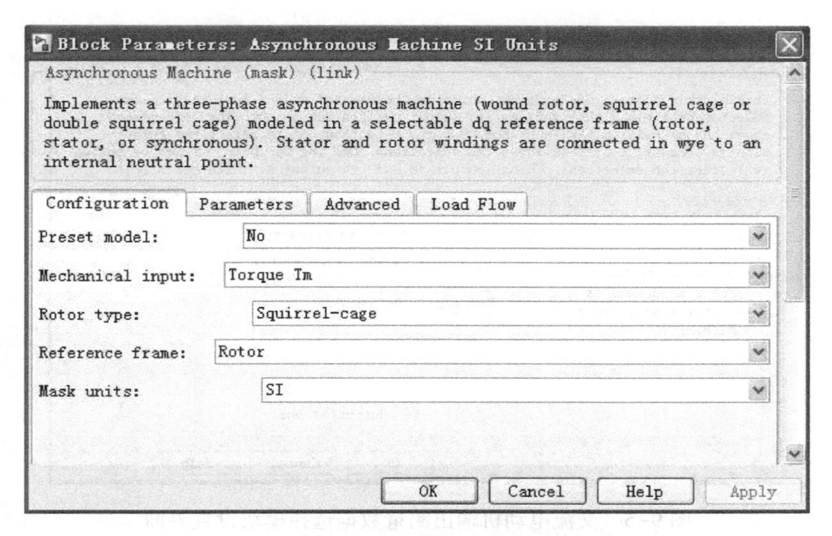

图 9-4　交流电动机模块参数设置对话框

5）Mask units：标准制式选择。

2. Parameters 交流电动机参数设置选项卡

1）Nominal power，voltage（line-line），and frequency：额定功率（V·A）、线电压（V）和频率（Hz）。

2）Stator resistance and inductance：定子电阻 Rs（Ω）和漏感 Lls（H）。

3）Rotor resistance and inductance：转子电阻 Rs（Ω）和漏感 Lls（H）。

4）Mutual inductance：互感 Lm（H）。

5）Inertia constant，friction factor，and pole pairs：转动惯量［J(kg·m^2)］、摩擦系数和极对数。

6）Initial conditions：初始条件包括初始转差 s，电角度 phas、phbs、phcs（deg）和定子电流 isa、isb、isc（A）。

3. Advanced 高级参数选项卡

1）设置采样时间，一般设置成-1，按照 Powergui 的设置进行仿真。

2）离散仿真算法选择，需和 Powergui 配合使用。

4. Load Flow 潮流分析选项卡

Mechanical power：电动机的功率。

9.1.3　交流电动机测量模块

交流电动机模型的大部分数据不能通过测量模块来得到，需要通过 m 端子进行输出，然后由 Bus Select 总线数据选择模块来进行有选择地显示，其设置界面如图 9-5 所示。

参数设置界面中参数（Parameters）由两个部分组成，每个部分功能不同。通过信号的选择，可以得到多种组合的交流电动机内部数据的输出，并可通过示波器显示出来。

1）Signals in the bus：左半部分为电动机模块所有可以测量输出的信号列表。

2）Selected signals：右半部分是选择需要输出的信号列表。如果需要总线形式输出，选择 Output as bus 复选按钮。

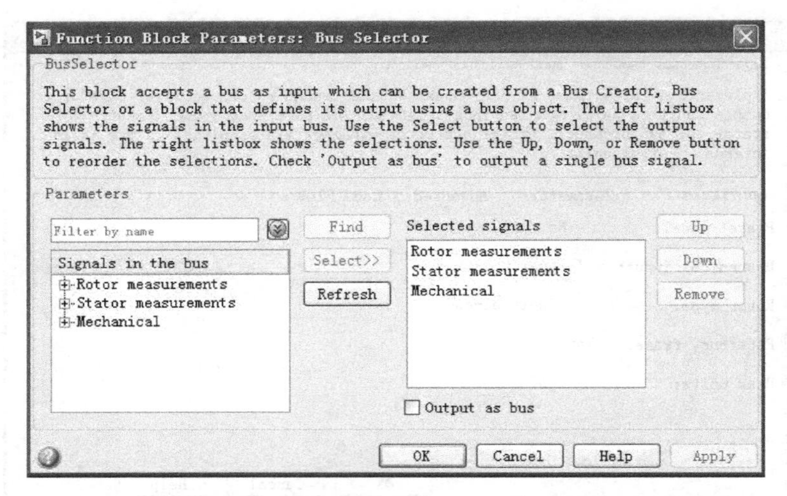

图 9-5　交流电动机输出测量数据选择模块设置界面

9.2　MATLAB 在交直流调速系统的具体应用

9.2

9.2.1　开环直流电动机直接起动

图 9-6 系统模型中主要模块的参数见表 9-1。仿真算法为默认的 Continuous，ode15 s，仿真时间为 2 s。仿真结果如图 9-7～图 9-9 所示。

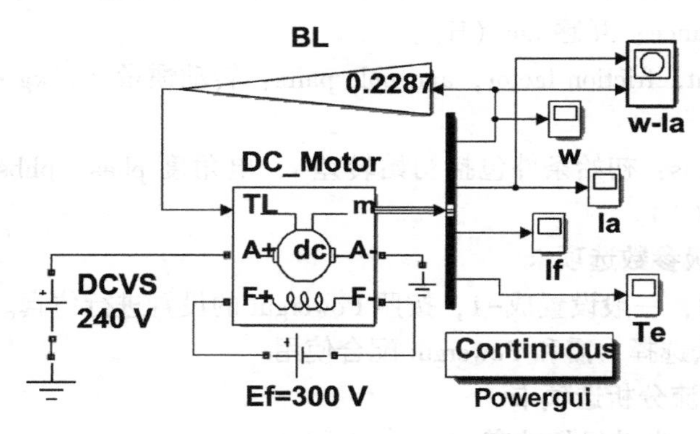

图 9-6　直流电动机直接起动系统组成图

表 9-1　直流电动机直接启动系统模型中主要模块的参数

模　块	功　能	设 置 值
DCVS	直流电压源	电压为 240 V
DC_Motor	直流电动机模型	预置模型，5 hp（1 hp = 745.700 W）；240 V；1770 r/min；Field：300 V
Ef	励磁电压	300 V
BL	负载反馈比	0.2287
Powergui	系统设置分析模块	连续仿真

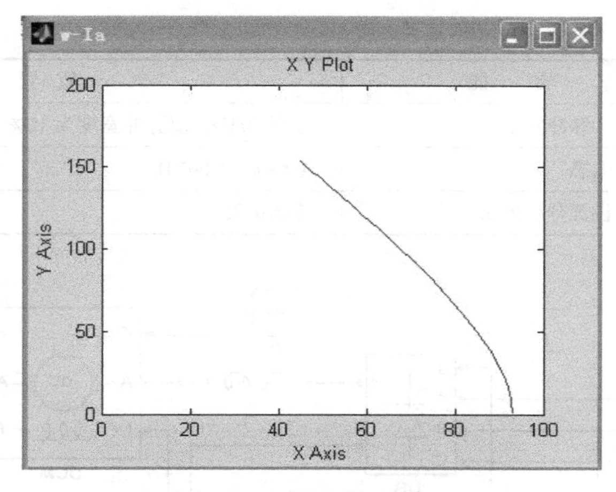

图 9-7　直流电动机直接起动转速-电流李沙育图

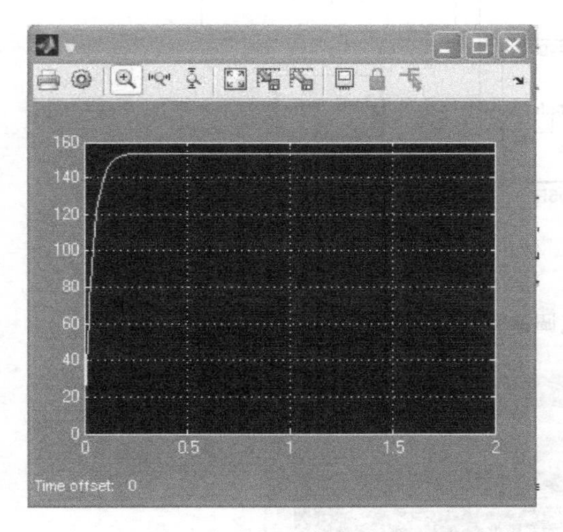

图 9-8　直流电动机直接起动转速波形图

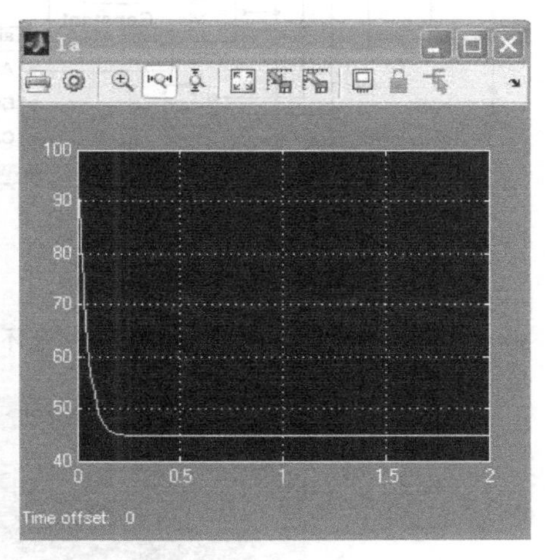

图 9-9　直流电动机直接起动电流波形图

9.2.2　开环直流调速系统

图 9-10 系统模型中主要模块的主要参数见表 9-2。仿真算法为默认的 Continuous，ode23tb，仿真时间为 0.5 s。仿真结果如图 9-11 所示。

表 9-2　开环直流调速系统模型中主要模块的主要参数

模　块	功　能	设 置 值
A，B，C	交流电压源	电压为 220 V，频率 50 Hz，相位相差 120°
DCM	直流电动机模型	预置模型，5hp；240 V；1770 r/min；Field：150 V
DCF	励磁电压	150 V
TL	负载力矩	30 N · m
UB	晶闸管整流电路	桥臂数为 3，桥臂器件为晶闸管，缓冲电阻为 500 Ω，内阻为 0.001 Ω，测量所有电压、电流

（续）

模　块	功　能	设 置 值
Syn6P	同步 6 脉冲发生器	频率 50 Hz，双脉冲宽度为 10%，触发相角为 30°
L	线路电感	电感 $L=0.001$ H
Powergui	系统设置分析模块	连续仿真

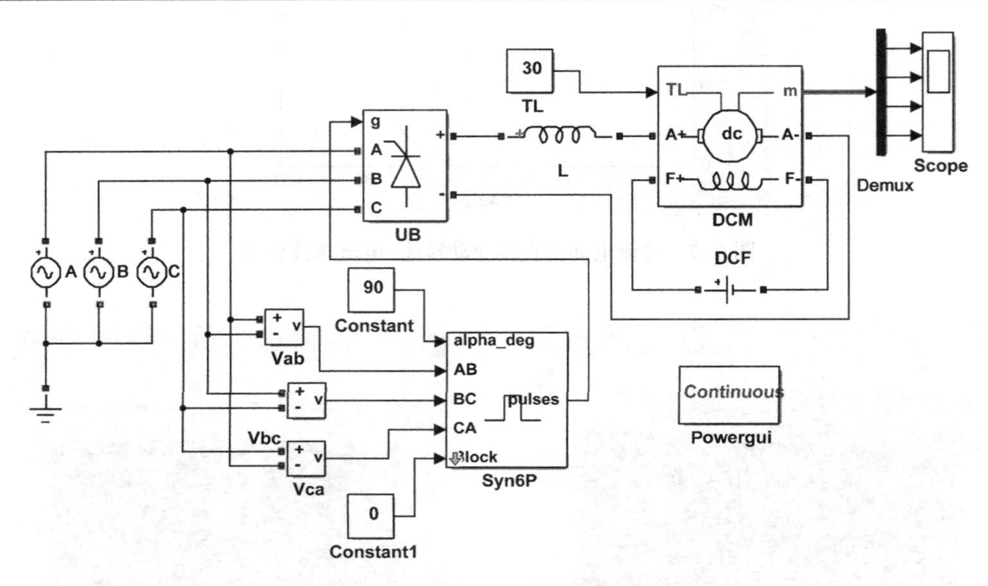

图 9-10　开环直流调速系统组成图

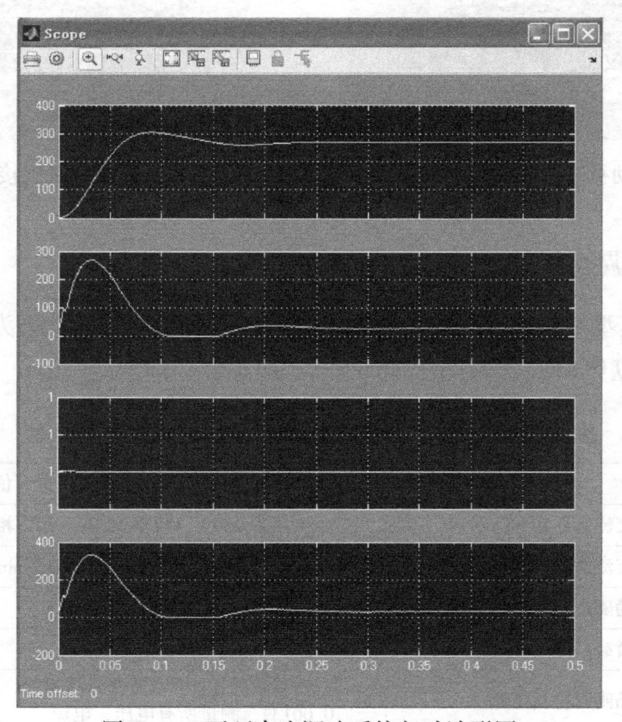

图 9-11　开环直流调速系统起动波形图

9.2.3　双闭环直流调速系统

双闭环直流调速系统可以采用系统结构图的形式来进行仿真，也可以采用 SimPowersystem 得到电气结构图的仿真，本节介绍基于电气结构图的仿真。系统的模型结构图如图 9-12 所示。

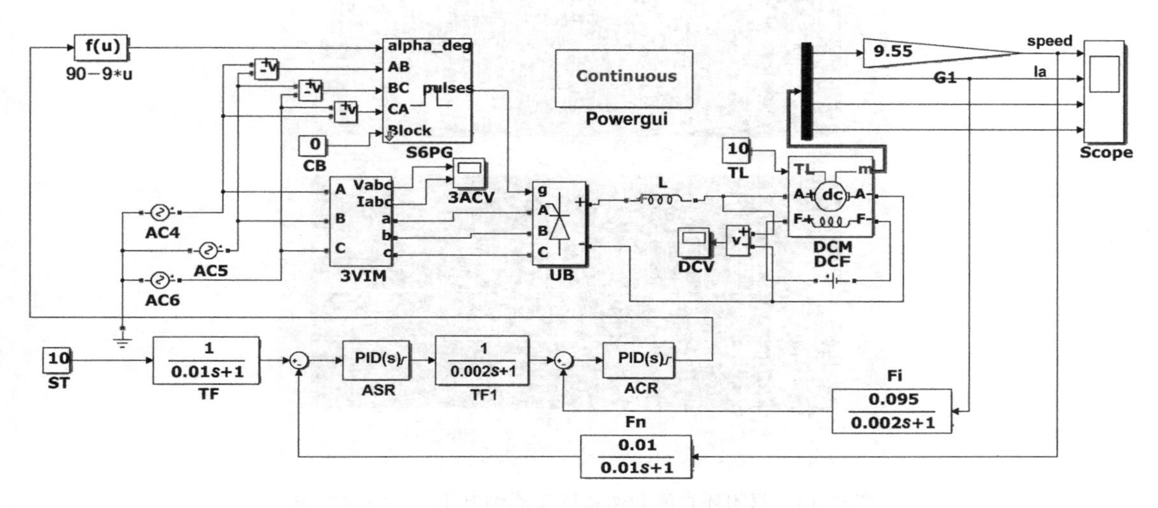

图 9-12　双闭环直流调速系统组成图

系统模型中主要模块的主要参数见表 9-3。仿真算法为默认的 Continuous，ode23tb，仿真时间为 0.2 s。仿真结果如图 9-13 和图 9-14 所示。

表 9-3　双闭环直流调速系统模型中主要模块的主要参数

模　块	功　能	设 置 值
AC4，AC5，AC6	交流电压源	电压为 220 V，频率 50 Hz，相位相差 120°
DCM	直流电动机模型	默认参数
DCF	励磁电压	220 V
TL	负载力矩	10 N · m
UB	晶闸管整流电路	桥臂数为 3，桥臂器件为晶闸管，缓冲电阻为 500 Ω，内阻为 0.001 Ω，测量所有电压、电流
S6PG	同步 6 脉冲发生器	频率 50 Hz，脉冲宽度为 10%
L	线路电感	电感 L=0.001 H
ASR	速度环控制器	并联，P=60，I=11.7，限幅±80
ACR	电流环控制器	并联，P=1.24，I=40，限幅±10
3VIM	三相电压电流测量模块	交流侧三相电压、电流的测量（见图 9-13）
Powergui	系统设置分析模块	连续仿真

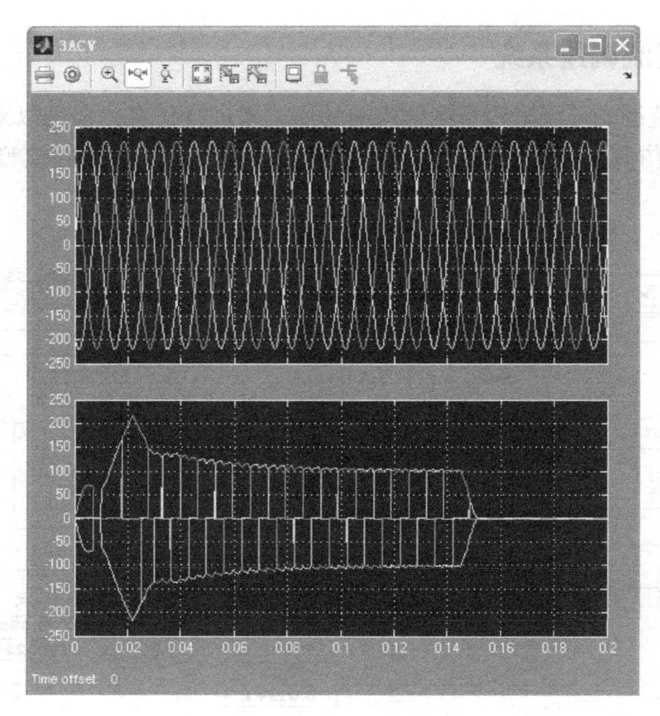

图 9-13 双闭环直流调速系统交流侧电压、电流波形图

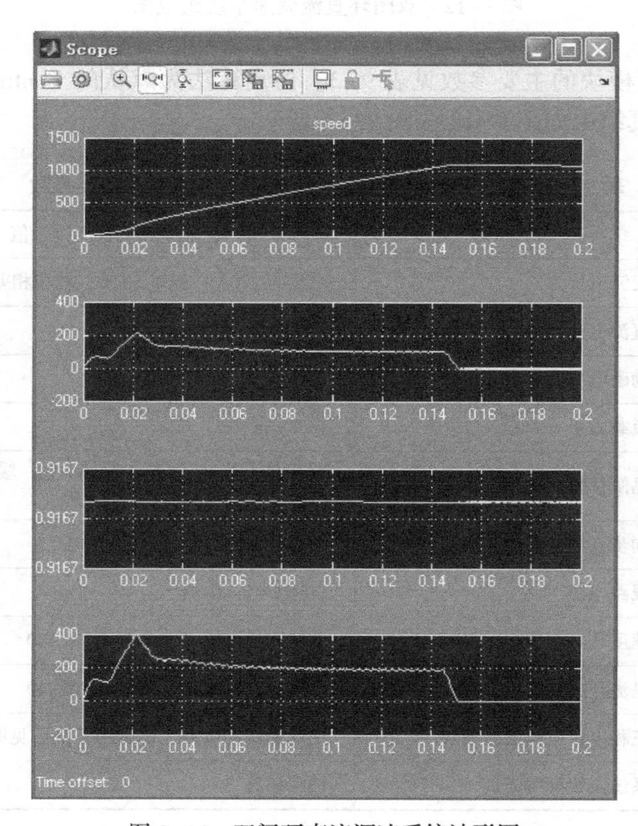

图 9-14 双闭环直流调速系统波形图

9.2.4　交流电动机直接全压起动系统

直接全压起动是小型交流电动机应用常见的起动方式，系统的模型结构图如图 9-15 所示。通过测量模块可以将转子（见图 9-16）、定子（见图 9-17）、电动机输出（见图 9-18）等矢量信号显示出来。

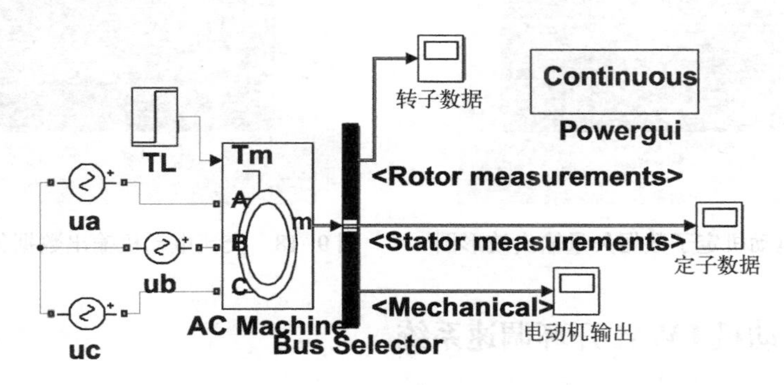

图 9-15　交流电动机直接全压起动系统组成图

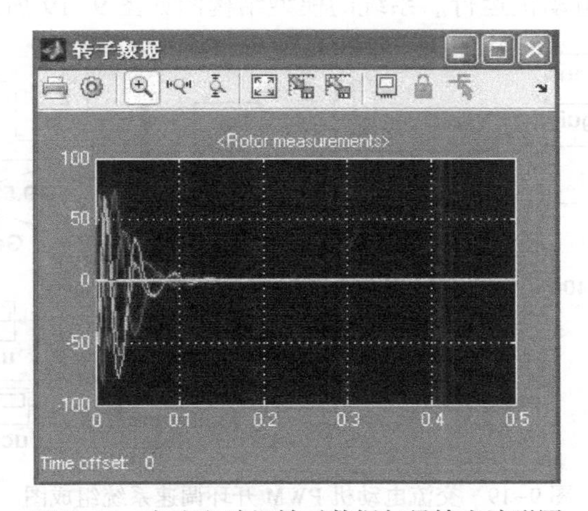

图 9-16　交流电动机转子数据矢量输出波形图

系统模型中主要模块的主要参数见表 9-4。仿真算法为默认的 Continuous，ode23tb，仿真时间为 0.5 s。

表 9-4　交流电动机直接全压起动系统模型中主要模块的主要参数

模　块	功　能	设 置 值
ua，ub，uc	交流电压源	电压为 220 V * sqrt(2)，三相相差 120°
AC Machine	交流电动机模型	预置值，4 kW，400 V，50 Hz，1430 r/min
TL	负载力矩	0 N · m
Powergui	系统设置分析模块	连续仿真

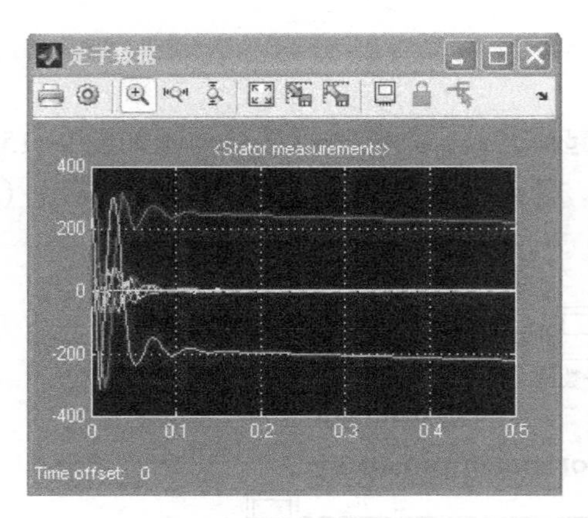

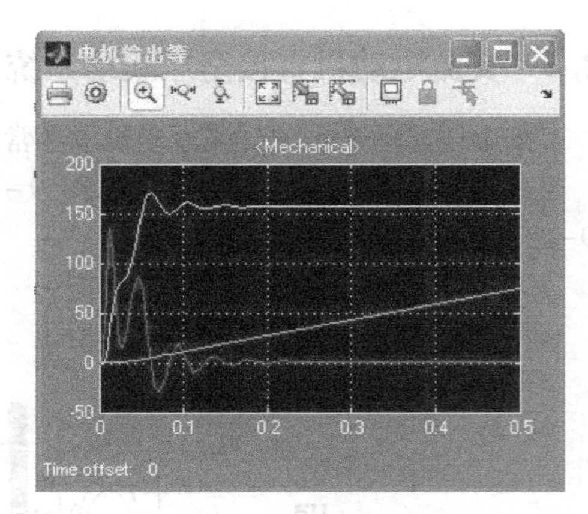

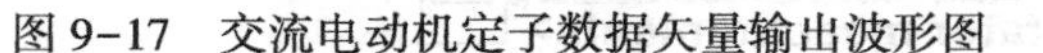

图 9-17　交流电动机定子数据矢量输出波形图　　图 9-18　交流电动机输出数据矢量输出波形图

9.2.5　交流电动机 PWM 开环调速系统

交流电动机 PWM 开环调速系统通过调节 PWM 生成模块的频率来调节 IGBT 三相桥，产生交流信号，驱动交流电动机运行。系统的模型结构图如图 9-19 所示。

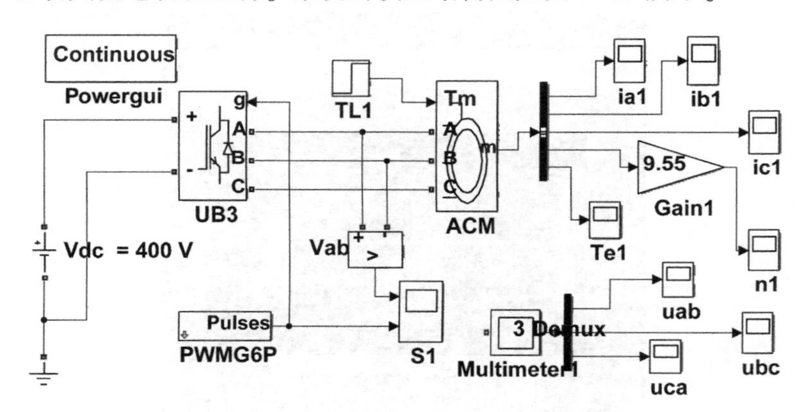

图 9-19　交流电动机 PWM 开环调速系统组成图

系统模型中主要模块的主要参数见表 9-5。仿真算法为默认的 Continuous，ode23tb，仿真时间为 0.5 s。仿真结果如图 9-20～图 9-23 所示。

表 9-5　交流电动机 PWM 开环调速系统模型中主要模块的主要参数

模　块	功　能	设 置 值
Vdc	直流电压源	电压为 400 V
ACM	交流电动机模型	预置值，4 kW，400 V，50 Hz，1430 r/min
TL	负载力矩	0 N · m
UB	晶闸管整流电路	桥臂数为 3，桥臂器件为 IGBT，缓冲电阻为 10000Ω，内阻为 0.0001Ω，测量所有电压、电流
PWMG6P	离散脉冲发生器	3 桥臂，6 脉冲，50 Hz
Powergui	系统设置分析模块	连续仿真

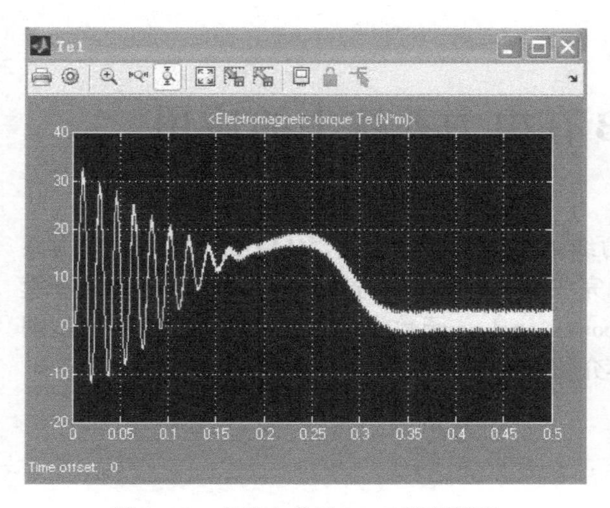

图 9-20　交流电动机 PWM 开环调速系统力矩输出波形图

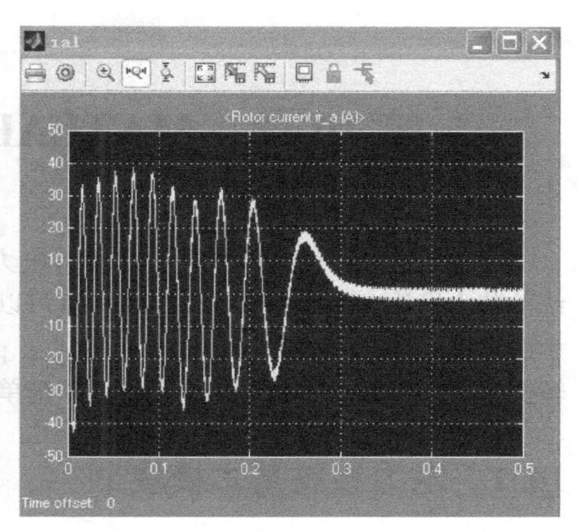

图 9-21　交流电动机 PWM 开环调速系统 A 相电流波形图

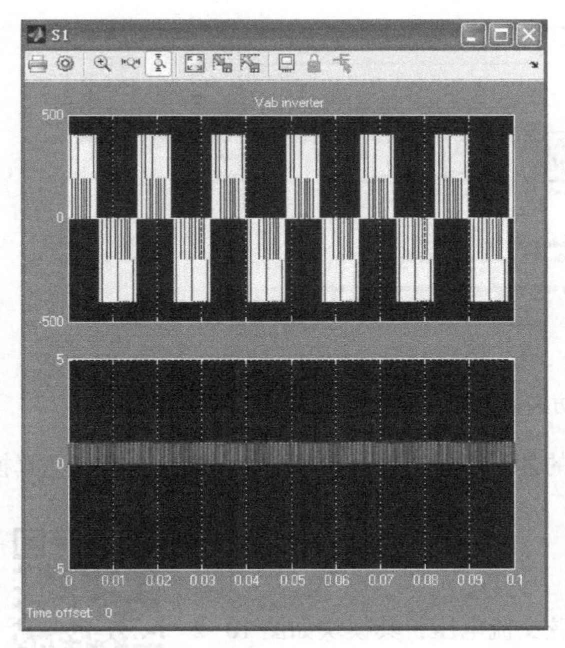

图 9-22　交流电动机 PWM 开环调速系统电动机输入 PWM 和脉冲波形图

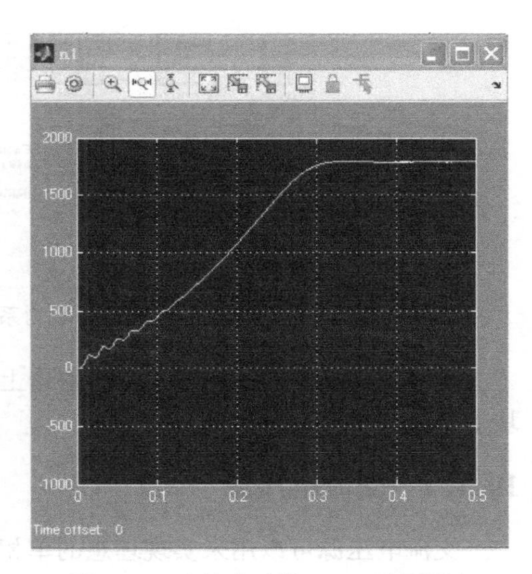

图 9-23　交流电动机 PWM 开环调速系统速度波形图

第 10 章　MATLAB 在电力系统中的应用

电力系统一般由发电机、变压器、电力线路和电力负荷构成，MATLAB 提供了电力系统的基本模块，通过建立系统模型，就可以完成对电力系统的仿真分析。另外，在电路图模型建立以后，在 MATLAB 软件中，提供了 power_analyze 函数将电力系统的电气系统模型图转换为状态方程。本章将结合几个例子简单介绍 MATLAB 在电力系统中的仿真应用。

10.1　电力系统基本模块

电力系统模块可以在 simscape 库中进行查找，也可以通过在命令窗口中输入 powerlib 来得到一个专用的基本模块的浏览窗口，如图 10-1 所示。

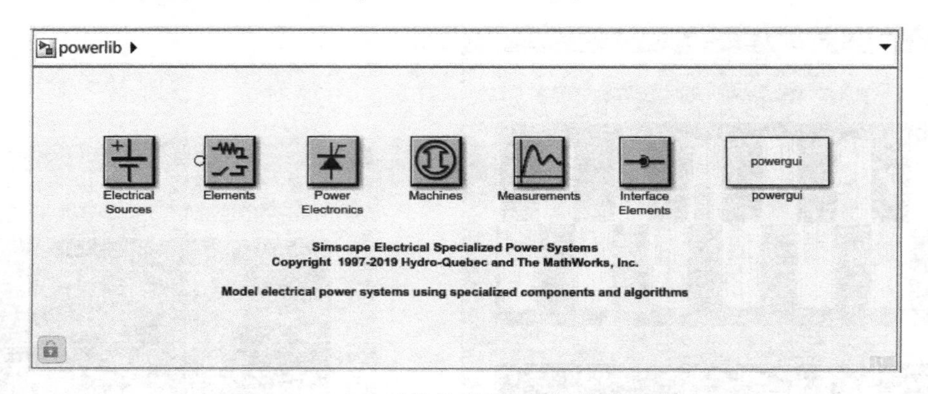

图 10-1　电力系统仿真基本模块的浏览窗口

通过 Simulink 的库浏览器或者双击上面的各个库模块就可以得到相关的电力系统仿真模块。下面介绍几个常用的模块。

10.1.1　交流电压源

10.1.1

交流电压源可以用来实现理想的单相正弦交流电压，其模块如图 10-2 所示。

模块参数设置对话框如图 10-3 所示，可以设置如下参数。

1） Peak amplitude：峰值振幅，单位为 A。

2） Phase：初始相位，单位为（°）。

3） Frequency：频率，单位为 Hz。

4） Sample time：采样时间，单位为 s，默认值是 0，表示该交流电压源为一连续源。

5） Measurements：测量选项，用来选择是否测量交流电压源相关量。

图 10-2　正弦交流电压源模块

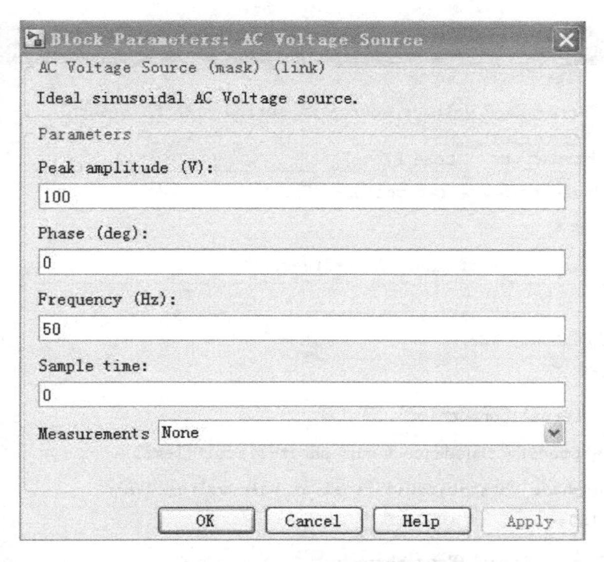

图 10-3　正弦交流电压源模块参数设置对话框

10.1.2　交流电流源

10.1.2

交流电流源为一理想电流源，其模块如图 10-4 所示。

图 10-4　正弦交流电流源模块

当交流电流源频率为 0 时，表示直流电源。模块参数设置及界面略。

10.1.3　三相电源元件

三相电源元件是电力系统中最常见的电路元件，其运行特性对电力系统的运行状态起到决定性的作用。三相电源元件提供了带有串联 *RL* 支路的三相电源。其模块如图 10-5 所示。

模块参数设置对话框如图 10-6 所示，可以设置如下参数。

Three-Phase Source

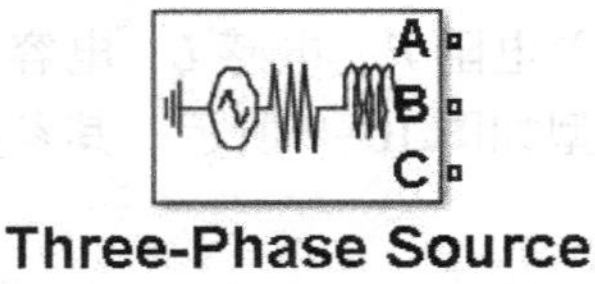

图 10-5　三相电源模块

1. Parameters 参数设置选项卡

1）Phase-to-phase rms voltage：相间电压有效值，表征的是三相电源 A 相、B 相和 C 相的相间电压。

2）Phase angle of phase A：A 相相角，单位为（°）。

3）Frequency：电源频率。

4）Internal connection：内部连接方式。Y 型，表示中性点不接地；Yn 型，表示中性点经接地电阻或消弧线圈接地；Yg 型，表示中性点直接接地。

5）Specify impedance using short-circuit level：短路阻抗值，用来设定在短路情况下的阻抗数值。

6）3-phase short-circuit level at base voltage：三相短路电流。

图 10-6　三相电源模块参数设置对话框

7）Base voltage：基准电压。

8）X/R ratio：电力品质因数。

2. Load Flow 参数设置选项卡

Generator type parameter：产生方式。

10.1.4　串、并联*RLC*支路元件

在电力系统设计中常用一个简单的串（并）联*RLC*支路来模拟实际的负载，可以单独设置电阻*R*、电感*L*、电容*C*，也可以设置成电阻、电感、电容的串并联组合支路。其元件模型如图 10-7 所示。其参数设置略。

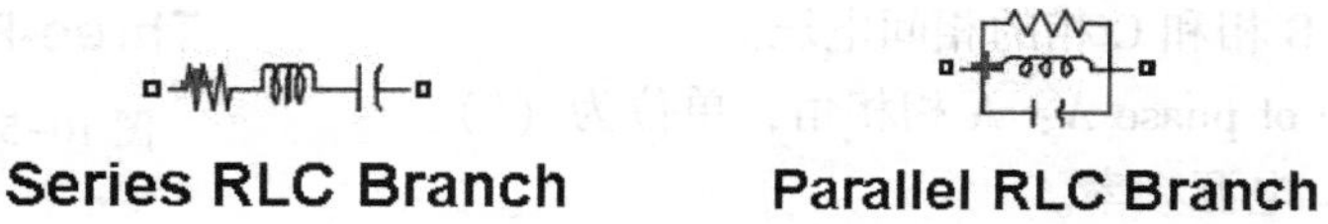

Series RLC Branch　　Parallel RLC Branch

图 10-7　串、并联*RLC*支路元件模块

10.1.5　串、并联*RLC*负载元件

在电力系统设计中常用一个串（并）联*RLC*负载来模拟实际的负载，可以单独设置负

载的电阻 *R*、电感 *L*、电容 *C*，也可以设置成电阻、电感、电容的串并联组合负载。其元件模型如图 10-8 所示。

Series RLC Load

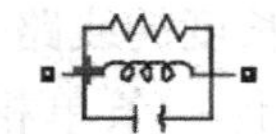

Parallel RLC Load

图 10-8　串、并联 *RLC* 负载元件模块

其中一个模块的参数设置对话框如图 10-9 所示。

1）Nominal voltage Vn：额定电压，单位为 V。

2）Nominal frequency fn：额定频率，单位为 Hz。

3）Active power P：有功功率，单位为 W。

4）Inductive reactive power QL：感性无功功率，单位为+var。

5）Capacitive reactive power QC：容性无功功率，单位为-var。

6）Set the initial capacitor voltage：是否设置电容初始电压。

7）Capacitor initial voltage（V）：电容初始电压，单位为 V。

8）Set the initial inductor current：是否设置电感初始电流。

9）Inductor initial current（A）：电感初始电流，单位为 A。

10）Measurements：选择测量的数据。

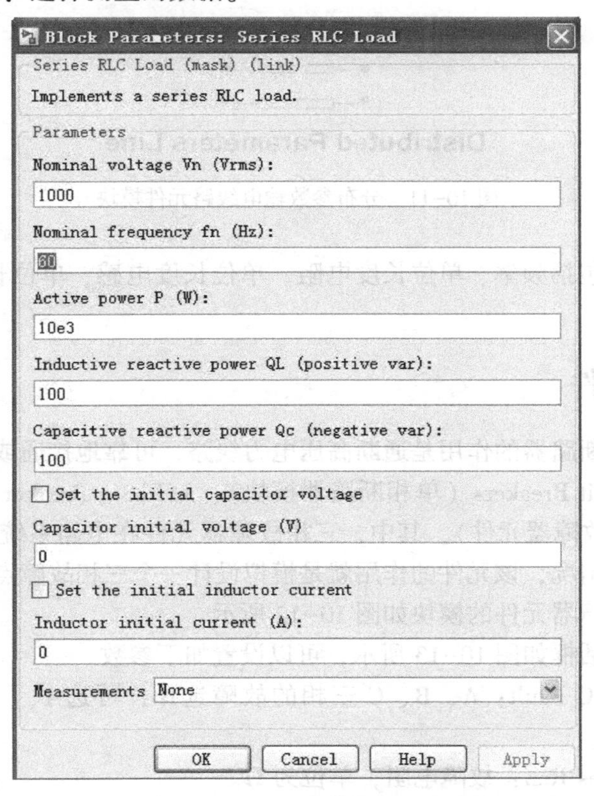

图 10-9　串、并联 *RLC* 负载元件模块参数设置对话框

10.1.6　集中参数输电线路元件

在电力系统中，中等长度的线路一般采用 π 型等效电路，而忽略它们的分布参数特性。该元件的作用就是用来设计一条单相中等长度的 π 型集中参数输电线路。其元件模型如图 10-10 所示。

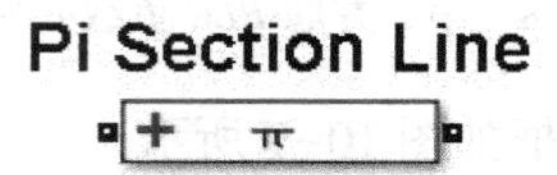

图 10-10　集中参数输电线路元件模块

模块的参数主要包括频率、单位长度电阻、单位长度电感、单位长度电容、线路长度、线路编号及测量选项。

10.1.7　分布参数输电线路元件

在电力系统中，线路长度超过 300 km 的架空线路和超过 100 km 的电缆线路，就不能不考虑它们的分布参数特性，因此其等效电路应采用具有分布参数特性的输电等效电路，该元件的作用就是用来设计一条分布参数的输电线路。其元件模型如图 10-11 所示。

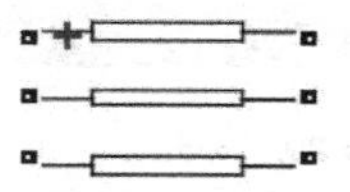

Distributed Parameters Line

图 10-11　分布参数输电线路元件模块

模块的参数主要包括频率、单位长度电阻、单位长度电感、单位长度电容、线路长度、线路编号及测量选项。

10.1.8　断路器元件

在电力系统中，断路器的作用是通断高压电力线路，可靠地接通或切断有载电路和故障电路，一般包括 Circuit Breakers（单相断路器模块）、3-Phase Breaker（三相断路器元件）、3-Phase Fault（三相故障器元件）。其中，三相故障器元件在电路系统设计和分析中经常要模拟线路的各种故障情况，该元件的作用就是模拟设计一个三相故障点，也可以设置成单相或两相短路。三相故障器元件的模块如图 10-12 所示。

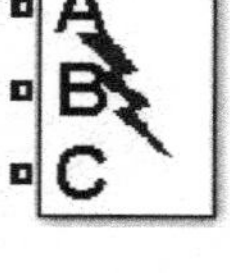

图 10-12　三相故障器元件模块

模块参数设置对话框如图 10-13 所示，可以设置如下参数。

1）Phase A，B，C Fault：A、B、C 三相的故障选择，可选 1、2、3 相。

2）Fault resistances Ron：故障电阻，单位为 Ω。

3）Ground Fault：是否接地故障。

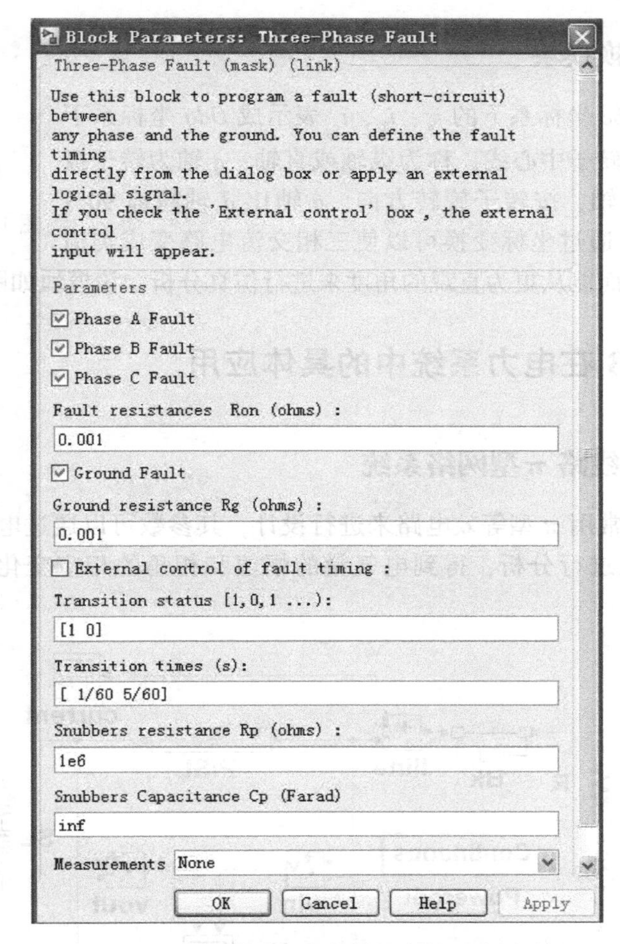

图 10-13　三相故障器元件模块参数设置对话框

4）Ground resistance Rg：接地电阻，单位为 Ω。

5）External control of fault timing：是否由外部端子控制故障时间。

6）Transition status：故障状态。

7）Transition times （s）：传输时间，单位为 s。

8）Snubbers resistance Rp：缓冲电阻，单位为 Ω。

9）Snubbers capacitance Cp：缓冲电容，单位为 F。

10.1.9　变压器元件

在电力系统中，电力变压器是最重要的电气设备，其作用是进行能量的传输并改变电压的等级。变压器的种类有很多种，变压器元件就是用来设计实现各种类型的变压器。其中，Linear Transformer（线性变压器元件）的模块如图 10-14 所示。

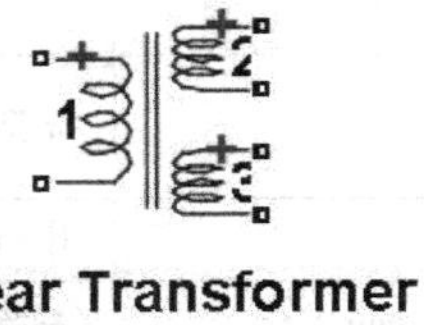

其参数包括 5 个选项，分别为额定功率及频率、绕组 1 参数、绕组 2 参数、三绕组变压器选项及测量选项。

Linear Transformer

图 10-14　线性变压器元件模块

10.1.10 Park 变换模块

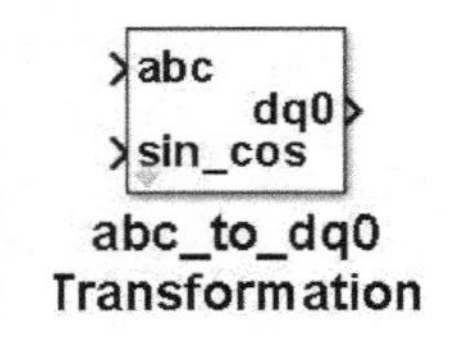

图 10-15 Park 变换模块

Park 变换是将 *abc* 坐标系下的 i_a、i_b、i_c 表示成 *Odq* 坐标系下的 i_d、i_q、i_0。*d* 轴为转子中心线，称为纵轴或直轴；*q* 轴为转子极间轴，称为横轴或交轴，按转子旋转方向，*q* 轴比 *d* 轴超前 90°；*dq* 坐标轴是抽象的，通过坐标变换可以使三相交流电路变成类似直流的两相坐标，从而能从更为直观的角度来进行仿真分析。该模块如图 10-15 所示。

10.2

10.2 MATLAB 在电力系统中的具体应用

10.2.1 单相供电线路 π 型网络系统

中等长度的线路常用 π 型等效电路来进行设计，其参数可以通过电力系统相量图分析方法进行分析，得到电气量的幅值和相角的相应变化值。系统结构图如图 10-16 所示。

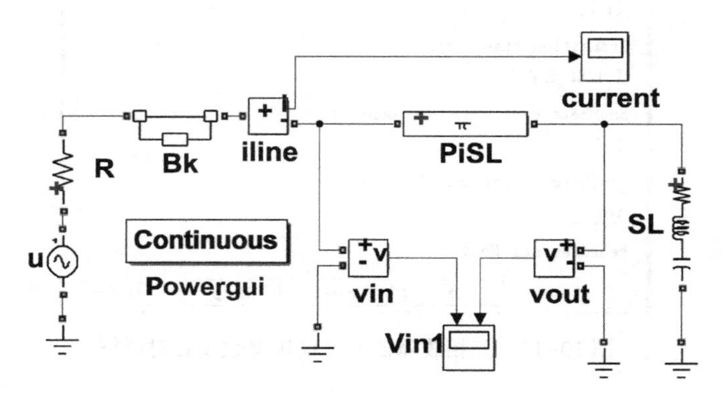

图 10-16 单相供电线路 π 型网络系统结构图

系统模型中主要模块的主要参数见表 10-1。仿真算法为默认的 Continuous，ode15 s，仿真时间为 0.1 s。

表 10-1 单相供电线路 π 型网络系统模型中主要模块的主要参数

模　块	功　能	设 置 值
u	交流电压源	电压峰值为 1000 V，50 Hz，初始相角为 50°
R	供电网络电阻	$R=100\,\Omega$
BK	断路器	起始状态为导通，导通电阻为 0.01 Ω，缓冲电阻为 10 MΩ，断开时间区间为［0.02 0.05］s
PiSL	π 型网络	频率为 50 Hz，每千米的线路 $R=0.01273\,\Omega$，$L=9.337\times10^{-4}$ H，$C=12.74\times10^{-9}$ F，线路长度为 100 km
SL	串行电力负载	标准电压为 1000 V，50 Hz，功率为 20000 W
Powergui	系统设置分析模块	连续仿真

打开 Powergui 设置分析界面，选择“Steady”→“State Voltages and Currents”选项，可以得到系统稳态电力电路信息，如图 10-17 所示。

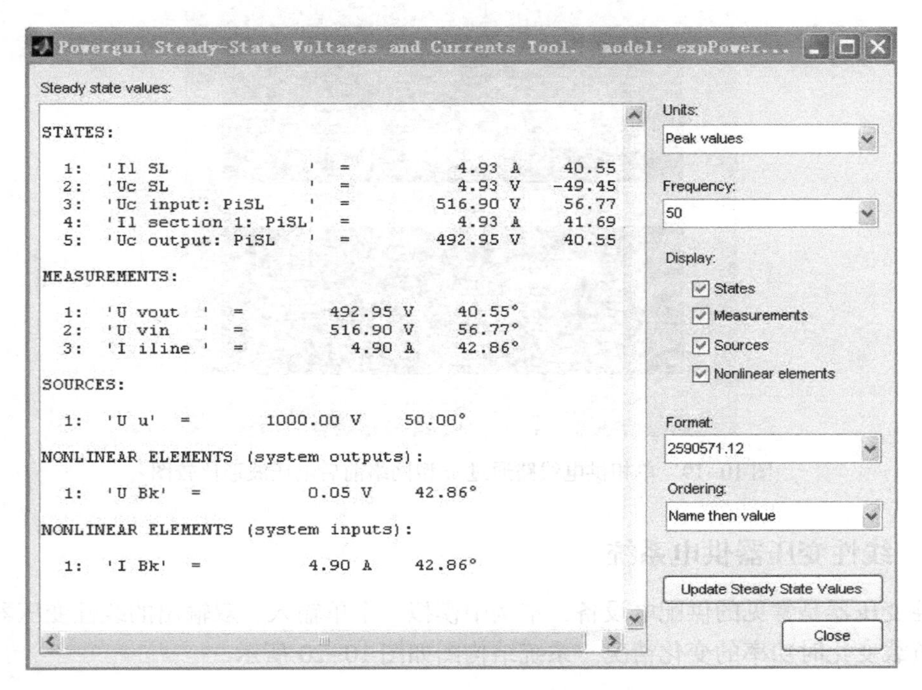

图 10-17　单相供电线路 π 型网络系统稳态数据分析界面

系统的其他波形如图 10-18 和图 10-19 所示。

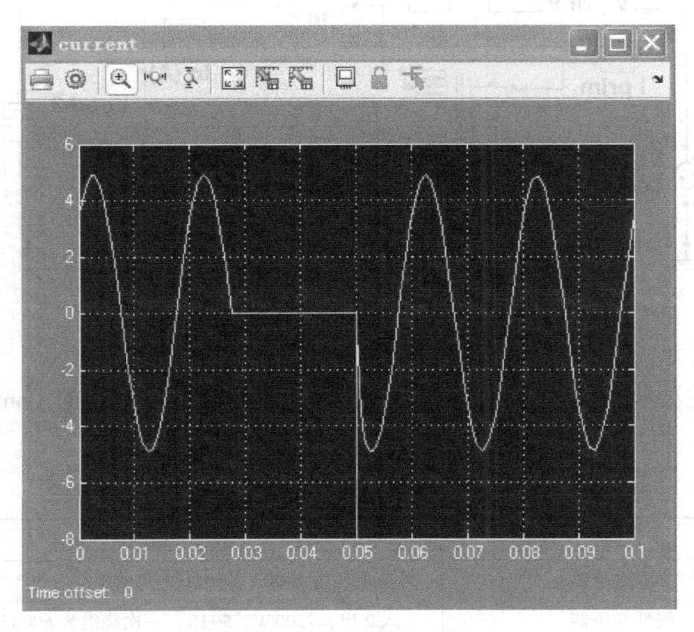

图 10-18　单相供电线路 π 型网络系统供电电流波形

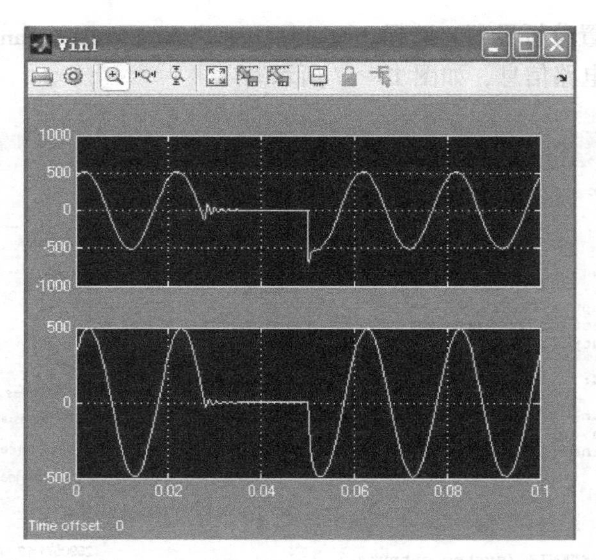

图 10-19　单相供电线路通过 π 型网络前后电压波形比较图

10.2.2　线性变压器供电系统

线性变压器是常见的供配电设备，本例中模拟一个单输入、双输出的线性变压器，仿真分析当负载变化时功率的变化情况。系统结构图如图 10-20 所示。

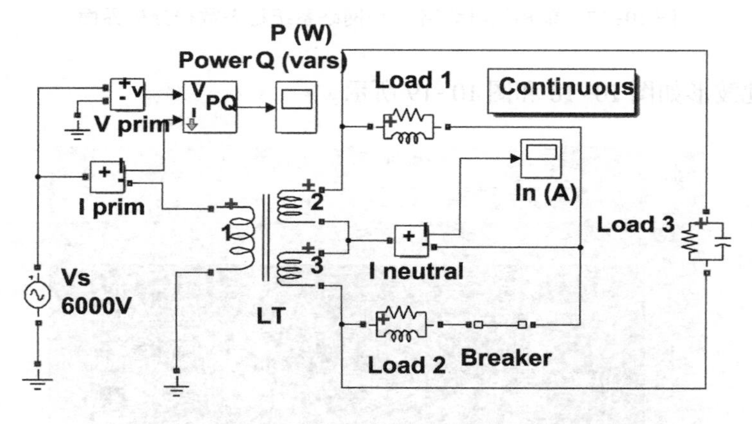

图 10-20　线性变压器供电系统结构图

系统模型中主要模块的主要参数见表 10-2。仿真算法为默认的 Continuous，ode23tb，仿真时间为 0.2 s。仿真结果如图 10-21 和图 10-22 所示。

表 10-2　线性变压器供电系统模型中主要模块的主要参数

模　　块	功　　能	设　置　值
Vs	交流电压源	峰值电压为 6000 V，50 Hz，初始相角为 50°
LT	线性变压器	1 入 2 出，7500 W，50 Hz，一次绕组为 6000 V，二次绕组为 220 V
Load 1，2	串行电力负载 1，2	标准电压为 220 V，50 Hz，功率为 20000 W

（续）

模　块	功　能	设 置 值
Load 3	串行电力负载 3	标准电压为 480 V，50 Hz，功率为 20000 W
Breaker	负载用断路器	起始状态为导通，导通电阻为 0.01 Ω，缓冲电阻为 10 MΩ，断开时间为 0.05 s
Powergui	系统设置分析模块	连续仿真

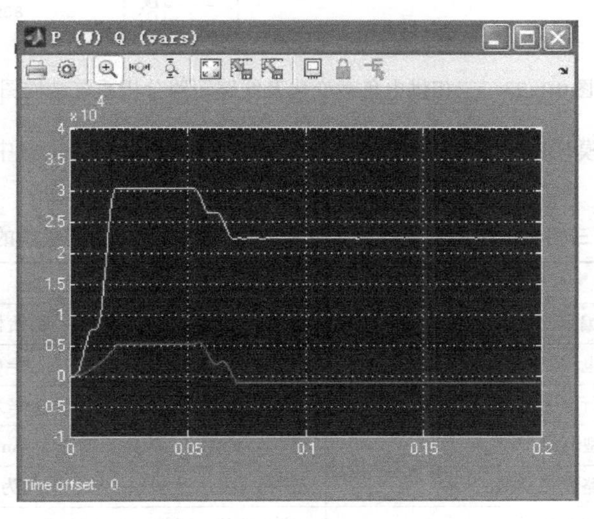

图 10-21　线性变压器供电系统有功和无功功率

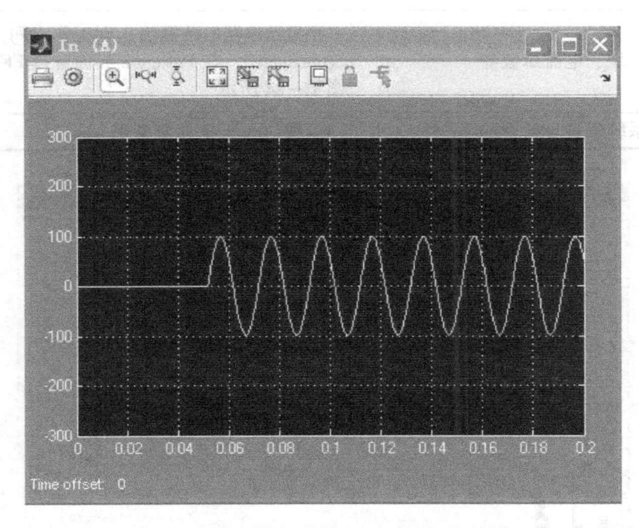

图 10-22　线性变压器供电系统二次绕组公共端电流波形图

10.2.3　三相供电负载变化及线路短路分析系统

该系统模拟负载突然断开和电力线路单相接地故障时供电电网的变化，并进行数据的分析。系统结构图如图 10-23 所示。

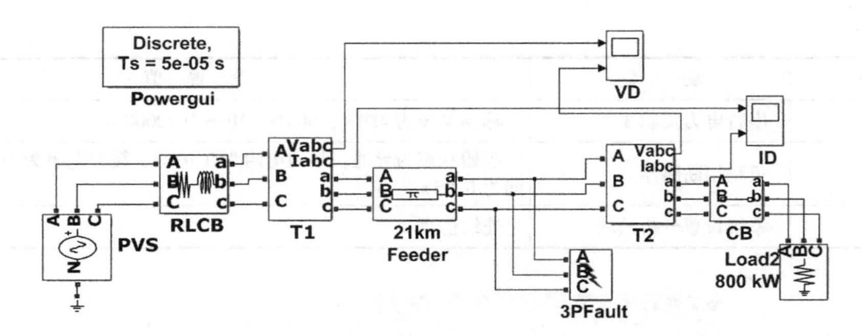

图 10-23　三相供电负载变化及线路短路分析系统结构图

系统模型中主要模块的主要参数见表 10-3。仿真算法为 Discrete 中 ode23，步长为 auto，仿真时间为 0.8 s。

表 10-3　三相供电负载变化及线路短路分析系统模型中主要模块的主要参数

模　块	功　能	设 置 值
PVS	可编程交流电压源	峰值电压为 25 kV，50 Hz，初始相角为 19°
RLCB	供电线路的阻抗	*LR* 串行连接，L=0.0199 H，R=0.6250 Ω
Load 1	串行电力负载 1	标准电压为 220 V，50 Hz，功率为 800 kW 纯电阻
Feeder	π 型网络	频率为 50 Hz，线路长度为 21 km
3PFault	短路故障模拟	选择 A 相发生短路故障，时间为 0.5~0.6 s
CB	三相断路器	接入负载，时间为 0.2~0.3 s
T1，T2	三相测量模块	设置同时测量电压、电流
VD，ID	电压、电流示波器	设置示波器的数据输出到工作空间，名字分别为 ScopedataID、ScopedataID，在 Powergui 界面选择 FFT 分析工具进行分析，如图 10-24 所示
Powergui	系统设置分析模块	离散仿真，步长为 0.05 ms

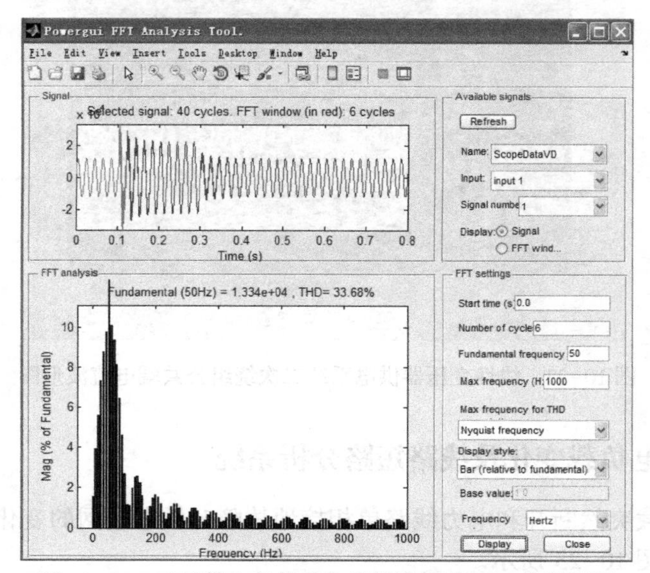

图 10-24　三相供电负载变化及线路短路 FFT 分析界面

系统仿真结果如图 10-25 和图 10-26 所示。

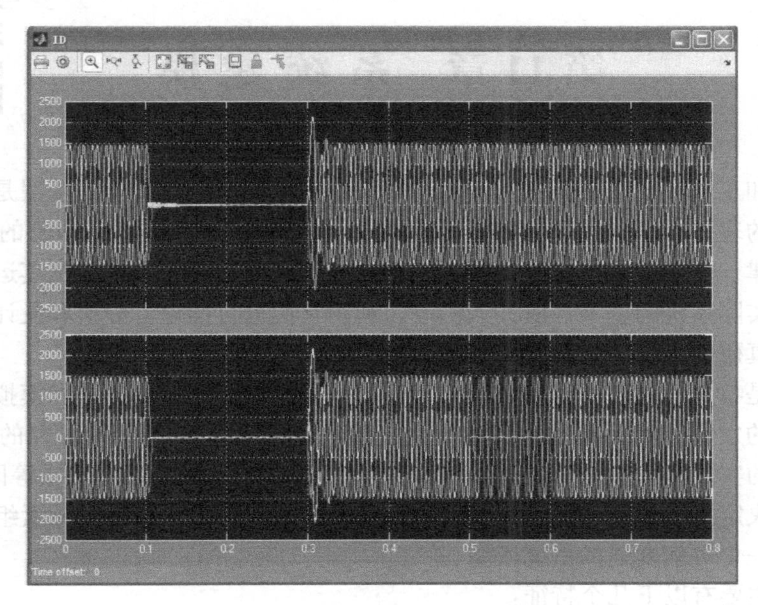

图 10-25　三相供电负载变化及线路短路分析电压波形图

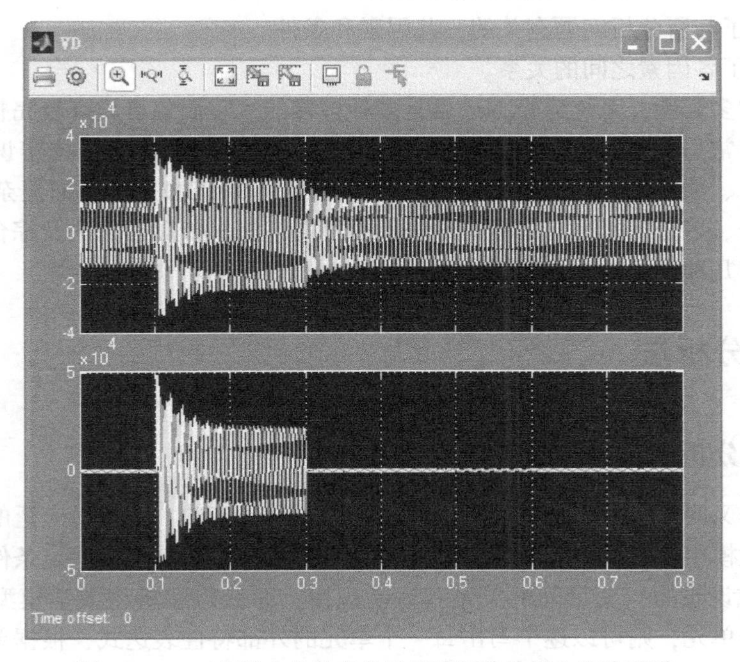

图 10-26　三相供电负载变化及线路短路分析电流波形图

第11章　系统建模

11.0

系统研究和工程设计，是人类认识世界、改造世界的必然途径。模型是用“形式化”模型或者抽象的表示方法描述事物和外部现实，通过观察和实验建立抽象的表示方法和定律，如牛顿定律、拉格朗日中值定理等。这些方法、定律是对客观事物及其运动形态的主观描述，揭示了实际系统的基本性质，人们可以利用它们进行推理、分析和设计，可以在此基础上进一步仿真研究，探索、设计更加复杂的系统。

建模活动是特殊形式的人与外界的相互作用，是对系统的相似描述和模拟过程。随着科学和技术水平的发展，利用模型对事物描述的理论越来越完善，而且研究的范围也越来越广。具体模型的实现是和系统所处的环境、各个专业的要求、工程的需要等因素分不开的，这些因素也就决定了系统的内涵和外延，系统模型建立需要考虑系统三要素组成及相关要素的取舍，得到一个可信度强的系统模型。

系统模型主要有以下几个特征：

1）它是实体的特征和变化规律的抽象结果。

2）它包括了与所分析问题有关的一些因素和条件。

3）它体现了各因素之间的关系。

由于系统的多样性，系统建模方法也是多种多样的。它们各自具有较完整的建模方法与理论体系。目前常见的系统建模方法有机理分析法、直接相似法、系统辨识法、统计实验法、因果分析法、蒙特卡罗法、定性推理法及“灰色”系统法等。面向复杂系统的建模方法有面向对象法、多分辨率法、模糊集论法、神经网络法、分形理论法及综合集成法等。本书主要介绍其中几种常见的系统建模方法。

11.1　机理分析法

11.1.1　机理分析法简介

11.1.1

机理分析法又叫直接分析法或解析分析法，是一种最基础、应用最广泛的理论研究数学建模方法。在建模中，系统以各学科专业知识为基础，在若干简化、假定条件下，通过分析系统（实际的或设想的）变量间的关系和运动规律，而获得解析型数学模型。如果系统可以划分成若干个单元，则可以逐个写出每一个单元的外部特性表达式，根据单元或部件之间的输入/输出关系，消除中间变量，化简得到描述系统输入量与输出量关系的模型（如微分方程）。有些系统不能明确划分单元，也必须根据系统本身的定律列写输入量与输出量的关系表达式，化简整理得到系统的解析模型。在实际建模过程中，力学、电磁学、热力学、光学、化学及生物学等各学科的基本定律是解析建模中常用到的。

这种建模方法的实质是应用自然科学和社会科学中已知理论或结论，对系统有关要素（变量）进行分析、演绎归纳，以从中寻找出各个变量间的函数关系和运动规律，最终构造出该系统的数学模型。

机理分析建模过程中往往采取一些假定，比如，忽略干扰因素、电源波动、系统误差等；又如，元器件参数没有漂移、方程中的系数是常数。还常进行必要的简化处理，比如，将某些小参数忽略，可以降低方程的阶次；忽略轻微的非线性，可以使方程线性化。这些措施要能保持模型具有满意的精度。

11.1.2 机理分析法的过程

11.1.2

机理分析法建模的基础是对系统参数及相关运动规律有一个比较清晰的认识，然后按如下过程进行建模：

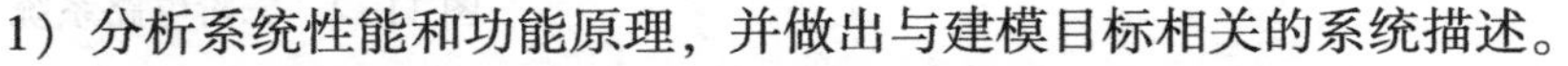

1）分析系统性能和功能原理，并做出与建模目标相关的系统描述。

2）找出并确定系统的输入/输出变量及内部状态变量。

3）按照系统（部件、元件）运动规律及相互关系，列写各部分代数方程、微分方程、传递函数或逻辑表达式。

4）消除中间变量，获得初步数学模型。

5）进行模型标准化，如对于微分方程形式的最简数学模型应该是①输入量与输出量多项式分别处于方程左、右两端；②将变量项按降阶排列；③如有可能，进行归一化处理，使最高阶项的系数等于1。

6）利用计算机工具软件（例如 MATLAB）进行模型验证。

7）必要时还要修改模型。

11.1.3 机理分析法的实例

11.1.3 上

1. 机械系统建模

图 11-1 所示是一种常见的二阶机械阻尼系统，其基本元件是质量块、弹簧和阻尼器。牛顿定律是机械系统动力学的基本定律，质量 M 的力学性质表现为机械惯性，质量块运动中可以载有动能。弹簧的弹力与形变成正比，比例系数 K 与弹簧刚度有关，可以存储势能。阻尼器是一种利用黏性摩擦产生阻力的装置，由活塞和充满油液的缸体组成。阻尼器本身不存储动能和势能，可以吸收系统中的能量，把动能转变为热量耗散掉，又称为缓冲器。阻尼器的摩擦力与活塞运动速度成正比，比例系数是阻尼器的阻尼系数。

图中，系统的输入量是外力 $f_i(t)$，质量块的位移 $x(t)$ 是系统的输出量。

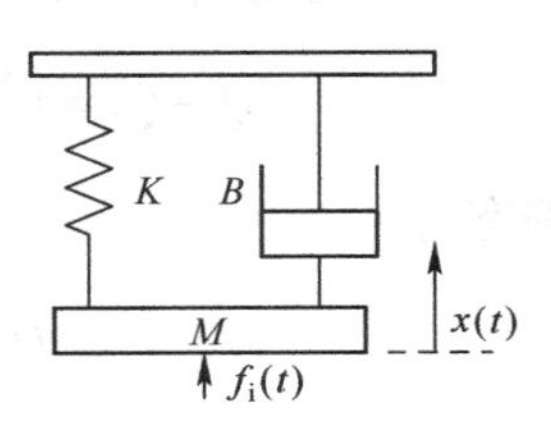

图 11-1 二阶机械阻尼系统

根据牛顿运动定律，有

$$M\frac{d^2x(t)}{dt^2}=f_i(t)-f_K(t)-f_B(t) \tag{11-1}$$

根据弹簧、阻尼器的特性，有

$$f_K(t)=Kx(t),f_B(t)=B\frac{dx(t)}{dt}$$

消除中间变量，得

$$M\frac{d^2x(t)}{dt^2}+B\frac{dx(t)}{dt}+Kx(t)=f_i(t)$$

如果 M、K、B 均为常数，式(11-1)为二阶线性常系数微分方程。如果 M 很小，可以忽略二阶导数项，式（11-1）可降阶为一阶线性常系数微分方程。

2. 二阶电路建模

图 11-2 是 RLC 串联电路系统。系统的输入量是电压 $u_i(t)$，输出量是电容两端电压 $u_o(t)$。

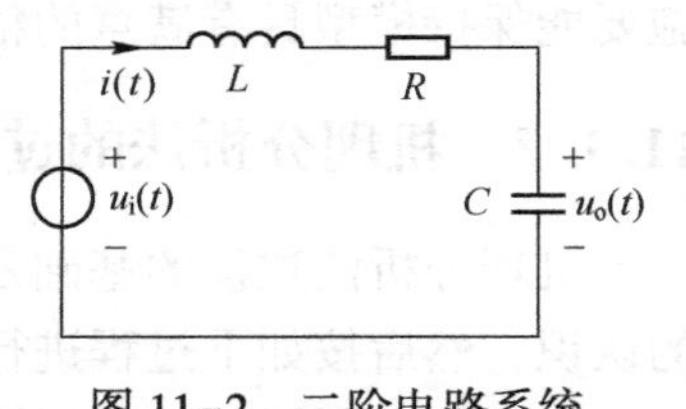

图 11-2　二阶电路系统

根据基尔霍夫电压定律，有

$$u_i(t)=u_R(t)+u_L(t)+u_C(t) \tag{11-2}$$

式中

$$u_R(t)=Ri(t),u_L(t)=L\frac{di(t)}{dt},i(t)=C\frac{du_o(t)}{dt},u_C(t)=u_o(t) \tag{11-3}$$

消除中间变量，可得

$$LC\frac{d^2u_o(t)}{dt^2}+RC\frac{du_o(t)}{dt}+u_o(t)=u_i(t) \tag{11-4}$$

如果 R、L、C 均为常数，式（11-4）为二阶线性常系数微分方程。

从以上两个例子可以看出，二阶机械阻尼系统和二阶电路系统可以得到相似的数学模型，经 Laplace 变换后，都可以写成形如式（11-5）所示的二阶系统传递函数。

$$H(s)=\frac{1}{s^2+2\zeta\omega_n s+\omega_n^2} \tag{11-5}$$

当然，也可以由小系统构建大系统实现复杂的机理建模，例如双容水箱、倒立摆的建模。

3. 水箱液位建模

单容水箱的结构如图 11-3 所示，多容水箱是单容水箱的叠加。一个具有自平衡能力的单容水箱，水箱液体流入量为 Q_1，流出量为 Q_2，通过改变阀 1 的开度改变 Q_1 值，改变阀 2 的开度可以改变 Q_2 值。液位 h 越高，水箱内的静压力增大，Q_2 也越大。液位 h 的变化反映了 Q_1 和 Q_2 不等而导致水箱蓄水或放水的过程。若 Q_1 作为被控过程的输入量，h 为其输出量，则该被控过程的数学模型就是 h 与 Q_1 之间的数学表达式。

根据动态物料平衡，有

$$Q_1-Q_2=A\frac{dh}{dt};\Delta Q_1-\Delta Q_2=A\frac{d\Delta h}{dt}$$

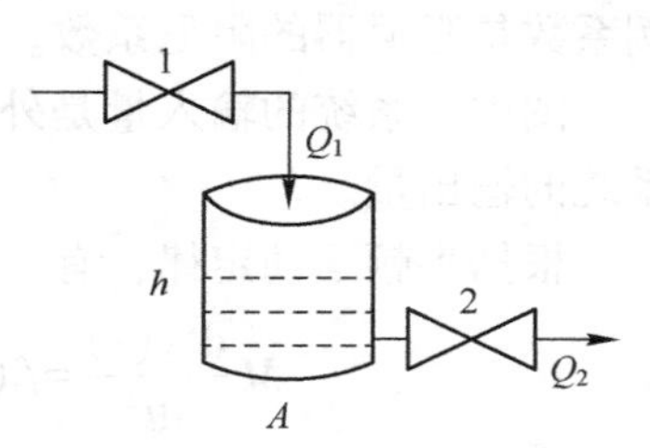

图 11-3　单容水箱结构图

在静态时

$$Q_1=Q_2,\frac{dh}{dt}=0$$

当 Q_1发生变化后，液位 h 随之变化，水箱出口处的静压也随之变化，Q_2也发生变化。由流体力学可知，液位 h 与流量之间为非线性关系。但为了简便起见，进行线性化处理得

$$Q_2=\frac{\Delta h}{R_2}$$

经 Laplace 变换得单容水箱液位过程的传递函数为

$$W_0(s)=\frac{H(s)}{Q_1(s)}=\frac{R_2(s)}{R_2Cs+1}=\frac{K}{Ts+1} \tag{11-6}$$

以上式中，ΔQ_1、ΔQ_2、Δh 分别为偏离某一个平衡状态 Q_{10}、Q_{20}、h_0的增量；R_2为阀 2 的阻力；A 为水箱截面积；T 为液位过程的时间常数（$T=R_2C$）；K 为液位过程的放大系数（$K=R_2$）；C 为液位过程容量系数。

如果考虑两个水箱串联，如图 11-4 所示。

在本例中考虑到水箱容量的不同，取水箱模型如下。

水箱 1 为

$$\frac{1}{12s+1} \tag{11-7}$$

水箱 2 为

$$\frac{1}{25s+1}e^{-20s} \tag{11-8}$$

双容水箱的模型为

$$\frac{1}{(12s+1)(25s+1)}e^{-20s} \tag{11-9}$$

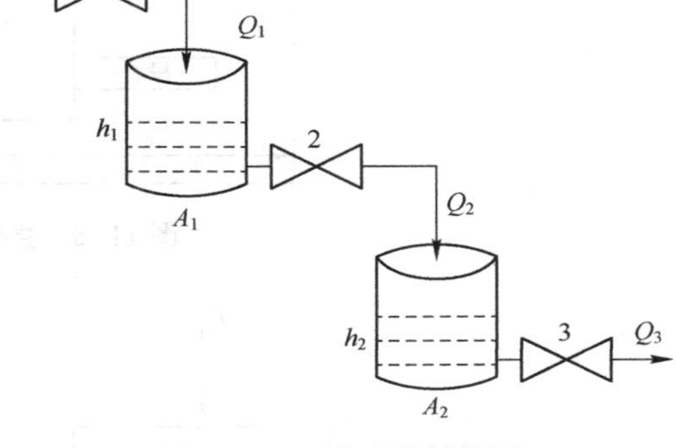

图 11-4　双容水箱结构图

该模型在串级控制系统中的位置如图 11-5 所示。

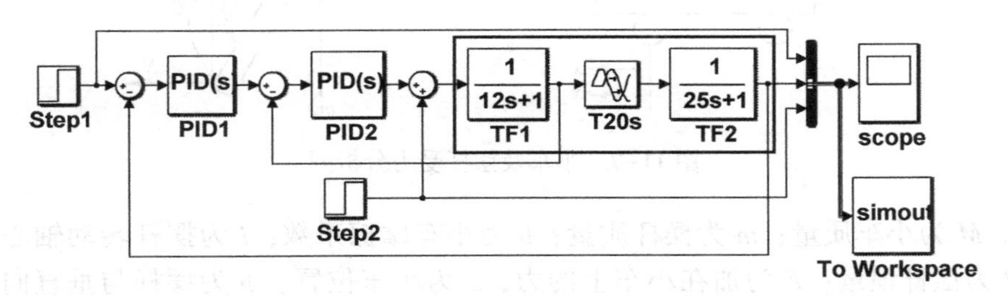

图 11-5　双容水箱在串级控制系统中的位置

4. 直线一级倒立摆建模

11.1.3　下

对于倒立摆系统，由于其本身是自不稳定的系统，实验建模存在一定的困难。但是忽略一些次要的因素后，倒立摆系统就是一个典型的刚体运动系统，可以在惯性坐标系内应用经典力学理论建立系统的动力学方程。直线一级倒立摆是单入双出系统，输入量为小车的加速度，输出量为摆杆角度和小车位移。

可以采用牛顿-欧拉方法和拉格朗日方法分别建立直线一级倒立摆系统的数学模型，本书以牛顿-欧拉方法对一级倒立摆系统进行建模。

在忽略空气阻力和各种摩擦之后，可将直线一级倒立摆系统抽象成小车和匀质杆组成的系统，如图 11-6 所示。图 11-7 是系统中小车和摆杆的受力分析图。

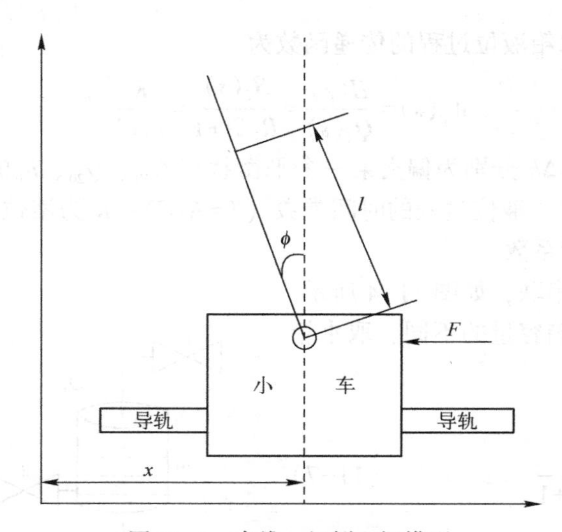

图 11-6 直线一级倒立摆模型

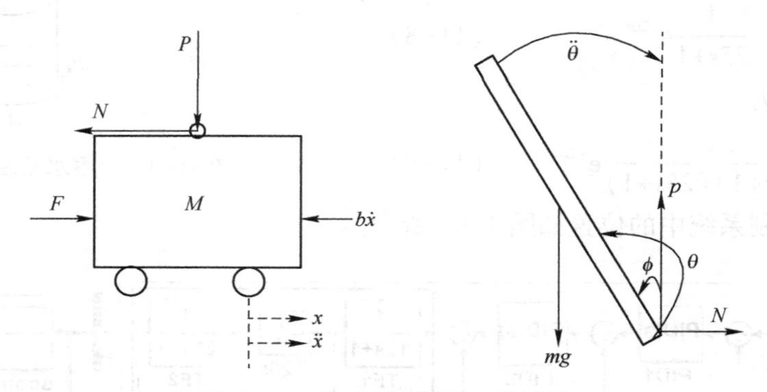

图 11-7 小车及摆杆受力分析图

图中，M 为小车质量；m 为摆杆质量；b 为小车摩擦系数；l 为摆杆转动轴心到杆质心的长度；I 为摆杆惯量；F 为加在小车上的力；x 为小车位置；ϕ 为摆杆与垂直向上方向的夹角；θ 为摆杆与垂直向下方向的夹角（考虑到摆杆初始位置为竖直向下）；N 和 P 为小车与摆杆相互作用力的水平和垂直方向的分量。

注意：在实际倒立摆系统中检测和执行装置的正负方向已经完全确定，因而矢量方向定义如图 11-7 所示，图示方向为矢量正方向。

分析小车水平方向所受的合力，可以得到以下方程：

$$M\ddot{x}=F-b\dot{x}-N \tag{11-10}$$

由摆杆水平方向上的受力分析，可以得到

$$N=m\frac{\mathrm{d}}{\mathrm{d}t^2}(x+l\sin\theta) \tag{11-11}$$

即

$$N=m\ddot{x}+ml\ddot{\theta}\cos\theta-ml\dot{\theta}^2\sin\theta \tag{11-12}$$

把式（11-12）代入式（11-10）中，得到系统的第一个运动方程为

$$(M+m)\ddot{x}+b\dot{x}+ml\ddot{\theta}\cos\theta-ml\dot{\theta}^2\sin\theta=F \tag{11-13}$$

为了推导出系统的第二个运动方程，对摆杆垂直方向上的合力进行分析，可以得到下面方程：

$$P-mg=-m\frac{\mathrm{d}}{\mathrm{d}t^2}(l\cos\theta) \tag{11-14}$$

$$P-mg=-ml\ddot{\theta}\sin\theta-ml\dot{\theta}^2\cos\theta \tag{11-15}$$

力矩平衡方程为

$$-Pl\sin\theta-Nl\cos\theta=I\ddot{\theta} \tag{11-16}$$

要注意此方程中力矩的方向，由于 $\theta=\pi+\phi,\cos\phi=-\cos\theta,\sin\phi=-\sin\theta$，故等式前面有负号。将式（11-12）和式（11-15）代入式（11-16），约去 P 和 N，得到第二个运动方程：

$$(I+ml^2)\ddot{\theta}+mgl\sin\theta=-ml\ddot{x}\cos\theta \tag{11-17}$$

设 $\theta=\pi+\phi$（ϕ 是摆杆与垂直向上方向之间的夹角），假设 ϕ 与 1（单位是 rad）相比很小，即 $\phi\ll 1\,\text{rad}$，则可以进行近似处理：

$$\cos\theta=-1,\quad \sin\theta=-\phi,\quad \left(\frac{\mathrm{d}\theta}{\mathrm{d}t}\right)^2=0$$

用 u 来代表被控对象的输入力 F，线性化后两个运动方程如下：

$$\begin{cases}(I+ml^2)\ddot{\phi}-mgl\phi=ml\ddot{x}\\(M+m)\ddot{x}+b\dot{x}-ml\ddot{\phi}=u\end{cases} \tag{11-18}$$

对方程组（11-18）进行 Laplace 变换，得到方程组：

$$\begin{cases}(I+ml^2)\Phi(s)s^2-mgl\Phi(s)=mlX(s)s^2\\(M+m)X(s)s^2+bX(s)s-ml\Phi(s)s^2=U(s)\end{cases} \tag{11-19}$$

注意：推导传递函数时假设初始条件为 0。由于输出为角度 ϕ，求解方程组的第一个方程，可得：

$$X(s)=\left(\frac{I+ml^2}{ml}-\frac{g}{s^2}\right)\Phi(s) \tag{11-20}$$

如果令 $v=\ddot{x}$，则有

$$\Phi(s)=\frac{ml}{(I+ml^2)s^2-mgl}V(s) \tag{11-21}$$

把式（11-21）代入方程组（11-19）的第二个方程，得到

$$(M+m)\left(\frac{I+ml^2}{ml}-\frac{g}{s}\right)\Phi(s)s^2+b\left(\frac{I+ml^2}{ml}+\frac{g}{s^2}\right)\Phi(s)s-ml\Phi(s)s^2=U(s) \tag{11-22}$$

整理后得到传递函数

$$\frac{\Phi(s)}{U(s)}=\frac{\frac{ml}{q}s^2}{s^4+\frac{b(I+ml^2)}{q}s^3-\frac{(M+m)mgl}{q}s^2-\frac{bmgl}{q}s} \tag{11-23}$$

其中

$$q=[(M+m)(I+ml^2)-(ml)^2]$$

设系统状态空间方程为

$$\begin{cases}\dot{\boldsymbol{X}}=\boldsymbol{AX}+\boldsymbol{B}u\\ y=\boldsymbol{CX}+\boldsymbol{D}u\end{cases} \tag{11-24}$$

方程组（11-18）对$\ddot{x}$，$\ddot{\phi}$解代数方程，得到解如下：

$$\begin{cases}\dot{x}=\dot{x}\\ \ddot{x}=\dfrac{-(I+ml^2)b\dot{x}}{I(M+m)+Mml^2}+\dfrac{m^2gl^2\phi}{I(M+m)+Mml^2}+\dfrac{(I+ml^2)u}{I(M+m)+Mml^2}\\ \dot{\phi}=\dot{\phi}\\ \ddot{\phi}=\dfrac{-mlb\dot{x}}{I(M+m)+Mml^2}+\dfrac{mgl(M+m)\phi}{I(M+m)+Mml^2}+\dfrac{mlu}{I(M+m)+Mml^2}\end{cases} \tag{11-25}$$

整理后得到以外界作用力（u 代表被控对象的输入力 F）作为输入的系统状态方程

$$\begin{bmatrix}\dot{x}\\ \ddot{x}\\ \dot{\phi}\\ \ddot{\phi}\end{bmatrix}=\begin{bmatrix}0 & 1 & 0 & 0\\ 0 & \dfrac{-(I+ml^2)b}{I(M+m)+Mml^2} & \dfrac{m^2gl^2}{I(M+m)+Mml^2} & 0\\ 0 & 0 & 0 & 1\\ 0 & \dfrac{-mlb}{I(M+m)+Mml^2} & \dfrac{mgl(M+m)}{I(M+m)+Mml^2} & 0\end{bmatrix}\begin{bmatrix}x\\ \dot{x}\\ \phi\\ \dot{\phi}\end{bmatrix}+\begin{bmatrix}0\\ \dfrac{I+ml^2}{I(M+m)+Mml^2}\\ 0\\ \dfrac{ml}{I(M+m)+Mml^2}\end{bmatrix}u \tag{11-26}$$

$$y=\begin{bmatrix}x\\ \phi\end{bmatrix}=\begin{bmatrix}1 & 0 & 0 & 0\\ 0 & 0 & 1 & 0\end{bmatrix}\begin{bmatrix}x\\ \dot{x}\\ \phi\\ \dot{\phi}\end{bmatrix}+\begin{bmatrix}0\\ 0\end{bmatrix}u \tag{11-27}$$

由方程组（11-18）得第一个方程为

$$(I+ml^2)\ddot{\phi}-mgl\phi=ml\ddot{x} \tag{11-28}$$

对于质量均匀分布的摆杆有

$$I=\frac{1}{3}ml^2 \tag{11-29}$$

于是可以得到

$$\left(\frac{1}{3}ml^2+ml^2\right)\ddot{\phi}-mgl\phi=ml\ddot{x} \tag{11-30}$$

化简得到

$$\ddot{\phi}=\frac{3g}{4l}\phi+\frac{3}{4l}\ddot{x} \tag{11-31}$$

设$\boldsymbol{X}=[x\quad \dot{x}\quad \phi\quad \dot{\phi}]^{\mathrm{T}}$，$u'=\ddot{x}$，则可以得到以小车加速度作为输入的系统状态方程

$$\begin{bmatrix}\dot{x}\\ \ddot{x}\\ \dot{\phi}\\ \ddot{\phi}\end{bmatrix}=\begin{bmatrix}0 & 1 & 0 & 0\\ 0 & 0 & 0 & 0\\ 0 & 0 & 0 & 1\\ 0 & 0 & \dfrac{3g}{4l} & 0\end{bmatrix}\begin{bmatrix}x\\ \dot{x}\\ \phi\\ \dot{\phi}\end{bmatrix}+\begin{bmatrix}0\\ 1\\ 0\\ \dfrac{3}{4l}\end{bmatrix}u' \tag{11-32}$$

$$y=\begin{bmatrix}x\\ \phi\end{bmatrix}=\begin{bmatrix}1&0&0&0\\0&0&1&0\end{bmatrix}\begin{bmatrix}x\\ \dot{x}\\ \phi\\ \dot{\phi}\end{bmatrix}+\begin{bmatrix}0\\0\end{bmatrix}u' \tag{11-33}$$

以小车加速度为控制量，摆杆角度为被控对象，此时系统的传递函数为

$$G(s)=\frac{\dfrac{3}{4l}}{s^2-\dfrac{3g}{4l}} \tag{11-34}$$

将表 11-1 中的物理参数代入上面的系统状态方程和传递函数中得到系统精确模型。

表 11-1 某直线一级倒立摆实际系统的物理参数

摆杆质量 m/kg	摆杆长度 L/m	摆杆转轴到质心长度 l/m	重力加速度 $g/(\mathrm{m/s^2})$
0.0426	0.305	0.152	9.81

系统状态空间方程为

$$\begin{bmatrix}\dot{x}\\ \ddot{x}\\ \dot{\phi}\\ \ddot{\phi}\end{bmatrix}=\begin{bmatrix}0&1&0&0\\0&0&0&0\\0&0&0&1\\0&0&48.3&0\end{bmatrix}\begin{bmatrix}x\\ \dot{x}\\ \phi\\ \dot{\phi}\end{bmatrix}+\begin{bmatrix}0\\1\\0\\4.9\end{bmatrix}u' \tag{11-35}$$

$$y=\begin{bmatrix}x\\ \phi\end{bmatrix}=\begin{bmatrix}1&0&0&0\\0&0&1&0\end{bmatrix}\begin{bmatrix}x\\ \dot{x}\\ \phi\\ \dot{\phi}\end{bmatrix}+\begin{bmatrix}0\\0\end{bmatrix}u' \tag{11-36}$$

系统传递函数为

$$G(s)=\frac{4.9}{s^2-48.3} \tag{11-37}$$

在 MATLAB 中对该模型进行单位阶跃仿真实验来验证所建模型的准确性：

```
A=[0 1 0 0;0 0 0 0;0 0 0 1;0 0 48.3 0]
B=[0;1;0;4.9]
C=[1 0 0 0;0 0 1 0]
D=[0;0]
IPS=ss(A,B,C,D)
step(IPS)
```

由图 11-8 中可以看出，该倒立摆系统模型符合倒立摆的特性。

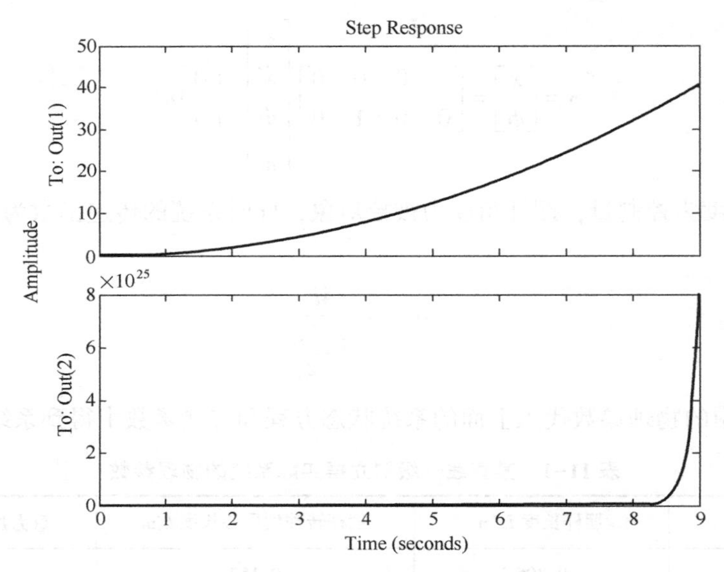

图 11-8　直线一级倒立摆模型的阶跃响应

11.2　实验建模法

实验建模是通过测量系统的输出特性，抽象出系统的特点或变化规律，形成系统的模型，这是系统研究最直接的方法，其他的建模方法理论也需要这种方法来进行验证。由于事物的多样性，其输入、输出的处理手段也不尽相同，可以分为测试建模法、概率统计建模法及线性回归建模法等。

11.2.1　测试建模法

11.2.1 上

1. 方法原理

该建模方法是通过给系统加一个激励信号，观测系统的输出来对系统进行建模。激励信号可以是标准的激励信号，例如单位脉冲、单位阶跃信号，也可以是生产过程中的实际输入信号，例如给水量、给煤量。模型的建立可以采用数据点曲线拟合的方式得到系统变化规律和模型，也可以根据输出曲线的特点，通过经验公式获得系统的模型。

2. 建模过程

实验建模过程大致如下：

1）手动或自动操作使过程工作在所需测试的稳态条件下，并稳定运行一段时间。

2）快速改变过程的输入量或某个过程状态，并用记录仪或数据采集系统同时记录过程输入和输出的变化曲线。

3）经过一段时间后，过程进入新的稳态。

4）本次实验结束，得到的记录曲线就是过程的阶跃响应或其他响应。

5）模型验证。

3. 应用案例

在过程控制中，有如表 11-2 中所示的几种常见的模型形式。

表 11-2 过程控制中常见的系统数学模型

模型名称	模型公式
一阶惯性模型	$G(s)=\frac{k_0}{Ts+1}$
一阶惯性滞后模型	$G(s)=\frac{k_0 e^{-\tau s}}{Ts+1}$
二阶惯性模型	$G(s)=\frac{k_0}{(T_1s+1)(T_2s+1)}$
二阶惯性滞后模型	$G(s)=\frac{k_0 e^{-\tau s}}{(T_1s+1)(T_2s+1)}$
一阶积分模型	$G(s)=\frac{1}{T_0 s}$
积分惯性加滞后模型	$G(s)=\frac{k_0}{T_1 s(T_2s+1)}$

若给定模拟单位阶跃信号，就可以得到相应的响应曲线，曲线的形状代表了不同系统模型的特性，通过绘制这些响应曲线，就可以得到具体的系统模型。如图 11-9 所示曲线为一阶惯性滞后模型阶跃曲线，其具体模型参数就可以通过加入拐点切线得到。

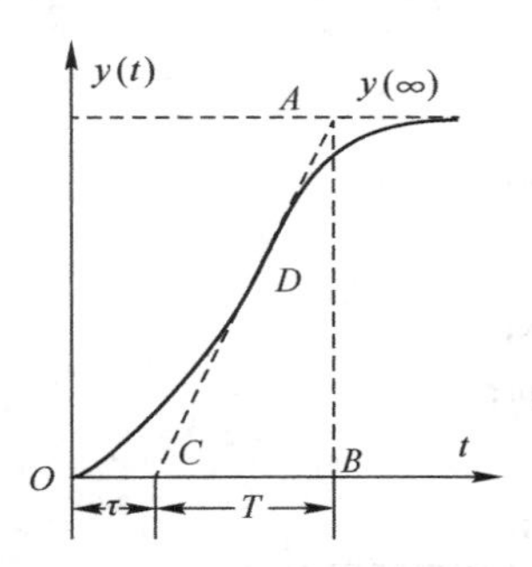

图 11-9 一阶惯性滞后模型阶跃曲线

由图中可以直接得到以下模型系数，使模型具体化。虽然这种模型误差有些大，但对于要求不高的控制系统来讲已经足够。

$$k_0=\frac{y(\infty)}{x_0},\quad \tau=\overline{OB},\quad T=\overline{BC}$$

11.2.2 中

11.2.2 概率统计建模法

1. 方法原理

实际系统中，许多系统或过程包含着随机因素和随机事件，其特征可用随机变量来描述，而概率分布是用数值表示的随机事件或因素的函数，它反映了这些随机变量的变化规律。利用概率统计学中的概率分布及其数字特征建立随机系统或过程的数学模型，称为概率统计法。这种方法的实质就是通过理论分析和实验研究寻求适合于系统随机特征的概率分布。在概率统计法建模中，贝叶斯（Bayes）定理占有相当重要的地位。

2. 建模过程

概率统计建模过程大致如下：

1）根据先验知识判断建模对象大致属于某一类理论概率分布情况，从而决定应当选择哪种概率分布或必须拒绝哪些概率分布。

2）采集实验观测数据，并检验所选概率分布的正确性。

3）必要时，可采用实验观测数据获得符合建模目标的经验概率分布或半经验概率分布。

4）模型验证。

3. 应用案例

概率统计建模的一个著名例子就是蒲丰（Buffon）投针实验计算圆周率。“在平面上画有一组间距为 A 的平行线，将一根长度为 $L(L\leqslant A)$ 的针任意掷在这个平面上，求此针与平行线中任一条相交的概率。”蒲丰本人证明了，这个概率是

$$p=\frac{2L}{\pi A} \tag{11-38}$$

以此概率，蒲丰提出的一种计算圆周率的方法-随机投针法。

$$\pi=\frac{2L}{pA} \tag{11-39}$$

该计算程序部分代码如下：

```
Amax =6;%投针区间
L_Needle=3;%投针针长(L/2):
N_Needle = 1e6;%投针数量
x =rand(1,N_Needle) * Amax;
theta = rand(1,N_Needle) * pi;
mres = x<=l * sin(theta);
s =sum(mres(:))/N_Needle;
A_PI= 2 * l/(Amax * s)%计算所得圆周率
A_PI_err=pi-A_PI%计算误差
```

通过计算，圆周率为 A_PI=3.1399，误差为 A_PI_err=0.0017。

11.2.3　下

11.2.3　线性回归建模法

1. 方法原理

线性回归建模法是从一组实验观测数据出发，来确定随机变量之间的定量函数关系，即回归模型。前面章节介绍的曲线拟合问题也是一种线性回归建模方法，曲线拟合问题的特点是，根据得到的若干有关变量的一组数据，寻找因变量与（一个或几个）自变量之间的一个函数，使这个函数对那组数据拟合得最好。简单地说，回归分析就是对拟合问题做的统计分析。通常，函数的形式可以由经验、先验知识或对数据的直观观察决定，要做的工作是通过多组数据拟合运算，用最小二乘法计算函数中的待定系数，使系统模型的误差最小。

例如，一元线性回归模型为

$$y=\beta_0+\beta_1 x+\varepsilon \tag{11-40}$$

式中，β_0、β_1为回归系数；ε 是随机误差项，总是假设 $\varepsilon \sim N(0,\sigma^2)$，则随机变量 $y \sim N(\beta_0+\beta_1 x,\sigma^2)$。若对 y 和 x 分别进行了 n 次独立观测，则得到以下 n 对观测值：

$$(y_i,x_i),\quad i=1,2,\cdots,n \tag{11-41}$$

这 n 对观测值之间的关系符合模型

$$y_i=\beta_0+\beta_1 x_i+\varepsilon_i,\quad i=1,2,\cdots,n \tag{11-42}$$

用最小二乘法估计 β_0、β_1的值，即取 β_0、β_1的一组估计值$\hat{\beta}_0$、$\hat{\beta}_1$，使 y_i与 $y_i=\beta_0+\beta_1 x_i$的误差二次方和达到最小，从而得到相应的系统模型。

2. 建模过程

线性回归建模步骤大致如下：

1）描述系统，提出问题并做出模型假设，建立因变量和自变量之间的经验公式。

2）确定随机变量，建立自变量与因变量之间的函数关系，得到回归模型。

3）判断随机变量的显著性，即进行回归模型的显著性检验。

4）进行回归模型的拟合性检验，得出模型使用结论。

3. 应用案例

某一合金产品的合金强度 Y 与其中的碳含量 T 有密切的关系，某次产品检验后得到如表 11-3 所列数据，其 T 和 Y 的关系如图 11-10 所示。

表 11-3　检验得到的 T 和 Y

T	0.10	0.11	0.12	0.13	0.14	0.15	0.16	0.17	0.18	0.19	0.20
Y	40	41.5	45.0	45.5	45.0	46.5	49.0	52.0	50.0	51.0	53.5

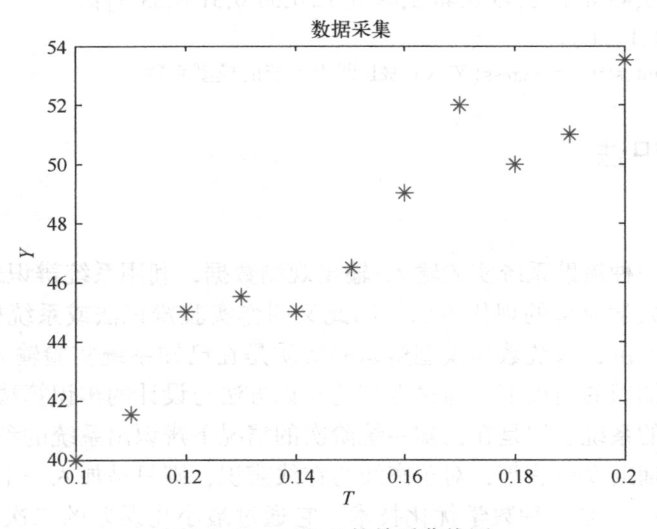

图 11-10　T 和 Y 的关系曲线图

由图 11-10 中可知，T 和 Y 大致呈线性关系，可以采用一元线性回归模型：

$$y=\beta_0+\beta_1 x \tag{11-43}$$

采用 MATLAB 统计工具箱用命令 regress 实现多元线性回归，采用最小二乘法可以得到式（11-44）所示的系统模型。

$$y=28.43+125x \tag{11-44}$$

但是从图 11-11 可以看出，系统中某些数据出现离群点，这和测量误差有一定关系。模型基本满足要求。

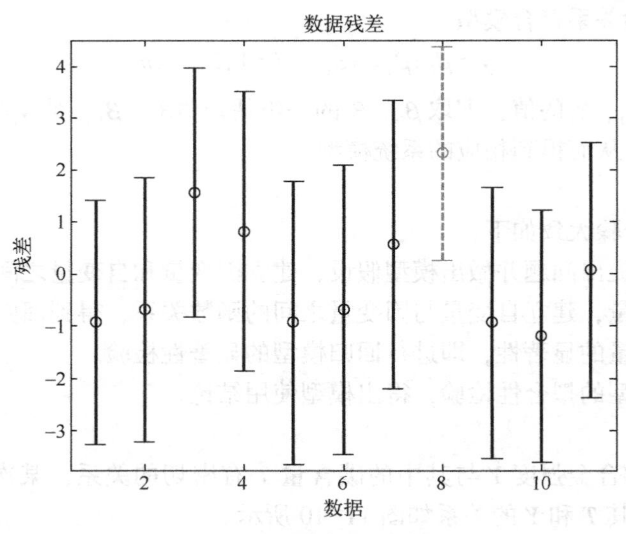

图 11-11　数据残差曲线

线性回归的部分代码如下：

```
T=0.1:0.01:0.2;
Y=[40,41.5,45.0,45.5,45.0,46.5,49.0,52.0,50.0,51.0,53.5];
x=[ones(11,1),T'];
[b,bint,r,rint,stats]=regress(Y',x);%b 即为系统的模型系数
```

11.3　系统辨识法

11.3

1. 方法原理

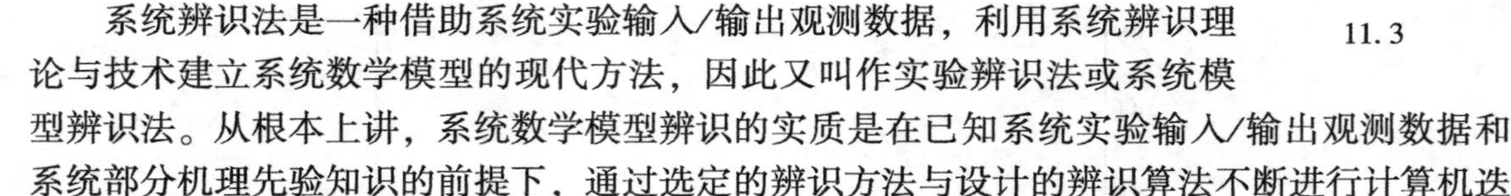

系统辨识法是一种借助系统实验输入/输出观测数据，利用系统辨识理论与技术建立系统数学模型的现代方法，因此又叫作实验辨识法或系统模型辨识法。从根本上讲，系统数学模型辨识的实质是在已知系统实验输入/输出观测数据和系统部分机理先验知识的前提下，通过选定的辨识方法与设计的辨识算法不断进行计算机迭代运算过程。传统的系统辨识是在已知系统阶次的情况下辨识出系统的参数，一般采用的方法有最小二乘法、辅助变量法等，对于离线与在线辨识，则只是加入一个递推的问题。

最小二乘法（LS）是一种数学优化技术。它通过最小化误差的二次方和寻找数据的最佳函数匹配。利用最小二乘法可以简便地求得未知的数据，并使得这些求得的数据与实际数据之间误差的二次方和为最小。一般情况下，系统的数学表达式可以写成如下形式：

$$y_i=\beta_1 x_1+\beta_2 x_2+\cdots+\beta_j x_j \tag{11-45}$$

写成一般形式可得

$$y_i=\sum_{j=1}^{n} x_{ij}\beta_i,\quad i=1,2,\cdots,m \tag{11-46}$$

即

$$y = X\beta \tag{11-47}$$

其中

$$X = \begin{bmatrix} x_{11} & x_{12} & \cdots & x_{1n} \\ x_{21} & x_{22} & \cdots & x_{2n} \\ \vdots & \vdots & & \vdots \\ x_{m1} & x_{m2} & \cdots & x_{mn} \end{bmatrix}$$

$$\beta = [\beta_1 \quad \beta_2 \quad \cdots \quad \beta_n]^T$$

$$y = [y_1 \quad y_2 \quad \cdots \quad y_m]^T$$

通过 m 次的实验数据采集和拟合可以得到上述方程组，系统辨识的目的就是选取最合适的 β，让等式在一定的精度范围内尽可能成立，在最小二乘法中，引入残差二次方和函数 S：

$$S(\beta) = \|X\beta - y\|^2 \tag{11-48}$$

系统辨识的目标就是使 $S(\beta)$ 最小。基于此，对残差二次方和求导可得

$$X^T X\beta = X^T y \tag{11-49}$$

如果 $X^T X$ 为非奇异值，则 β 就有唯一解

$$\beta = (X^T X)^{-1} X^T y \tag{11-50}$$

这就是最小二乘法。它是许多更为复杂算法的基础，可以用于曲线拟合，也可以用于其他参数估计及系统优化。

2. 建模过程

系统模型辨识过程如下：

1）根据被辨识对象、先验知识和建模目标完成实验设计。

2）利用实验系统进行大量实验，从实验中获取相应输入/输出观测数据。

3）选择辨识方法和研制（或推导）辨识算法。

4）假设模型类及适用模型结构。

5）通过辨识方法及算法估计适用模型的阶次、参数和时滞量。

6）根据被辨识模型性能指标验证试用模型是否满足要求。

7）必要时，对假设模型做出修改，并进行重新估计。

8）不断进行计算机迭代运算，直至模型满足要求。

9）进行实验验证，确定模型。

3. 应用案例

某一合金产品的合金强度 Y 与其中的含碳量 T 有密切的关系，某次产品检验后得到如表 11-3 所列数据，其 T 和 Y 的关系如图 11-10 所示。拟合的三阶多项式曲线如图 11-12 所示。

程序部分代码如下：

```
%数据输入
x = [0.10 0.11 0.12 0.13 0.14 0.15 0.16 0.17 0.18 0.19 0.20];
y = [40,41.5,45.0,45.5,45.0,46.5,49.0,52.0,50.0 51.0,53.5];
```

```
N=3;                                    %设置拟合阶数
X=zeros(N+1,length(x));
X(1,:)=1;
for i=2:N+1
    for j=1:length(x)
        X(i,j) = x(j)^(i-1);
    end
end
X=X * X';
[m,n]=size(X);
Y=zeros(m,1);
Y(1) = sum(y);
for i=2:m
    for j=1:length(y)
        Y(i) = Y(i)+y(j) * x(j)^(i-1);
    end
end
Beta0=inv(X) * Y;
Beta=fliplr(Beta0');%反转成多项式的表达式
```

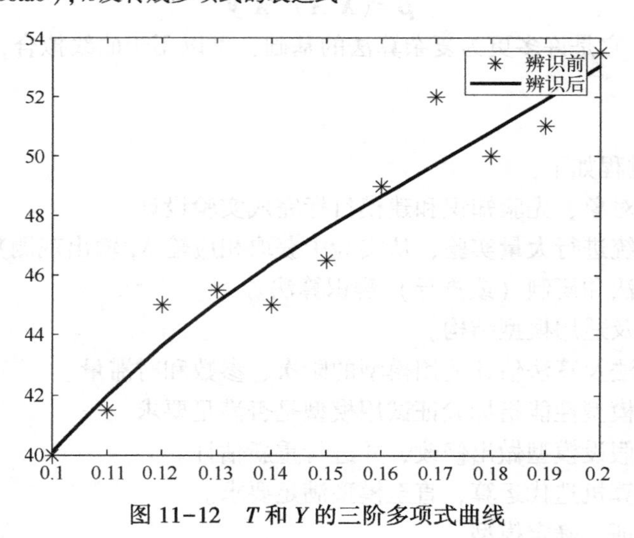

图 11-12　*T* 和 *Y* 的三阶多项式曲线

MATLAB 提供了一个系统辨识 APP，可以通过系统辨识图标（见图 11-13）或命令窗口输入 System Identification 指令调用如图 11-14 所示的系统辨识窗口，详情在此不再赘述。

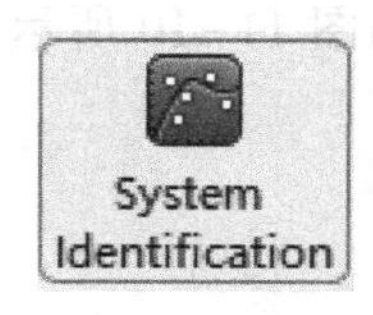

图 11-13　MATLAB 系统辨识 APP 图标

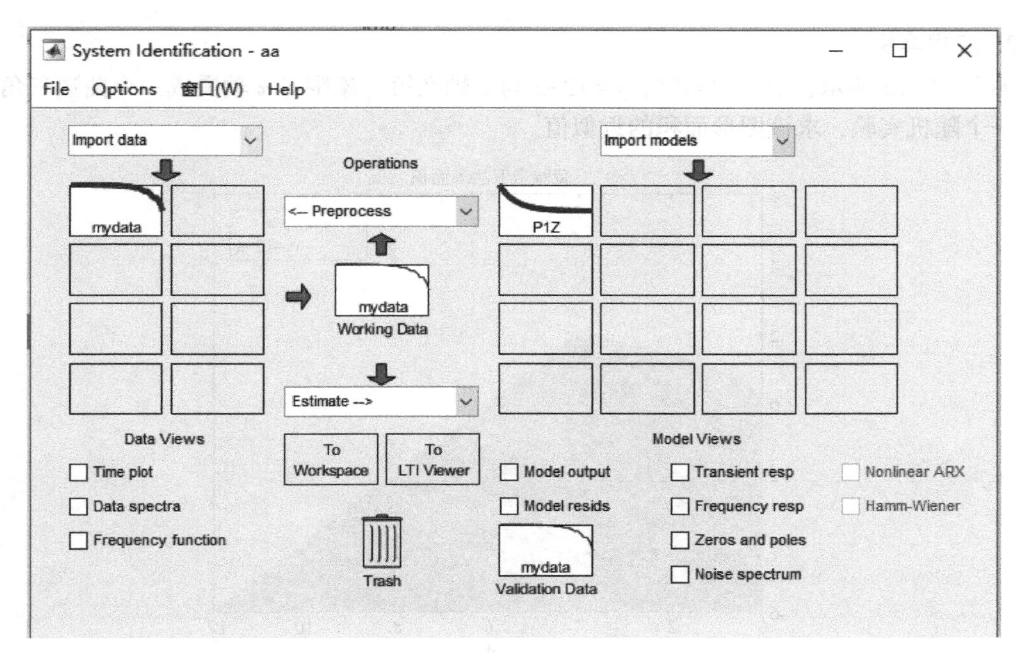

图 11-14 MATLAB 系统辨识 APP 窗口

11.4 蒙特卡罗法

11.4

1. 方法原理

蒙特卡罗法亦称为随机抽样法或统计实验法，其属于概率统计的一种。该方法是继机理分析法和直接相似法之后又一种重要的建模方法。其基本原理是，当实验次数（N）充分多时，某一事物出现的频率近似等于该事件发生的概率，即

$$n/N \approx P, \quad 当 N 充分大时 \tag{11-51}$$

式中，P 为某事件发生的概率；N 为实验次数；n 为在 N 次实验中，该事件出现的次数。它是基于对大量事件的统计结果来实现一些确定性问题的计算。使用蒙特卡罗法必须使用计算机生成相关分布的随机数。可见，蒙特卡罗法是基于实验思考方法论的一种实验建模方法。这种方法普遍适用于很难建立数学模型的复杂随机系统，具有简便和建模周期短的特点。

2. 建模过程

蒙特卡罗建模过程如下：

1）分析系统，提出问题。当所求解的问题是某种事件发生的概率或某一随机变量的数学期望，或其他数字特征时，可确定采用蒙特卡罗法建模。

2）针对问题进行实验设计。通过实验方法可以得到要求建模事件的样本频率或样本均值等。

3）实验获得模型近似解。当实验次数（N）足够多时，通过统计判断，可以获得样本参数代表总体参数的置信度或置信区间等，并最终获得模型近似解。

3. 应用案例

如图 11-15 所示，曲线 $y=x^{0.5}$，$y=12-x$ 与 x 轴在第一象限与 x 轴围成一个曲边三角形。设计一个随机实验，求该图形面积的近似值。

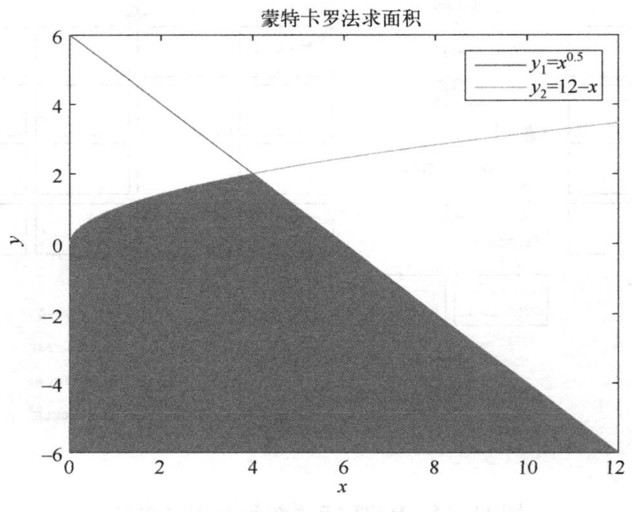

图 11-15　曲线面积图

程序部分代码如下：

```
x1=0:0.25:12
y1=x1.^0.5;
y2=6-x1;
x=unifrnd(0,12,[1,10000000]);
y=unifrnd(0,9,[1,10000000]);
frequency=sum(y<x.^2 & x<=3)+sum(y<21-x & x>=3)
area=12*9*frequency/10^7
```

参考文献

[1] 隋涛，刘秀芝．计算机仿真技术：MATLAB在电气、自动化专业中的应用［M］．北京：机械工业出版社，2015.

[2] 王忠礼，段慧达，高玉峰．MATLAB应用技术：在电气工程与自动化专业中的应用［M］．北京：清华大学出版社，2007.

[3] 陈怀琛，吴大正，高西全．MATLAB及在电子信息课程中的应用［M］.3版．北京：电子工业出版社，2006.

[4] 洪乃刚．电力电子、电机控制系统的建模和仿真［M］．北京：机械工业出版社，2010.

[5] 夏安邦．系统建模理论与方法［M］．北京：机械工业出版社，2008.

[6] 张晓华．系统建模与仿真［M］．北京：清华大学出版社，2006.

[7] 康凤举，杨慧珍，高立娥，等．现代仿真技术与应用［M］.2版．北京：国防工业出版社，2006.

[8] 王红卫．建模与仿真［M］．北京：科学出版社，2005.

[9] 袁修干，庄达民，张兴娟．人机工程计算机仿真［M］．北京：北京航空航天大学出版社，2005.

[10] 张晓华．控制系统数字仿真与CAD［M］.4版．北京：机械工业出版社，2020.

[11] CHAPMAN S J. MATLAB编程［M］.4版．北京：科学出版社，2011.

[12] 吴旭光，杨慧珍，王新民．计算机仿真技术［M］.2版．北京：化学工业出版社，2008.

[13] 黄文梅，杨勇，熊桂林，等．系统仿真分析与设计：MATLAB语言工程应用［M］．长沙：国防科技大学出版社，2001.

[14] 张雪敏．MATLAB基础及应用［M］．北京：中国电力出版社，2011.

[15] PALM Ⅲ W J. MATLAB 7基础教程：面向工程应用［M］．黄开枝，译．北京：清华大学出版社，2007.

[16] 李颖，薛海斌，朱伯立，等．Simulink动态系统建模与仿真［M］.2版．西安：西安电子科技大学出版社，2009.

[17] 赵广元．MATLAB与控制系统仿真实践［M］.3版．北京：北京航空航天大学出版社，2016.

[18] 中国科学技术协会．2009—2010仿真科学与技术学科发展报告［M］．北京：中国科学技术出版社，2010.

[19] 刘兴堂．现代系统建模与仿真技术［M］．西安：西北工业大学出版社，2011.

[20] 薛定宇，陈阳泉．基于MATLAB/Simulink的系统仿真技术与应用［M］.2版．北京：清华大学出版社，2011.

[21] 齐欢，王小平．系统建模与仿真［M］.2版．北京：清华大学出版社，2013.

[22] 王正林，王胜开，陈国顾，等．MATLAB/Simulink与控制系统仿真［M］.4版．北京：电子工业出版社，2017.

[23] 邵玉斌．Matlab/Simulink通信系统建模与仿真实例分析［M］．北京：清华大学出版社，2010.

[24] ROSS S M. 应用随机过程：概率模型导论［M］.11版．龚光鲁，译．北京：人民邮电出版社，2016.

[25] 刘金琨．机器人控制系统的设计与MATLAB仿真［M］．北京：清华大学出版社，2017.

[26] 戎笑，于德明．高职数学建模竞赛培训教程［M］．北京：清华大学出版社，2010.

[27] 司守奎，等．数学建模算法与应用习题解答［M］.2版．北京：国防工业出版社，2015.

[28] 刘金琨．先进PID控制MATLAB仿真［M］.4版．北京：电子工业出版社，2016.

[29] 薛定宇．控制系统计算机辅助设计：MATLAB 语言与应用［M］. 3 版．北京：清华大学出版社，2012.
[30] 卓金武．MATLAB 在数学建模中的应用［M］. 北京：北京航空航天大学出版社，2013.
[31] 李颖，朱伯立，张威．Simulink 动态系统建模与仿真基础［M］. 西安：西安电子科技大学出版社，2004.
[32] GIORDANO F R，FOX W P，HORTON S B. 数学建模：原书第 5 版［M］. 叶其孝，姜启源，等译．北京：机械工业出版社，2014.
[33] FILIZADEM S. 电机及其传动系统：原理、控制、建模和仿真［M］. 杨立永，译．北京：机械工业出版社，2015.
[34] 杨耕，罗应立．电机与运动控制系统［M］. 2 版．北京：清华大学出版社，2014.
[35] 王健，赵国生，宋一兵等．MATLAB 建模与仿真实用教程［M］. 北京：机械工业出版社，2018.
[36] 王兆安，刘进军．电力电子技术［M］. 5 版．北京：机械工业出版社，2009.
[37] 胡寿松．自动控制原理［M］. 7 版．北京：科学出版社，2019.
[38] 阮毅，杨影，陈伯时．电力拖动自动控制系统：运动控制系统［M］. 5 版．北京：机械工业出版社，2016.
[39] 张晓江，顾绳谷．电机及拖动基础：上、下册［M］. 5 版．北京：机械工业出版社，2016.
[40] 于群，曹娜．MATLAB/Simulink 电力系统建模与仿真［M］. 2 版．北京：机械工业出版社，2017.
[41] 张琨，高思超，毕靖．MATLAB 2010 从入门到精通［M］. 北京：电子工业出版社，2011.
[42] 李昕．MATLAB 数学建模［M］. 北京：清华大学出版社，2017.